RAPPORT

DU JURY CENTRAL

SUR LES PRODUITS

DE L'INDUSTRIE FRANÇAISE

EN 1834.

RAPPORT
DU JURY CENTRAL

SUR LES PRODUITS

DE L'INDUSTRIE FRANÇAISE

EXPOSÉS EN 1834,

PAR LE BARON CHARLES DUPIN,

MEMBRE DE L'INSTITUT,

RAPPORTEUR GÉNÉRAL ET VICE-PRÉSIDENT DU JURY CENTRAL.

———

TOME PREMIER.
INTRODUCTION.

PARIS.
IMPRIMERIE ROYALE.

———

M DCCC XXXVI.

AVANT-PROPOS.

L'exposition périodique des produits de l'industrie est au nombre de ces grandes conceptions qu'enfanta la révolution française, et que les vicissitudes politiques n'ont pu ni faire oublier, ni faire abandonner. Déjà cinq gouvernements consécutifs ont signalé leur avénement ou leur passage par la rénovation de cette solennité toujours populaire, où les habitants de la capitale et ceux des départements, accourus de toutes parts, jugent en premier ressort les concurrents de tous les genres.

a

Un Jury central est choisi : pour la théorie, dans les deux académies des sciences et des beaux-arts; pour la pratique, parmi les manufacturiers ou les commerçants émérites les plus renommés.

Ce Jury central examine en secret, en silence, afin de prononcer avec calme, avec équité, avec maturité. Il décerne ensuite ou provoque des récompenses, lesquelles doivent leur double prix à l'indépendance des juges qui prononcent, puis à la grâce du monarque, qui distribue, de sa main, les médailles et les croix accordées à des artistes dont il a lui-même apprécié les chefs-d'œuvre.

Depuis quarante ans huit expositions ont eu lieu :

La 1ʳᵉ, en 1798 (an VI), sous le Directoire.

La 2ᵉ, en 1801 (an IX)
La 3ᵉ, en 1802 (an X) } sous le Consulat.

La 4ᵉ, en 1806, sous l'Empire.

La 5ᵉ, en 1819)
La 6ᵉ, en 1823 } sous Louis XVIII.

La 7ᵉ, en 1827, sous Charles X.

La 8ᵉ, en 1834, sous Louis-Philippe Iᵉʳ.

Il est d'un haut intérêt d'apprécier l'accroissement progressif et parallèle des produits exposés et des récompenses décernées.

La première exposition compta seulement 110 exposants, pour lesquels on accorda 12 récompenses du premier ordre et 13 du second ordre.

La dernière exposition qu'on ait vue sous la restauration, en 1827, plus considérable que toutes les précédentes, eut 1,631 exposants, qui reçurent 425 récompenses : non compris les rappels de récompenses précédemment accordées.

Enfin, la première exposition faite sous le gouvernement de juillet a présenté 2,447 exposants, lesquels ont reçu 697 récompenses : non compris les rap-

pels de distinctions précédemment accordées.

En comparant, lors de ces trois époques, le nombre des concurrents et celui
des médailles décernées, on trouve que,
pour *cent* exposants, on a donné :

DANS LES ANNÉES.	MÉDAILLES.
1798	23
1827	26
1834	28

On aurait tort de penser, d'après ce
parallèle, que les juges de l'industrie sont
devenus de moins en moins sévères.
C'est la proportion des artistes et des
manufacturiers éminents ou distingués
qui s'est accrue plus vite encore que le
nombre des concurrents, par l'heureux
effet du progrès des lumières et par le
développement rapide des inventions,
des perfectionnements, des améliorations
dans tous les genres d'industrie.

Pour rendre sensible cette vérité, nous avons comparé l'accroissement du nombre des brevets d'invention et de perfectionnement avec les récompenses accordées lors des expositions de l'industrie.

ANNÉES.	MÉDAILLES décernées.	BREVETS d'invention, etc.	MÉDAILLES par 100 brevets.
1798	25	10	250
1801	69	34	203
1802	119	29	411
1806	119	74	161
1819	360	138	261
1823	470	187	250
1827	425	281	151
1834	597	576	191

Ce tableau nous révèle un fait important. Depuis 1819 jusqu'à 1834, le nombre des inventions et des perfectionnements pour lesquels des brevets ont été pris s'est accru dans un nombre *plus que double*, comparativement aux récompenses accordées lors des expositions de l'industrie dans ce même laps de temps.

C'est au progrès des sciences, c'est à la diffusion croissante de leur enseignement chez les classes industrielles, depuis les grands manufacturiers jusqu'aux chefs d'ateliers, jusqu'aux simples ouvriers, qu'il faut attribuer un accroissement aussi rapide et des inventions et des améliorations.

Proclamons avec orgueil ce phénomène industriel : de 1827 à 1834 les progrès, loin d'être rallentis, sont accélérés. La détresse même éprouvée par le commerce, d'abord en 1827 et 1828, puis en 1831 et 1832, a fait redoubler d'efforts. Les commotions intestines, les luttes, les combats, qui, durant deux années, jetèrent l'épouvante sur la place publique et jusqu'au cœur des familles, loin de paralyser le génie des arts, furent seulement un obstacle dont il fallut triompher à force d'industrie, de labeur et d'activité.

Ainsi tour à tour nos détresses poli-

tiques et la prospérité sociale qui les a
fait disparaître ont concouru, suivant
des voies diverses, au progrès de nos arts,
par les stimulants du danger, les exi-
gences du besoin, ou les ressources de
l'abondance.

Le simple exposé que nous venons de
faire suffit pour montrer qu'aucune exposition précédente n'a pu présenter
même les deux tiers du nombre de concurrents que nous avions à juger en 1834.
Aucune époque ne s'est trouvée plus
fertile en progrès, plus remarquable en
résultats.

Pour examiner consciencieusement un
concours à ce point agrandi, la tâche
qu'ont accomplie les juges de 1834 s'est
trouvée, par conséquent, plus laborieuse
que celle d'aucun jury précédent.

Enfin la multiplication des récompenses, quoique inférieure à la multiplication des titres chez les concurrents,
justifie l'étendue du Rapport général, qui,
comparativement aux Rapports anté-

rieurs, se trouve à peine dans la même proportion d'étendue, avec le nombre des jugements qu'il a fallu motiver.

C'est un apanage de la France, que ses grandes créations civilisatrices ne laissent jamais les autres nations indifférentes. Le plus grand nombre des peuples, éclairé par nos enseignements, les accepte. Quelques autres s'offusquent de cette lumière; par leurs efforts répulsifs, ils montrent l'importance qu'ont à leurs yeux nos conceptions qu'ils cherchent le plus à déprécier.

Ainsi l'éclat toujours croissant des expositions de notre industrie a frappé les États étrangers. Presque tous, en Europe, ont voulu suivre ce brillant exemple, même ceux qui semblent le moins progressifs. L'Autriche et l'Espagne, le Piémont et le Portugal, les Deux-Siciles et les Pays-Bas, la Prusse et la Bavière, la Hollande et le Danemarck, la Suède et la Russie ont établi des expositions nationales dont elles ont reconnu l'avantage, et que,

pour ce motif, elles ont rendues périodiques.

L'Angleterre seule, en Europe, se
croit trop riche et trop supérieure pour
avoir recours à de semblables stimulants.
Elle déprécie, elle dédaigne ces efforts;
elle semble fermer les yeux, mais elle les
ouvre profondément sur des tentatives
propres à diminuer l'inégalité des industries nationales; et, par conséquent, à
faire disparaître la suprématie d'une seule
sur toutes les autres.

Combien l'histoire des progrès qui
peuvent conduire à ce but n'offre-t-elle
pas d'intérêt, d'importance et d'utilité!

Il y a déjà vingt-cinq ans, le plus puissant génie des temps modernes était
frappé des progrès qu'avaient faits les
sciences et les lettres depuis l'origine de
la révolution française. Du haut de son
trône, il écoutait avec recueillement et
fierté l'exposition raisonnée de ces progrès, offerte au nom de l'institut national,
par les organes de ce corps illustre.

Combien son admiration serait plus grande et plus profondément sentie, s'il pouvait revivre de nos jours et contempler, au lieu de vingt années, un demi-siècle de conquêtes obtenues par l'esprit humain !

A côté des tableaux présentés par le génie des sciences et des lettres, il voudrait à coup sûr que les inventions et les perfectionnements de l'industrie nationale fussent déroulés sous ses yeux, avec toute l'influence que ces progrès exercent sur la puissance de l'État, sur l'ornement de la société, sur le bonheur du peuple.

On a conçu la pensée de remplir ce cadre.

Tel est l'objet atteint en partie par l'Introduction historique placée en tête du Rapport. C'est le travail individuel du rapporteur, qui doit rester responsable des faits, des opinions et des jugements qui s'y trouvent émis.

Historien : c'était un devoir pour lui d'être juste. c'était un droit d'être indépendant, c'était un honneur de rendre hommage aux bienfaits réels qu'ont répandus tous les régimes, déchus ou non.

Après avoir achevé sa longue et pénible entreprise, l'auteur s'est trouvé soutenu, dans sa pensée, par le sentiment magnanime du monarque répondant aux vœux des cinq académies de l'institut de France, le 1er janvier 1837:

« J'avais souvent gémi, dans le cours
« de ma vie, que des vanités mesquines
« ou des craintes mal entendues eussent
« entrepris de rejeter dans l'oubli les
« glorieux souvenirs des règnes antérieurs
« à celui du monarque régnant. Aussi-
« tôt que j'en ai eu le pouvoir, je me
« suis empressé de mettre en évidence que
« j'étais animé par d'autres sentiments, et
« que, loin de redouter la représentation
« d'aucun souvenir français, mon cœur
« s'était toujours associé à toutes les
« gloires de la France, et qu'il n'avait
« jamais connu la triste crainte d'être
« éclipsé par aucune d'elles. »

Un mot sur la rédaction même du Rapport général et sur les améliorations dont a paru susceptible cette espèce de travail.

On a profité des documents précieux publiés depuis quinze ans, par le ministère, au sujet du commerce extérieur.

Pour chaque genre d'industrie, on a rapproché, soit les quantités, soit les évaluations des produits nationaux exportés et des produits étrangers importés. On a spécialement mis en parallèle les résultats des années 1823, 1827 et 1834, qui correspondent à l'époque des trois dernières expositions.

Par ce moyen il sera toujours facile au lecteur de voir si les progrès de nos fabrications sont apparents ou réels; s'ils sont plus rapides ou plus lents que ceux des nations concurrentes.

Ces rapprochements positifs éclairciront beaucoup d'idées obscures et vagues; ils mettront un terme à beaucoup de fausses hypothèses et de conjectures trompeuses. On sera forcé de reconnaître les progrès démontrés par des chiffres officiels aussi certains que le sont les résultats financiers. De semblables comparaisons seront, au contraire, un nouveau stimulant pour les industries peu progressives ou stationnaires, ou rétrogrades.

Nous allons, maintenant, reproduire avec rapidité les principaux faits officiels relatifs à l'exposition de 1834.

Sur la proposition de M. Duchâtel, ministre du commerce, par ordonnances du Roi des 4 octobre 1833 et 21 avril 1834, ont été nommés membres du Jury central pour l'exposition des produits de l'industrie :

MM.

Le chevalier D'ARCET, chevalier de la Légion d'honneur, membre de l'institut (académie des sciences), commissaire général et directeur des essais à la Monnaie de Paris;

BARBET, chevalier de la Légion d'honneur, membre de la Chambre des députés, membre du conseil général du commerce;

MM.

Blanqui (Adolphe), chevalier de la Légion d'honneur, professeur au conservatoire royal des arts et manufactures;

Brongniart (Alexandre), officier de la Légion d'honneur, membre de l'institut (académie des sciences), directeur de la manufacture royale de Sèvres;

Chenavard (Aimé), chevalier de la Légion d'honneur, architecte;

Clément-Desormes, chevalier de la Légion d'honneur, professeur au conservatoire royal des arts et manufactures;

Cordier, officier de la Légion d'honneur, membre de l'institut (académie des sciences), maître des requêtes au conseil d'état, inspecteur général des mines;

Cunin-Gridaine, officier de la Légion d'honneur, membre de la Chambre des députés et du conseil supérieur du commerce;

Delaroche (Paul), officier de la Légion d'honneur, peintre, membre de l'institut (académie des beaux-arts);

Le baron Charles Dupin, commandeur de la Légion d'honneur, conseiller d'état, membre de la Chambre des députés, membre de l'institut (académies des sciences physiques et mathématiques, morales et politiques);

MM.

FONTAINE, officier de la Légion d'honneur, architecte., membre de l'institut (académie des beaux-arts.);

GAY-LUSSAC, officier de la Légion d'honneur, membre de la Chambre des députés, membre de l'Institut (académie des sciences), membre du comité consultatif des arts et manufactures;

Le baron GÉRARD, officier de la Légion d'honneur, peintre, membre de l'institut (académie des beaux-arts.);

GIROD DE L'AIN (Félix), officier de la Légion d'honneur, colonel d'état-major, membre de la Chambre des députés;

GUILLARD DE SENAINVILLE, chevalier de la Légion d'honneur, secrétaire du comité consultatif des arts et manufactures, et de la société d'encouragement pour l'industrie nationale;

Le vicomte HÉRICART DE THURY, officier de la Légion d'honneur, membre de l'institut (académie des sciences), inspecteur général des mines;

KOECHLIN (Nicolas), officier de la Légion d'honneur, membre de la Chambre des députés, membre du conseil général des manufactures;

Le GENTIL, chevalier de la Légion d'honneur, membre du conseil général du commerce, membre du conseil général du département de la Seine;

MM.

MEYNARD, membre de la Chambre des députés et du conseil général du département de Vaucluse;

MIGNERON, officier de la Légion d'honneur, inspecteur général et membre du conseil des mines;

PATURLE, chevalier de la Légion d'honneur, membre de la Chambre des députés, membre du conseil général des manufactures;

PETIT, juge au tribunal de commerce, ancien manufacturier de la fabrique de Lyon;

POUILLET, chevalier de la Légion d'honneur, professeur-administrateur du conservatoire royal des arts et manufactures;

SAVART, chevalier de la Légion d'honneur, membre de l'institut (académie des sciences), professeur de physique au collège de France, membre du comité consultatif des arts et manufactures;

Le baron SÉGUIER (Armand), chevalier de la Légion d'honneur, membre de l'institut (académie des sciences), conseiller à la cour royale de Paris.

Le chevalier TARBÉ DE VAUCLAIRS, officier de la Légion d'honneur, conseiller d'état, inspecteur général des ponts et chaussées.

Le baron THÉNARD, officier de la Légion d'honneur,

pair de France, membre de l'institut (académie des sciences), professeur à l'école polytechnique et à la faculté des sciences, membre du comité consultatif des arts et manufactures, membre du conseil royal de l'instruction publique.

Le Jury central, lors de sa première réunion, le 30 avril 1834, a choisi pour président M. le baron Thénard, pour vice-président M. le baron Charles Dupin, et pour secrétaire général M. Migneron.

Afin de faciliter les opérations préparatoires, par la division du travail, le Jury central a formé huit sections dans lesquelles sont entrés ceux des membres que leurs connaissances spéciales rendaient plus aptes à juger certains genres d'industrie.

1re commission, des tissus; 2e, des métaux; 3e, des machines; 4e, des instruments de précision; 5e, de chimie; 6e, des beaux-arts; 7e, des poteries; 8e, des arts divers.

Chacune de ces commissions s'est livrée à des travaux considérables pour comparer les produits de même nature, en apprécier la nouveauté, le degré d'invention ou de perfectionnement, l'utilité, les qualités et les prix.

Chaque membre s'est chargé de rédiger une partie des jugements de la commission dont il faisait partie. Avec ces exposés spéciaux, les récompenses proposées par les commissions ont été tour à tour soumises au Jury central, puis discutées, et mises aux voix.

Ces travaux successifs achevés, le Jury central a voulu faire une révision générale de toutes les propositions ainsi confirmées, afin d'examiner s'il y avait partout proportion équitable entre les récompenses accordées aux diverses branches d'industrie.

Les honneurs conférés par le Jury central aux exposants ont été :

La médaille d'or;

La médaille d'argent;

La médaille de bronze,

La mention honorable,

Et la citation favorable.

Il restait à prononcer sur des artistes, des contre-maîtres et de simples ouvriers qui, sans être exposants, n'en ont pas moins rendu d'éclatants services, à l'industrie nationale : des médailles d'or, d'argent et de bronze, leur ont pareillement été décernées.

Quelques-uns de ces hommes utiles étaient dans un état de fortune qui réclamait des récompenses plus substancielles; des pensions ou des présents pécuniaires ont été sollicités pour eux.

Enfin M. le ministre du commerce a consulté le Jury pour éclairer ses propositions, relativement aux décorations de la Légion d'honneur, qu'ont pu mériter les industriels les plus éminents, et les artistes bienfaiteurs de l'industrie. Les recommandations faites, en conséquence, devaient être et sont restées confidentielles.

Les travaux du Jury central ont duré

soixante-douze jours, pendant lesquels, outre le travail quotidien des commissions, on a tenu dix-huit assemblées générales.

Dans la dernière assemblée, fixée au 10 juillet, le Jury central a choisi pour son rapporteur général le baron Charles Dupin. C'eût été certainement M. Migneron, secrétaire général et rapporteur de 1823 et de 1827, auquel on aurait décerné cet honneur, s'il n'avait pas annoncé d'avance l'impossibilité dans laquelle il se trouvait d'accepter une tâche aussi laborieuse.

Arrivons actuellement à la publicité, à la solennité de l'exposition.

L'exposition de 1834 s'est effectuée dans quatre pavillons très-spacieux, d'une architecture simple et régulière, provisoirement élevés sur les côtés de la place de la Concorde, avec autant d'échappées de vue sur quatre grands monuments du xviie, du xviiie et du xixe siècle.

Dès le premier jour de l'exposition, à

l'heure indiquée par M. Duchâtel, alors ministre du commerce, tous les exposants étaient auprès de leurs produits, attendant la visite inaugurale du Roi, de la Reine, et de LL. AA. RR. Madame Adélaïde, le prince royal et ses frères, les princesses Marie et Clémentine.

L'auguste famille, reçue et conduite par le président et les membres du Jury central, a successivement parcouru toutes les salles.

Un spectacle aussi noble que touchant était celui des illustres visiteurs qui, pendant près de cinq heures, avec une patience à toute épreuve et l'attention la plus soutenue, examinaient en détail le vaste panorama des merveilles de notre industrie. Les exposants éprouvaient une surprise vive et flatteuse d'entendre le Roi, la Reine, les princes et les princesses parler tour à tour, comme une langue familière, l'idiome des arts utiles et celui des beaux-arts, rehausser le mérite des inventions par la sagacité,

la dignité, la grâce des éloges; et re-
fléter l'éclat des chefs-d'œuvre, par un
sentiment pur et vrai de leurs beautés.

Lorsque, parmi les exposants, quelque
veuve, quelques orphelins s'offraient aux
regards, c'est la reine qui, la première,
devinait leur infortune. Aussitôt des paroles, épanchées du cœur, révélaient
en leur faveur la sympathie maternelle
d'Amélie, pleine de grâce et de bonté!

A mesure qu'une partie de chaque salle
était ainsi visitée, appréciée, illustrée
par de tels suffrages, les exposants, en-
traînés par la gratitude, quittaient leurs
produits, les oubliaient en quelque sorte
pour suivre la patriotique famille, et recueillir quelques-unes des paroles ingénieuses adressées à leurs émules.

Enfin, quand le cortége arrivait au
terme de chaque salle, les exposants réunis, pénétrés d'un sentiment unanime
d'attendrissement et de reconnaissance,
faisaient entendre longtemps les cris partis du cœur : «Vive le Roi! vive la famille

royale ! vivent les illustres amis de l'industrie nationale ! »

Plus tard, à maintes reprises, d'autres visites accomplies sans faste, en secret, par les divers membres de la famille royale, ont permis, aux princes, d'appliquer leurs connaissances à l'examen des armes, des machines appropriées à la grande industrie, et des instruments scientifiques; aux princesses, de laisser entrevoir, malgré leur modestie, la supériorité de leur goût pour les beaux-arts où leur talent excelle, la musique, le dessin, la peinture, et surtout la sculpture.....

Tous les habitants de la capitale, un nombre immense de curieux, accourus des départements même les plus éloignés, et plus de trente mille étrangers ont visité l'exposition, depuis le 1ᵉʳ mai jusqu'au 1ᵉʳ juillet 1834.

L'exposition terminée, les jugements du jury central accomplis, il restait à distribuer les récompenses.

Par une concordance heureusement

saisie, *le quatorze juillet* 1834 était le jour qu'avait choisi le Roi.

A quarante-quatre ans d'intervalle, s'offrent à l'histoire deux grandes solennités, comme deux bornes extrêmes d'une carrière immortelle. Dans la première époque, c'était l'élite des populations armées de la France, fédérées pour recevoir les drapeaux, gages de la foi nationale et des libertés à défendre. Dans la dernière époque, c'est l'élite des populations désarmées, ayant leurs libertés, non-seulement conquises, mais assurées, laquelle est appelée à recevoir les prix mérités par le génie paisible des arts; par ce génie dont la fécondité concourt si puissamment au bien-être, à la force, à la gloire de la nation.

Nous n'avons rien de mieux à faire que de transcrire fidèlement le récit *officiellement publié par le Moniteur,* de la séance royale où ces récompenses ont été distribuées.

« Le Roi a distribué aujourd'hui (14 juillet), aux Tuileries, les récompenses nationales accordées à l'industrie. Tous ceux des exposants qui devaient être nommés étaient réunis dans la salle des maréchaux.

« A deux heures et demie le Roi est entré accompagné de S. M. la Reine, de S. A. R. Mgr le duc d'Orléans, et de LL. AA. RR. Madame Adélaïde, les princesses Marie et Clémentine.

« A la suite de LL. MM. on remarquait M. le président du conseil, M. le ministre de l'instruction publique, M. le ministre du commerce et M. le maréchal Gérard.

« MM. les membres du Jury central se sont avancés au devant de LL. MM., et M. le baron Thénard, président du jury, a adressé au Roi le discours suivant :

« SIRE,

« La France revoit toujours avec admi-
« ration les expositions des produits de

« l'industrie. La première elle a donné
« l'exemple de ces mémorables concours,
« qui excitent la plus vive et la plus noble
« émulation ; elle s'en glorifie, Sire, et
« son vœu le plus cher serait sans doute
« que, imitée de toutes parts, il n'y eût
« plus désormais que de semblables luttes
« entre les peuples, luttes généreuses,
« pacifiques, où le vaincu, instruit par le
« vainqueur, a lui-même part à la victoire.

« Si ce vœu, Sire, n'était point inspiré
« par les droits sacrés de l'humanité, il
« le serait encore par les intérêts matériels
« sur lesquels se fonde la prospérité pu-
« blique. Que l'on considère, en effet, les
« progrès de l'industrie depuis quarante
« ans, et l'on verra que, presque insen-
« sibles pendant la guerre, ils ont été im-
« menses pendant la paix.

« Grâces vous soient donc rendues,
« Sire : en conservant la paix avec hon-
« neur, vous avez plus fait pour la France
« qu'en gagnant des batailles et conqué-
« rant des provinces.

« C'est surtout dans les sept années
« qui viennent de s'écouler que l'indus-
« trie française s'est avancée à grands
« pas. Nos usines se sont multipliées,
« agrandies; nos machines se sont perfec-
« tionnées; notre fabrication, en s'amé-
« liorant, s'est faite à plus bas prix; nos
« relations se sont étendues; des arts
« nouveaux même ont pris naissance.
« Aussi l'exposition de 1834 l'emporte-
« t-elle de beaucoup sur celles qui l'ont
« précédée, et laissera-t-elle de profondes
« traces, de longs et féconds souvenirs
« dans les esprits.

« Quelle magnificence, quel imposant
« spectacle, Sire, que ces vastes galeries
« où les richesses industrielles de la
« France étaient offertes à tous les re-
« gards, et où tant de citoyens accourus
« de pays divers, mêlés et confondus, se
« pressaient et se succédaient sans cesse
« pour les voir, les admirer et les re-
« voir encore!

« Vous même, Sire, vous étiez au

« nombre des admirateurs ; et, si la ma-
« jesté du trône l'eût permis, vous eus-
« siez pu être au rang des juges. Entouré
« de votre auguste famille, vous avez
« consacré des jours entiers à visiter cette
« exposition, la première de votre règne,
« et pleine d'un si bel avenir. Vous en avez
« apprécié tous les produits, prenant plai-
« sir à vous entretenir avec chacun de
« ceux qui les avaient fabriqués, encou-
« rageant tous les efforts, applaudissant
« à tous les succès, trouvant les heures
« trop rapides dans ces visites, qui pour-
« tant se prolongeaient et se répétaient,
« et fier d'être l'élu d'une nation qui sa-
« vait faire de si utiles et de si grandes
« choses.

« Le Jury central, Sire, a senti tout à
« la fois combien était honorable, mais en
« même temps délicate et difficile, la haute
« mission qu'il avait reçue. C'était un puis-
« sant motif pour qu'il s'efforçât de la rem-
« plir plus dignement encore. Il s'est en-
« touré de tous les documents qui pou-

« vaient l'éclairer ; souvent il a consulté
« les lumières d'hommes habiles dont le sa-
« voir égalait l'intégrité. Tous les titres ont
« été pesés scrupuleusement : les qualités
« des produits, leurs prix, l'importance
« des fabriques, voilà les éléments qui ont
« servi de bases à ses décisions. Les diffi-
« cultés vaincues n'ont obtenu d'encoura-
« gement qu'autant qu'elles étaient utiles ;
« et les inventions elles-mêmes n'ont été
« que signalées à l'attention publique,
« lorsqu'elles n'avaient point reçu la
« sanction de l'expérience.

« C'est donc avec la profonde convic-
« tion d'avoir accompli les devoirs qui
« lui étaient imposés, que le Jury se pré-
« sente devant votre majesté pour en-
« tendre proclamer solennellement les
« noms de ceux qu'il a jugés dignes de
« récompenses élevées.

« Elles vont réaliser la juste espérance
« des uns : peut-être ne répondront-elles
« pas complétement aux désirs de quel-
« ques autres ; mais dès demain s'ouvre

« l'ère d'une exposition nouvelle : qu'ils
« rentrent dans la lice, et de nouveaux
« efforts les feront triompher à leur tour.

« Pour tous elles seront des titres
« d'honneur.

« Pour tous, aussi, elles doubleront
« de prix, données par un prince protec-
« teur des sciences et des arts, qui, dans
« l'adversité, sut trouver, en les ensei-
« gnant, les plus douces consolations et
« les plus honorables ressources, et qui,
« dans la bonne comme dans la mauvaise
« fortune, fut toujours animé de l'amour
« du bien public et dévoué au salut de
« son pays. »

« Le Roi a répondu :

« J'éprouve une grande satisfaction à
« proclamer avec vous que l'exposition
« des produits de l'industrie française,
« en 1834, a été la plus complète, la plus
« importante et la plus magnifique que
« nous ayons encore eue.

« Je suis fâché qu'un enrouement
« m'empêche de me faire entendre de
« vous comme je l'aurais désiré ; mais,
« quel que soit l'état de ma voix, vous en-
« tendrez les expressions qui partent de
« mon cœur, quand je vous dirai combien
« j'ai été touché de tous les sentiments
« que vous m'avez témoignés, et quand
« je vous entretiendrai du plaisir que j'ai
« éprouvé à parcourir avec vous cette
« belle exposition, ces galeries si riche-
« ment décorées par tant d'objets divers,
« à entrer avec vous dans les détails de
« vos produits, et apprendre à les appré-
« cier encore mieux par les explications
« que vous me donniez. C'est une véri-
« table satisfaction pour moi que de pou-
« voir vous témoigner de nouveau tout
« l'intérêt que je porte à l'industrie, et
« combien je jouis de ses progrès.

« J'aime à croire avec vous que ces
« heureux et brillants progrès sont les
« fruits de la politique sage et honorable
« qui a été constamment suivie à l'exté-

« rieur et à l'intérieur par mon gouver-
« nement, depuis que le vœu national
« m'a appelé au trône, que j'ai accepté
« dans l'intérêt de la patrie et pour dé-
« fendre ses droits, ses libertés et tous
« nos intérêts nationaux. Nous les avons
« assurés à l'extérieur, nous y avons
« maintenu l'honneur du nom français,
« et nous avons conservé la paix générale
« par notre droiture et notre loyauté.
« C'est ainsi que nous avons rassuré les
« nations et les puissances étrangères sur
« les alarmes que d'anciens souvenirs
« pouvaient encore leur inspirer. Nous
« avons montré que la France était assez
« grande, assez illustre pour n'avoir pas
« besoin d'autres conquétes que celles
« dans lesquelles vous m'assistez si bien,
« celles des arts, de l'industrie et de la ri-
« chesse nationale. Nous en avons fait
« de grandes, et j'aime surtout à vous fé-
« liciter des progrès que vous avez fait
« faire aux arts utiles et aux sciences po-
« sitives, ainsi que de tous les perfection-

« nements que vous avez donnés à nos
« machines et à nos produits. C'est en
« continuant à vous y appliquer que vous
« parviendrez à soutenir la réputation
« que vous avez si bien méritée, et que
« vous augmenterez votre prospérité per-
« sonnelle par l'accroissement de la pros-
« périté publique.

« Aujourd'hui le commerce, dégagé
« des monopoles et des priviléges qui
« l'entravaient jadis, peut se livrer sans
« contrainte à toutes les recherches, à
« toutes les entreprises, et parcourir li-
« brement la vaste carrière qui est natu-
« rellement ouverte devant lui. Il est sous
« la protection des lois tutélaires qui as-
« surent à tous la conservation de leurs
« droits, le libre exercice de leur indus-
« trie, et le développement de leurs fa-
« cultés morales et intellectuelles. C'est
« là ce que demandait la nation, et c'est
« ce que je regarde comme la véritable
« égalité. L'égalité des droits, voilà ce
« que nous avons voulu; que chacun

« puisse parvenir à tout ce que ses facul-
« tés, son éducation, ses talents donnent
« le droit d'atteindre, et alors le véritable
« vœu national sera satisfait, la véritable
« égalité sera protégée contre toutes les
« exagérations qui la détruisent. »

« Ici le Roi est interrompu par de vifs
applaudissements et par les cris de :
Vive le Roi !

« Il faut nous préserver de ne savoir
« pas reconnaître et honorer la supério-
« rité du talent, de la propriété, de la ri-
« chesse, et enfin celle de toutes les illus-
« trations. Montrons que si nous n'avons
« pas voulu de l'aristocratie du privilége,
« nous voulons l'aristocratie de la gran-
« deur d'âme, de l'habileté, du talent et
« des services rendus à la patrie. »

« Nouveaux applaudissements, nouveaux cris de : *Vive le Roi !*

« A présent que la confiance est bien
« rétablie, et que la sécurité dont jouit

« la nation favorise et facilite toutes les
« améliorations que je viens de signaler
« devant vous avec tant de satisfaction,
« rien ne saurait plus arrêter leur mar-
« che; mais pourtant il faut leur laisser
« le temps nécessaire; il ne faut pas que
« nos expositions soient trop rapprochées,
« ce serait user l'effet qu'elles produisent;
« tandis que, dans quelques années, l'in-
« dustrie pourra de nouveau présenter à
« la France d'éclatants progrès. J'ai la
« confiance que l'exposition prochaine
« surpassera autant celle de 1834 que
« l'exposition de 1834 a surpassé toutes
« celles qui l'ont précédée. Par là nous
« arriverons en même temps à améliorer
« le sort des ouvriers, nous arriverons à
« leur faire comprendre ce qu'il est si né-
« cessaire de leur démontrer, que c'est
« seulement par la réduction du prix des
« marchandises, qui augmente d'une ma-
« nière si heureuse la richesse publique,
« en augmentant la rapidité de la circu-
« lation du numéraire, qu'ils peuvent es-

« pérer de voir s'accroître leur bien-être,
« et de ne jamais manquer de trouver
« dans leur travail les moyens de satis-
« faire à tous leurs besoins. J'ai souvent
« pensé, en leur voyant quitter l'ouvrage,
« à cette retraite du peuple romain sur
« le mont Aventin, lorsque Menenius,
« envoyé par le sénat, parvint à l'en ra-
« mener en lui faisant l'apologue des
« membres et de l'estomac. Nous pour-
« rons de même l'appliquer à nos ou-
« vriers, et leur dire, lorsque eux aussi
« se retirent sur le mont Aventin ; «Ve-
« nez donc reprendre votre ouvrage, ce
« n'est pas en ruinant les fabricants que
« vous parviendrez à vous enrichir; tra-
« vaillez, mes amis, rentrez dans vos ate-
« liers, reprenez vos tabliers, cet hono-
« rable signe du travail, et revenez con-
« courir à la richesse publique, en même
« temps que vous assurerez votre exis-
« tence et le bien-être de vos familles.
« C'est à vous, c'est à elles que vos inter-
« ruptions de travail portent préjudice,

« et il n'y a que vos ennemis, ceux de
« l'ordre social et de la paix publique, qui
« puissent y trouver quelque avantage. »

« Ici le Roi est interrompu, une troisième fois, par les acclamations de l'assemblée.

« J'ai encore à exprimer un autre sen-
« timent. Je veux remercier MM. les
« membres du Jury du zèle qu'ils ont dé-
« ployé dans cette circonstance, et sur-
« tout des bons conseils qu'ils ont donnés
« aux exposants. Nos expositions doivent
« être une sorte de cours pratique où
« chacun doit trouver la juste apprécia-
« tion de ses travaux, de ses inventions,
« de ses découvertes. Là, chacun peut ap-
« prendre à ne pas se laisser entraîner
« aux illusions d'une découverte qui peut
« paraître brillante au premier aspect,
« mais qu'un examen plus approfondi fait
« reconnaître moins utile que telle autre
« qui se présentait avec moins d'éclat.
« L'épreuve du jugement public classe

« tout à sa juste valeur, et, en fait d'in-
« dustrie, il faut toujours revenir à ce
« qui est approuvé ou désiré par le pu-
« blic, car c'est là le moyen de faciliter
« et d'augmenter la consommation.

« Je remercie également MM. les mem-
« bres du Jury des soins qu'ils ont pris
« pour assurer l'équitable distribution
« des récompenses qu'ils étaient chargés
« d'assigner. En me réservant la satisfac-
« tion de les donner moi-même, j'ai voulu
« néanmoins en ajouter d'autres qui me
« sont personnelles, et je vais commen-
« cer par donner quelques croix, qui se-
« ront pour le commerce un nouveau té-
« moignage du prix que je mets à le sou-
« tenir et à l'honorer. »

« Il serait difficile d'exprimer l'enthousiasme que le discours de S. M. a excité
dans tout l'auditoire. Lorsque le silence
a été rétabli, M. Duchâtel, ministre du
commerce, a procédé à l'appel des personnes désignées pour recevoir des récompenses.

« Chaque fabricant appelé était présenté au Roi, qui, en lui remettant la récompense décernée, manquait rarement d'y joindre quelques paroles d'encouragement ».

(*Moniteur* du 15 juillet 1834.)

LISTE DES EXPOSANTS,

DES ARTISTES ET DES SAVANTS

AUXQUELS

LE ROI A DÉCERNÉ LA DÉCORATION DE LA LÉGION D'HONNEUR,
DANS LA SÉANCE SOLENNELLE DU 14 JUILLET 1834.

MM.

BOSQUILLON, fabricant de châles, à Paris.

CAUCHOIX, opticien, à Paris.

CAVÉ, mécanicien, à Paris.

CHENAVARD (Henri), fabricant de tapis et meubles.

DEBLADIS, directeur des fonderies d'Imphy.

DELATOUCHE, fabricant de papier (Seine-et-Marne).

DEROSNES, fabricant de produits chimiques.

DUFAUD (Achille), directeur des usines de Fourchambault.

ÉRARD (Pierre), facteur de pianos et de harpes.

FAUQUET-LEMAÎTRE, filateur de coton à Bolbec.

FLAVIGNY (Robert), fabricant de draps, à Elbeuf.

GRANGER, inventeur de la *charrue-granger*.\

GUIMET, inventeur du bleu d'outre-mer factice.

MM.

HARTMANN (Jacques), filateur de coton, à Munster.

HEILMANN (Josué), mécanicien.

HENRIOT (Isidore), manufacturier, à Reims.

JAPY jeune, manufacturier, à Beaumont (Haut-Rhin).

KŒCHLIN (Gros-Jean), fabricant de toiles peintes, à Mulhouse.

LEUTNER, fabricant de mousseline, à Tarare.

MOUCHEL, manufacturier, à l'Aigle.

PATURLE, manufacturier, à Paris.

PLEYEL (Camille), facteur de pianos.

PERRELET, horloger.

REVERCHON, fabricant de châles à Lyon.

SALLANDROUZE, fabricant de tapis.

SCRIVE, manufacturier, à Lille.

THOMIRE père, fabricant de bronzes.

ZUBER, fabricant de papier peint.

TABLEAU

Des Mécaniciens que le Jury central de l'exposition de 1834 a récompensés, en émettant le vœu que les modèles de leurs machines fussent exécutés aux frais de l'État, et déposés au conservatoire royal des arts et manufactures.

NOMS des MÉCANICIENS.	RÉSIDENCES	MACHINES DÉSIGNÉES.
MM.		
Agneray	Rouen.....	Système de machines préparatoires pour la filature des cotons.
Antiq..........	Paris......	Machine à sécher les légumes; moulin à orge perlée.
Besnier du Chaussais	Paris......	Pétrin mécanique.
Cavé	Paris......	Machine à vapeur, bateaux en fer, outils divers.
Chapper, Edwards, Perrier et Cᵉ.	Paris......	Appareil de Brame-Chevalier.
Collier (John)....	Paris......	Tondeuse, machine à peigner la laine.
De Bergue (Henri).	Paris......	Métiers à tisser.
Derosne.........	Chaillot....	Appareils pour la distillation et la concentration.
Dubois et compagnie	Louviers...	Machine à lainer les draps.
Farcot.........	Paris......	Pompe.
Grimpé (Émile)..	Paris......	Machine à graver à la molette.
Hugues.........	Bordeaux..	Semoir.

NOMS des MÉCANICIENS.	RÉSIDENCES	MACHINES DÉSIGNÉES.
MM.		
Gaillet..........	Lyon......	Nouveau métier à la Jacquart.
Kœchlin (André)..	Mulhausen.	Machine à broder, machine à auner, machine à imprimer trois couleurs.
Moulfarine.......	Paris......	Presse à imprimer et gaufrer les draps, appareil pour l'apprêt des étoffes.
Mulot...........	Saint-Denis.	Outils de sondage pour les puits artésiens.
Philippe.........	Paris......	Machine à faire les clous.
Pihet..........	Paris......	Système de métiers pour la filature des laines.
Reech	Lorient. ...	Machine à tresser les drisses des pavillons.
Ricard..........	Rouen.....	Rotafrotteur.
Rosé	Paris......	Râpe, tamis pour la fécule, coupe-racines.
Saint-Étienne.....	Paris......	Appareil pour la fécule.
Saulnier.........	Paris......	Machine à percer les métaux.
Sudds, Barker. Atkins et Cie.	Rouen.....	Presse à vis et à losange.
Taylor..........	Paris......	Appareils à chauffer l'air pour les hauts-fourneaux et les forges.
Tonnelier	Paris......	Presse à imprimer.
Valentin	....	Sondage chinois.

ORDONNANCE DU ROI.

Saint-Cloud, 4 octobre 1833.

LOUIS-PHILIPPE, Roi des Français,

A tous, présents et à venir, salut.

Sur le rapport de notre ministre secrétaire d'état au département du commerce et des travaux publics,

Nous avons ordonné et ordonnons ce qui suit :

ARTICLE PREMIER.

Une exposition des produits de l'industrie française sera ouverte, à Paris, le 1er mai 1834, sur la place de la Concorde.

ART. 2.

Aucun produit ne sera exposé qu'il n'ait été admis par un Jury nommé à cet effet, par les préfets, dans chaque département.

ART. 3.

Un Jury central sera nommé à Paris par notre ministre secrétaire d'état du commerce et des travaux publics. Ce Jury jugera du mérite des ouvrages exposés. Après son rapport, nous nous réservons de décerner, à titre de récompense, des médailles d'or, d'argent et de bronze.

ART. 4.

Les préfets, sur l'avis des Jurys départementaux, feront connaître les artistes qui, par des inventions ou procédés non susceptibles d'être exposés séparément, auraient contribué aux progrès des manufactures depuis l'exposition de 1827. Ces artistes pourront avoir part aux récompenses.

ART. 5.

A l'avenir, les expositions périodiques des produits de l'industrie auront lieu de cinq en cinq ans.

ART. 6.

Notre ministre secrétaire d'état du commerce et des travaux publics est chargé de l'exécution de la présente ordonnance.

Donné au palais de Saint-Cloud, le 4 octobre 1833.

Signé LOUIS-PHILIPPE.

Par le Roi:

Le Ministre Secrétaire d'état au département du commerce et des travaux publics,

Signé A. THIERS.

PREMIÈRE CIRCULAIRE

DU MINISTRE DU COMMERCE.

Paris, le 7 octobre 1833.

Monsieur le Préfet, une exposition publique des produits de l'industrie française s'ouvrira à Paris le 1er mai 1834. J'ai l'honneur de vous adresser des exemplaires de l'ordonnance du Roi, en date du 4 de ce mois, qui l'a ainsi statué. Je vous invite à la faire connaître à votre département par la plus grande publicité.

Notre industrie a brillé aux expositions précédentes; la dernière, en 1827, avait constaté de grands progrès. Le gouvernement du Roi a tout lieu de penser que la France industrielle ne sera trouvée aujourd'hui ni rétrograde ni stationnaire. Si elle a souffert un moment, chaque jour apporte de nouvelles preuves du retour de l'activité et de la prospérité, sous les auspices de la liberté et de l'ordre. Ainsi encouragés, nos ateliers ne sauraient manquer de produits remarquables, dignes d'être exposés avec confiance au plus grand jour, et faits pour maintenir la réputation nationale.

Je désire, Monsieur, que votre département soit au nombre de ceux qui se feront distinguer par leurs produits ; et, en parlant ainsi, je n'envisage pas seulement les arts de luxe, les articles réservés à l'opulence, que vos artistes pourraient offrir : les consommations propres aux classes les plus nombreuses, perfectionnées sous le rapport ou de la qualité ou du moindre prix, les meubles commodes, les vêtements sains mis à la portée d'un plus grand nombre de familles, attireront autant d'intérêt que les articles les plus brillants.

Une attention particulière est due aux travaux des hommes ingénieux qui s'appliquent à donner aux arts de bons outils, des machines nouvelles, des instruments bien confectionnés pour les ouvriers ou pour l'agriculture. Vous voyez par là, Monsieur le Préfet, quels sont les objets auxquels vous pouvez promettre accueil, et qu'il faut encourager à se faire connaître. Ne perdez pas de vue, non plus, une disposition spéciale de l'ordonnance du Roi : celui qui, par ses découvertes, a contribué au perfectionnement d'une manufacture sans que l'objet de ses travaux, confondus dans les produits, puisse être présenté à part, doit être signalé par le jury ; il peut, comme l'exposant, avoir part aux récompenses.

Ces récompenses et leur solennité ont toujours été

ambitionnées par nos manufacturiers ; elles leur paraîtront encore plus précieuses aujourd'hui.

Comme par le passé, aucun objet ne pourra être envoyé à l'exposition s'il n'a été déclaré admissible par un jury formé au chef-lieu du département, et cette disposition est de rigueur. Vous devez composer ce jury sans délai. Je ne doute pas que vous n'y appeliez les hommes les plus zélés pour l'industrie, les plus experts et les plus impartiaux pour en apprécier les ouvrages.

Il importe que ce jury soit constitué à l'avance, parce que je ne pense pas que sa mission ne doive s'exercer qu'en vérifiant les articles présentés, seulement au moment marqué pour leur envoi à Paris. Il est désirable que ses membres se mettent de bonne heure en communication avec les fabricants de tout le département ; ils exciteront leur émulation ; ils leur rappelleront, parmi les productions locales, celles qui peuvent attirer l'intérêt ; ils les avertiront enfin qu'on ne leur demande rien d'extraordinaire, et surtout aucun de ces objets qui, bons à être montrés une fois, ne sont ensuite d'aucune utilité réelle, mais de bons articles tels qu'ils se livrent journellement au commerce.

Ce n'est pas tout. D'excellents exemples, fournis par quelques départements dans les expositions précédentes, me font attendre du zèle de tous les jurys des notices raisonnées pour en accompagner les envois. Elles feront

connaître les manufactures des exposants, leur importance et leurs principaux moyens d'action, l'étendue de
la fabrication, le nombre des ouvriers et leur salaire, la
nature et l'origine de la matière première, les débouchés, et essentiellement les prix auxquels la marchan-
dise est établie. Non-seulement ce sont là des éléments
qui seront nécessaires à consulter dans l'appréciation des
objets exposés ; car qu'importerait la bonne qualité même
si elle ne s'obtenait à des prix abordables pour le consommateur ? Mais de telles notices, rapprochées des objets auxquels elles se rapportent, sont les éléments les
plus précieux d'une statistique manufacturière. Ce travail simplifiera beaucoup celui que j'aurai incessamment
à vous demander pour contribuer à l'inventaire général
de nos richesses industrielles. Aussi saurai-je très-bon
gré à MM. les membres du jury, s'ils veulent bien compléter l'œuvre en ne se bornant pas aux manufactures
qui présenteront leurs produits, en étendant leur notice
à toutes les industries du département et en y compre-
nant le plus de détails statistiques qu'il leur sera possible.

Je vous recommande, Monsieur le Préfet, de me
signaler les noms des amis zélés de l'industrie de leur
pays qui auront bien voulu s'acquitter de ces soins.

Quant aux objets qui seront soumis à l'examen du
jury, vous voudrez bien l'inviter à n'admettre que ceux
qui en seront dignes par leur bonne fabrication ou par

d

leur bon marché. Des articles mal confectionnés, des essais imparfaits, des imitations défectueuses de ce que les autres départements font mieux et à moins de frais ne doivent pas être reçus, et ne viendraient à Paris que pour décrier le département.

On a vu quelquefois admettre des objets minutieux, sans aucun intérêt, ou faits pour des étalages de magasins, et non pour une exposition qui ne comporte point d'acheteurs, et où l'approbation du public doit être raisonnée. En général, des liquides enfermés dans leurs vases, boissons, comestibles, cosmétiques, parfums, etc., déroberaient inutilement la place à des fabrications plus importantes.

Celles-ci ne doivent pas se montrer par de simples échantillons. Les fabricants savent qu'ils sont bien venus à exposer les objets entiers, les tissus par pièces. On redoublera de soins pour la conservation des marchandises et pour les mettre à l'abri de toute avarie.

Les objets voyageront du chef-lieu du département à Paris, aux frais de l'État, et seront renvoyés de même.

Telles sont, Monsieur le Préfet, les premières instructions que j'étais empressé de vous donner, et dont je vous invite à faire promptement usage. Vous en recevrez d'autres sur la direction à donner aux envois, quand nous serons plus près du temps où ils pourront être mis en route. Mais vous devez prévenir MM. les fabricants que le dernier terme pour recevoir *à Paris* les objets exposés sera le 1ᵉʳ avril, tout le mois étant nécessaire pour la disposition intérieure de l'exposition.

Recevez, Monsieur le Préfet, l'assurance de ma considération la plus distinguée.

Le Ministre du commerce et des travaux publics,

A. THIERS.

SECONDE CIRCULAIRE

DU MINISTRE DU COMMERCE.

Paris, le 29 janvier 1834.

MONSIEUR LE PRÉFET, je n'ai rien à ajouter aux instructions générales contenues dans ma circulaire du 7 octobre dernier, relative à l'exposition des produits de l'industrie, qui s'ouvrira, à Paris, le 1ᵉʳ mai 1834. Mais, ainsi que je vous l'annonçais, il est nécessaire, en ce qui concerne la direction à donner aux envois, d'adopter des mesures d'ordre qui éviteront les erreurs et contribueront à la facilité du classement.

Vous trouverez ci-joint des modèles de bordereaux imprimés, auxquels vous voudrez bien vous conformer, et que vous devrez me transmettre en triple expédition. Je n'ai pas besoin de vous dire que si l'abondance des ma-

tières l'exigeait, il serait facile d'ajouter à chaque bordereau des feuilles intercalaires.

Les trois premières colonnes de ce bordereau n'exigent
aucune explication. J'ai cru utile d'ajouter au modèle des
bordereaux des anciennes expositions une colonne indiquant les articles qui ont été présentés au jury, et qu'il
n'aurait pas cru devoir admettre, afin d'avoir une idée
plus complète de l'industrie de chaque localité.

Vous indiquerez en chiffres romains, dans la cinquième colonne, le numéro d'ordre donné à chaque
fabricant; ce numéro fera partie d'une série où tous les
exposants de votre département se trouveront compris.
Les numéros en chiffres arabes indiqueront la série d'articles fournis par le même exposant.

J'appelle votre attention sur la nécessité de faire
connaître bien exactement les noms ou la raison sociale
sous lesquels ont été accordées les médailles ou récompenses obtenues aux expositions antérieures.

Les observations ne pourraient contenir les notices
raisonnées dont vous entretient ma première circulaire
et auxquelles j'attache beaucoup de prix; mais vous
pourrez y insérer ceux des renseignements qui pourront
se traduire en chiffres.

Tous les objets que le jury de votre département aura

admis formeront un seul et même envoi que vous expédierez le   , à l'adresse de M. Ch. Ledieu, inspecteur de l'exposition, place de la Concorde. Ils devront être accompagnés d'une lettre de voiture *timbrée*, qui spécifiera les objets de l'envoi par nombre de colis, marques et numéros; mais vous aurez soin qu'elle ne contienne aucun article étranger à l'exposition. Le transport devra s'effectuer, soit par le roulage, soit par eau. S'il y avait des articles qui ne fussent pas terminés et qui exigeassent un envoi supplémentaire, vous pourriez vous servir de la voie des messageries, mais cette voie ne saurait être appliquée aux objets de grand poids ou de grande dimension. Dans tous les cas, les voituriers, patrons ou facteurs devront être porteurs de la lettre de voiture.

Je dois vous prévenir qu'aucune caisse ne sera ouverte, si je n'ai reçu préalablement le bordereau qui y répond; je ne saurais donc trop vous recommander de me le faire parvenir en temps opportun.

Vous donnerez les ordres nécessaires pour que les emballages soient exécutés avec soin. Les articles de chaque fabricant devront être munis d'une étiquette en carton fort, solidement attachée, indiquant en tête le nom du département, au-dessous, à gauche, en chiffres romains, le numéro que vous aurez assigné à chaque fabricant; et à droite, en chiffres arabes, le numéro du produit. Ces deux numéros doivent correspondre à ceux des colonnes des bordereaux imprimés, à l'aide desquels s'opérera la vérification des objets à leur arrivée.

Je vous répète que le transport des produits du chef-lieu de chaque département à Paris, ainsi que les frais de déballage et de renvoi, seront payés par l'État. Quant aux frais que pourrait occasionner le transport des marchandises du lieu de fabrication au chef-lieu, pour être soumis au jury d'examen, l'usage a toujours été de les imputer sur le fonds des dépenses imprévues du budget départemental.

S'il vous était présenté, Monsieur le Préfet, des produits naturels, tels que marbre brut, granit, etc., ce n'est qu'en petits échantillons que pourraient être admis ces résultats de l'exploitation des mines.

Sous aucun prétexte, il ne doit être envoyé des produits chimiques qui seraient susceptibles de combustion spontanée.

Les exposants doivent être prévenus qu'une fois leurs articles admis, ils ne seront pas libres de les retirer avant la clôture de l'exposition, lors même que ces articles seraient vendus.

Je compte sur votre zèle, Monsieur le Préfet, pour assurer, en ce qui vous concerne, l'exécution des mesures que je prescris. Vous remplirez ainsi les intentions de Sa Majesté, qui désire que cette exposition constate les progrès de la France industrielle.

Je vous prie de ne pas négliger de m'accuser réception de la présente circulaire.

Recevez, Monsieur le Préfet, l'assurance de ma considération distinguée.

Le Ministre du commerce et des travaux publics,

A. THIERS.

RAPPORT

DU JURY CENTRAL

SUR LES PRODUITS

DE L'INDUSTRIE FRANÇAISE

EN 1834.

INTRODUCTION HISTORIQUE.

PROGRÈS

DE L'INDUSTRIE NATIONALE,

DEPUIS L'ORIGINE

DE LA RÉVOLUTION FRANÇAISE.

L'industrie nationale est la puissance productive des citoyens et du gouvernement, employée pour satisfaire aux besoins privés et publics. Son but essentiel est de suffire à l'existence des particuliers, à la défense de l'état ; son but accessoire est d'em-

bellir la vie de l'homme, et d'orner la patrie par
des produits qui réunissent les dons de plaire et
d'être utiles. Sous ces deux points de vue, il est
digne d'un gouvernement éclairé de présenter
périodiquement en spectacle à l'émulation des
uns, à l'imitation des autres, les œuvres les plus
importantes et les progrès les plus récents de l'industrie nationale. Les producteurs de ces œuvres
et les auteurs de ces progrès ont droit à des récompenses décernées, non par la grâce ou la faveur
du pouvoir, mais par les suffrages scientifiques
d'un libre jury : c'est la raison de ces suffrages que
nous présentons maintenant à l'examen, au jugement de nos concitoyens.

On s'est contenté jusqu'ici de signaler les inventions et les perfectionnements des diverses
industries pour l'époque précise et circonscrite de
chaque exposition : le moment est venu d'élargir ce
cadre. Il faut offrir un tableau général qui montre
la succession de nos efforts et de nos succès, pour
un laps de temps indiqué par la nature même des
événements, par la série des découvertes, et la
liaison non interrompue de leurs conséquences.

Cette période, dont l'enchaînement est indivi-
sible, nous la trouvons dans la révolution, ou
plutôt dans la continuité des révolutions françai-

ses, dont la première impulsion sur l'industrie nationale remonte au succès final de la guerre soutenue par la France pour conquérir l'indépendance américaine.

Le traité qui ramena la paix dans les deux mondes, le libre parcours des mers et la concurrence universelle avec l'étranger, remonte à l'année 1783. De là, jusqu'à l'exposition de 1834, cinquante ans se sont écoulés : tel est le demi-siècle dont il faut se hâter de recueillir les traditions industrielles.

Des hommes qui possédaient l'âge de raison au commencement de cette période, sur mille individus, quarante seulement ne sont pas descendus dans la tombe! En passant sur la terre, une génération qui ne vit plus que par extrait et, j'oserais dire, par exception, cette génération puissante a tout agité, tout renouvelé, tout agrandi. Les sciences et les arts, la fécondité du travail et les richesses qu'il enfante, la gradation des fortunes et la diffusion des lumières, le bien-être des masses, la longévité même de l'homme et des animaux associés par le labeur à sa fortune : tous ces éléments de l'existence individuelle, de la force publique et de la gloire nationale ont acquis de nouveaux rapports; ils forment un nouvel ensemble.

1.

Un autre motif nous détermine. L'histoire peut contester, elle contestera la nécessité, l'équité, l'humanité d'un grand nombre d'actes qui rentrent dans son domaine, et qui caractérisent les événements accomplis par la politique ou par la guerre; elle n'aura que des éloges et des bénédictions à donner aux travaux des arts utiles. Les découvertes, les perfectionnements dans les procédés de ces arts sont autant de bienfaits légués à la postérité par les hommes de l'époque dont nous allons contempler le spectacle industriel : c'est l'exposition des produits de l'industrie d'un demi-siècle dont il faut à grands traits rappeler les œuvres les plus importantes.

Nous suivrons l'ordre des temps; mais, relativement aux principales classes que nous allons établir, afin d'offrir un ensemble qui grave aisément dans la mémoire ses résultats essentiels, nous rapportons tous les arts à leur but social, c'est-à-dire aux divers genres de services rendus à l'homme. D'après cette pensée, nous examinerons successivement les progrès des industries qui servent :

A la subsistance de l'homme........ ARTS ALIMENTAIRES.

A la santé de l'homme............. ARTS SANITAIRES.

A vêtir l'homme................. ARTS VESTIAIRES.

A loger l'homme, à meubler son ha-
bitation........................ ARTS DOMICILIAIRES.

A transporter l'homme et ses fardeaux. ARTS LOCOMOTIFS.

A plaire aux sens de l'homme....... ARTS SENSITIFS.

A l'instruire par les sens.......... ARTS INTELLECTUELS.

A préparer des moyens pour les di-
verses industries .... ARTS PRÉPARATEURS.

A l'utilité collective relativement aux
travaux publics, civils et militaires.... ARTS SOCIAUX.

I. ARTS ALIMENTAIRES.

AGRICULTURE.

L'agriculture se place au premier rang parmi les arts alimentaires ; rang qu'elle occupe également parmi ceux qui préparent les matières premières pour d'autres industries.

Elle met en valeur un territoire bien peu différent aujourd'hui de la superficie qu'il présentait en 1783. Nous avons acquis et gardé, depuis cette époque, Avignon et le comtat Venaissin, Montbelliard et Mulhausen, pays qui comprennent environ 243,000 hectares ; nous avons perdu les territoires de Landau, Philippeville et Marienbourg, des lisières étendues sur notre frontière septentrionale, et partie du pays de Gex. La superficie de la France est évaluée maintenant à 52,760,279 hectares ; à ce compte elle avait, dès 1783, une superficie de 52,659,000 hectares.

Plus d'un million d'hommes morts dans les combats, dix milliards consommés en dépenses militaires, en rançons, en tributs, pour garder, au bout d'un demi-siècle, à titre de cession, de con-

quête ou d'abandon , deux millièmes d'accroissement de notre territoire : voilà les restes matériels
d'une gloire immortelle, et le résultat misérable
d'une fortune inconstante.....

Disons maintenant quelles augmentations immenses, en population, en produits, en richesses,
le génie des arts paisibles a créées pour la France,
sur ce territoire imperceptiblement accru.

Il nourrissait, en 1783, vingt-cinq millions et
demi d'habitants; il en nourrit actuellement trente-
trois millions et un quart. Les progrès de l'agriculture pendant le demi-siècle qui vient de s'écouler
représentent par conséquent tous les produits de la
terre nécessaires à la subsistance ainsi qu'aux
besoins sociaux d'environ huit millions d'habitants ajoutés à la population première.

Dans ces progrès que des luttes gigantesques
et des batailles sans nombre ont pu seulement
ralentir et non pas interrompre, ce qui doit surtout frapper l'observateur attentif, c'est que la
part alimentaire de chaque individu, loin d'être diminuée par la multiplication incessante des copar-
tageants, est devenue de plus en plus abondante.
Ce phénomène résulte et du bienfait des lois et
du bienfait des arts.

Vers le milieu du XVIIᵉ siècle, une partie considérable du sol français était encore abandonnée comme infertile. Suivant M. Necker, de 1766 à 1780, en quinze années seulement, les déclarations faites par des propriétaires déterminés à défricher des terres incultes, présentent un total de 480,000 hectares. Ces déclarations durent être beaucoup accrues en nombre par le bel édit de 1776; édit qui déclarait exemptes de tout impôt, pour vingt années, les terres nouvellement mises en valeur.

Un grand fait social accompagne ce progrès : c'est la subdivision des propriétés foncières suivant une progression beaucoup plus rapide que la multiplication des individus.

S'il faut en croire les économistes anglais, cette subdivision devait être et serait encore, pour l'agriculture française, une source d'appauvrissement; mais l'expérience, supérieure aux conceptions systématiques, se prononce ici contre elles.

La grande division de nos propriétés ne remonte pas seulement à la révolution : dès 1788, elle frappait Artur Young, l'apologiste des fermes immenses et des paysans sans terres.

Cet agronome fameux s'effraie de voir la France compter vingt-six millions d'habitants. « Cette population, dit-il, est si fort au-dessus de l'industrie

et de la production de la France, que ce pays serait beaucoup plus puissant et infiniment plus flo-
rissant s'il avait cinq ou six millions d'habitants
de moins. » Il cherche aussitôt les causes d'un
pareil fléau. « J'attribue, ajoute-t-il, cette grande
population à la division des terres en petites propriétés, qui est portée en France à un point dont
il n'y a pas d'exemple en Angleterre. » En un mot,
« le mal dominant du royaume est de posséder
un si grand nombre d'habitants, qu'il ne peut
ni les employer ni les nourrir. » Telle était la
pensée d'Young, à l'aspect de la misère où se trouvaient plongés les cultivateurs dans la plupart de
nos provinces, lorsqu'il entreprenait son célèbre
voyage agricole.

Tout à coup la révolution accélère le partage
des biens ; elle produit dans les propriétés une
subdivision soudaine qui dépasse de beaucoup le
cours naturel des choses. Les résultats en sont,
pour l'agriculture, ce qu'est pour l'industrie la subdivision des arts et métiers : une source de produits plus abondants, obtenus avec une moindre
dépense de temps et de forces.

Les biens nationaux sont vendus ; les biens
substitués, les biens de main-morte sont affranchis ;
les partages deviennent égaux dans toutes les fa-

milles; enfin la terre de France, partout délivrée des servitudes féodales, est rendue libre, et, par sa liberté, doublement productive.

L'égalité dans les successions et l'aliénation des grandes propriétés continuent sous la république, sous l'empire, et même sous la restauration, qui se trouve impuissante pour en arrêter les effets. La subdivision des terres prend une marche plus rapide encore depuis la révolution de 1830; ainsi le prouvent les résultats suivants:

SUBDIVISION DES COTES[1] FONCIÈRES.

	Augmentation par année.
De 1816 à 1826...............	21,294 cotes.
De 1826 à 1833...............	74,012
De 1833 à 1834...............	81,903
Nombre total des cotes foncières, à la fin de 1834...............	10,896,682

Par la subdivision dont nous venons de mesurer la vitesse progressive, aujourd'hui plus des deux tiers des Français sont propriétaires, et, comme tels, intéressés à la défense de l'ordre social, qui protège, avant tout, la propriété. Six millions au moins de pères de famille, possesseurs

[1] Chaque cote comprend la totalité des biens d'un propriétaire dans la même commune.

du sol, sont chefs d'exploitations agricoles, sur lesquelles chacun d'eux porte le coup d'œil actif, intéressé, vigilant et progressif du maître.

Par cette multitude d'intérêts et surtout d'intelligences appliquées à la poursuite d'un même résultat, la petite culture acquiert une puissance productive supérieure à celle des grandes exploitations; la subdivision volôntaire des propriétés rurales, par voie d'aliénation, produit incomparablement plus' que la vente des mêmes biens restés indivis. De là ces célèbres bandes noires, dont l'unique industrie consiste à vendre au détail les masses de biens qu'elles acquièrent. De là les opérations du même genre, faites par d'opulents possesseurs, pour rendre plus productive l'aliénation de leurs domaines.

A côté de cette division toujours continuée avec une activité croissante, des propriétés déjà grandes s'agrandissent encore par la puissance irrésistible des capitaux accumulés. Des propriétés moyennes se forment, par le désir de constituer le plus durable, quoique le moins productif des patrimoines. Ces propriétés se complètent, s'arrondissent par l'acquisition d'enclaves gênantes, par l'achat de lisières et de pourtours, par l'échange de parcelles isolées, coûteuses à cultiver, impossibles à clore, contre les annexes des possessions principales, annexes obtenues surtout lors du morcellement des vastes domaines.

Autrefois les fabricants et les marchands, après avoir acquis dans nos cités une modique fortune, arrivés à l'âge mûr, quittaient les affaires; ils se faisaient rentiers oisifs, pour vivre, comme on le disait alors avec vanité, bourgeoisement. S'ils n'avaient pas d'enfants, ils doublaient leurs rentes en les faisant viagères, et consommaient ainsi leur capital avec leur vie improductive. Aujourd'hui, sauf un nombre insensible d'exceptions, tout individu de cette classe qui se retire achète une propriété qu'il s'efforce d'améliorer, en apportant à ce soin des idées d'ordre, de calcul, d'industrie et de progrès. Ainsi les moyennes fortunes agricoles sont incessamment accrues par les capitaux accumulés dans le commerce et les manufactures.

A côté de la bourgeoisie issue des villes et des populations agglomérées au moins dans les bourgs, comme son nom l'indique, il se forme une classe de paysans richards, dont l'unique but est d'agrandir leur héritage et d'accroître leurs revenus, sans rien changer à leur dépense. Ils unissent ainsi l'économie de l'ouvrier, l'intelligence du fermier et la faculté d'achat du capitaliste : c'est une *bourgeoisie rurale* qui s'accroît rapidement. On ne peut la comparer qu'à l'ordre des paysans dans le royaume de Suède, et qu'aux citoyens romains, dans les tribus de la campagne, aux beaux temps de la république.

Il existe donc une balance nouvelle des propriétés, qui tend vers son équilibre; elle placera la plus grande partie des biens entre le plus grand nombre de mains qui puissent les faire valoir avec un travail opiniâtre, ou des capitaux et des lumières dont l'étendue peut longtemps s'accroître avant d'arriver au dernier terme.

Deux nouveaux faits s'offrent à l'observateur: sur trente-trois millions d'habitants, dix-sept environ suffisent aux travaux des champs; les seize autres sont disponibles pour l'universalité des arts et métiers.

La proportion des agriculteurs aux industriels était certainement plus considérable en 1783. Mais nous manquons de documents certains à cet égard. Lavoisier même, le judicieux et sage Lavoisier, dans une répartition de la population, se trompe évidemment; sur vingt-cinq millions d'habitants il en admet huit dans les villes et dans les bourgs. A peine aujourd'hui les populations agglomérées atteignent ce nombre, malgré leurs vastes accroissements. Aussi, lors des supputations opérées par l'Assemblé constituante, on n'a trouvé que 5,709,370 habitants des villes et des bourgs, contre 20,521,480 habitants des campagnes.

Lavoisier n'a pas commis moins d'erreurs en calculant les diverses cultures, ainsi que nous pouvons nous en convaincre d'après des évaluations qui deviennent de plus en plus approximatives, à mesure que l'on complète le cadastre des divers départements. .

Suivant les documents statistiques publiés par le ministre du commerce, voici quelles sont aujourd'hui les superficies consacrées aux divers genres de culture :

Terres labourables, assolements complets.	25,559,152 [h]
Prés...........................	4,834,621
Vergers, pépinières et jardins...........	643,698
Cultures diverses...................	951,934
Landes, pâtis, bruyères, etc...........	7,799,672
Étangs, abreuvoirs, mares et canaux d'irrigation...........................	209,431
Bois............................	7,422,315
Vignes..........................	2,134,822
Forêts et domaines non productifs.......	1,209,433
Total des superficies imposables...	50,765,078

La culture des céréales, qui comprend la presque totalité des terres labourables, est toujours, sans comparaison, la plus importante pour la richesse des produits et l'étendue des terres qu'elle exige. Cette étendue s'est augmentée par des défrichements de terres incultes et de bois, par des suppressions de vaines pâtures, auparavant improductives, par le desséchement d'un grand nombre d'étangs et de marais, etc.

Croira-t-on que jusque vers 1810 on ait complétement ignoré la proportion des terres affectées à chaque genre de culture? Depuis cette époque l'administration a fait suivre assez régulièrement la demande de documents statistiques susceptibles d'être infiniment améliorés dans leur collection, mais dont il importe, tels qu'ils sont, de déclarer toute l'utilité. Ils nous révèlent déjà des faits d'une haute importance sur l'avenir de notre agriculture et sur le sort prospère de la population française.

Pour ne considérer que des années bien comparables, nous choisirons 1814 et 1833.

INTRODUCTION HISTORIQUE.

SUPERFICIES ENSEMENCÉES.

ESPÈCES DE SEMENCES.	1814.	1833.	ACCROISSEMENT décennal.	ACCROISSEMENT annuel.	ACCROISSEMENT en hectares de 1814 à 1833.	PUISSANCE nutritive de l'hectare.	NOURRITURE suffisante pour l'accroissem' de la population.
	hectares.	hectares.	dix millièmes.	dix millièmes.		hommes.	hommes.
Froment............	4,481,385	5,242,779	861	83	761,394	3	2,284,182
Méteil............	842,585	870,241	171	17	27,656	2,5	69,140
Seigle	2,522,832	2,663,453	289	$28\frac{4}{10}$	140,621	2,2	309,366
Orge............	1,109,434	1,264,454	713	69	155,020	2,4	372,048
Sarrasin..........	680,783	687,495	89	$8\frac{4}{10}$	6,712	2,2	14,766
Maïs et millet........	504,809	603,232	983	94	98,423	2,2	216,530
Avoine............	2,504,854	2,803,678	619	60	298,824	"	"
Légumes secs........	226,334	305,178	1,704	158	78,844	3	236,532
Autres menus grains ..	227,807	287,582	1,305	123	59,775	"	"
Totaux........	13,100,823	14,728,092			1,627,269		3,502,564
Pommes de terre......	348,904	742,111	4,877	405	393,207	9	3,538,863
Totaux définitifs...	13,448,727	15,470,203	766	71	2,020,476		7,041,427
			Accroissement de la population	62			

D'après le tableau qui précède, nous voyons que le développement des cultures, de 1814 à 1833, peut suffire à la nourriture de 7,626,341 habitants.

Mais, dans le même laps de temps, la population ne s'est accrue que de 3,508,575 habitants.

Par conséquent, les produits essentiels à la nourriture de l'homme s'accroissent une fois plus vite que la population ; donc la part de chaque individu, loin de diminuer, augmente avec rapidité.

Non-seulement la nourriture devient plus abondante ; l'accroissement se fait surtout sentir pour les céréales d'une espèce supérieure. En 1814, sur un million d'habitants, 449,100 vivaient de froment pur, et 550,900 de grains inférieurs. Aujourd'hui, sur un million d'individus, 480,000 peuvent vivre de froment et 520,000 seulement de grains inférieurs.

En ne considérant que l'augmentation des consommateurs et des subsistances depuis 1814, sur 3,508,575 nouveaux habitants, 2,284,182 peuvent être complétement nourris en froment ; proportion, comme on le voit, très-supérieure à celle de la première époque.

Depuis quelques années, on mélange avec avantage la fécule des pommes de terre avec la farine du froment, même dans le pain blanc réservé pour la table des riches. Nous verrons dans un moment quelle est la grandeur de cette ressource.

Enfin l'art de la mouture, amélioré progressivement, permet de retirer plus de farine d'un même poids de froment.

On peut affirmer qu'aujourd'hui près des deux tiers de la population sont nourris sans recourir aux céréales d'espèces inférieures. Parmi celles-ci, les unes, comme l'orge, servent à la fabrication de la bière.

Cette boisson si nourrissante était un objet de luxe et pour ainsi dire de curiosité dans presque toute la France, excepté la Flandre, l'Artois et l'Alsace; elle est aujourd'hui d'un usage extrêmement répandu. A Paris, en 1789, d'après Lavoisier, on consommait cent vingt-cinq fois autant de vin que de bière; en 1830, on consommait seulement sept fois autant de vin que de bière.

La culture du maïs, si précieuse pour les habitants du Midi, adoptée par les départements du Haut et du Bas-Rhin, augmente plus vite que la population.

Mais l'accroissement le plus remarquable et le plus précieux est celui des pommes de terre.

	Hectolitres.
La récolte de 1814 était évaluée à.......	29,121,838
Celle de 1833 l'est à.................	74,504,719

En 1783, la pomme de terre n'était un peu cultivée qu'en Flandre, en Alsace, et dans un petit nombre d'autres provinces. Les produits étaient si peu de chose, qu'Arthur Young ne les faisait pas même entrer dans ses évaluations [1].

C'est ici qu'il faut signaler les efforts admirables de persévérance et d'activité dus à M. Parmentier, que l'institut national et l'académie des sciences ont eu l'honneur de posséder. On serait surpris aujourd'hui d'apprendre tous les préjugés qui s'opposaient, il y a cinquante ans, à l'emploi de la pomme de terre pour nourrir les hommes. Cet aliment allait faire dégénérer l'espèce humaine, l'affaiblir, et lui donner des maladies affreuses, la lèpre par exemple; c'était tout au plus une nourriture de pauvres; les riches devaient la mépriser: ils la méprisaient en effet, et de proche en proche les classes inférieures épousaient ces idées absurdes. Enfin, affirmait-on, la pomme de terre épuiserait les terres fertiles et ne pourrait pas réussir en des terrains médiocres. Voilà tous les obstacles que Parmentier combattit. Il obtint du Roi la per-

---

[1] « Quant aux pommes de terre, il serait ridicule de les regarder « comme un article de nourriture pour les hommes, puisque les quatre-« vingt-dix-neuf centièmes de l'espèce humaine ne veulent pas y tou-« cher »; ch. v, *des Cours de récoltes en France*, p. 151. Arthur Young : *Voyage en France*. Voyez aussi ce qu'il dit du maïs, pages 148 à 151.

mission de planter en pommes de terre cinquante arpents de mauvais terrains, dans la plaine des Sablons; elles y réussirent. Parmentier courut en ceuillir la première fleur, pour l'offrir au souverain, qui, dans une cour moqueuse et légère, en décora son habit, afin d'honorer des efforts utiles à son peuple : ce bon roi, c'était Louis XVI.

Les Français doivent encore à Parmentier les plus louables efforts pour propager sur notre sol la culture du maïs. Dès 1785, il publiait son *Traité du maïs étudié dans tous ses rapports de culture, de récolte et d'emploi.*

On a commencé à naturaliser en France le blé de Sicile, dont la farine est propre à la fabrication des pâtes imitées d'Italie, macaroni, vermicelles, etc.

On a pareillement naturalisé le blé dont la paille délicate et flexible sert, en Toscane, à fabriquer les beaux chapeaux d'Italie.

La culture des céréales, dans sa combinaison avec celle des autres végétaux utiles, nous offre une série nouvelle de progrès dignes d'étude.

En 1783, l'art des *assolements* était ignoré dans presque toutes nos provinces; les jachères faisaient chômer au moins un an sur trois les terres labourables : un tiers du sol était complétement perdu. La routine dédaignait de calculer cette perte; elle

n'imaginait pas que l'agronomie dût étre une science
de calcul et de théorie appliquée à la pratique.

En 1783, *l'économie rurale,* cette base essentielle de la richesse des états, n'avait pas même une
place nominale à l'academie des·ciences. En
1795, elle est classée avec honneur dans l'institut
national des sciences et des arts.

Cependant, dès la première époque, les esprits
supérieurs avaient entrevu la science qu'il impor-
tait de créer et de populariser. Chose remarquable!
elle reçut des professeurs chargés à la fois de l'enfanter et de l'enseigner. Mais ces professeurs
étaient: Daubenton, le créateur de l'anatomie comparée; Fourcroy, l'apôtre éloquent de la chimie,
appliquée à tous les besoins des arts; Vic-d'Azyr,
médecin philosophe, et l'infatigable Gilbert. Voilà
les hommes qu'on attachait à l'établissement régé-
néré, sous le titre d'*école royale d'économie rurale
vétérinaire d'Alfort.*

Sans une alimentation abondante et choisie,
point de santé, point de force, point de grandeur
ni de beauté dans les formes, chez les animaux
comme chez les hommes; sans prairies artificielles,
point de nourriture suffisante pour les grands besoins de l'économie rurale vétérinaire.

Le moins célèbre des quatre professeurs que

nous venons de citer, mais non pas le moins digne d'une renommée populaire, Gilbert attaqua le premier cette immense question des prairies artificielles, dont la solution devait anéantir les jachères, accroître les engrais et par suite la production des céréales, en multipliant les animaux domestiques et tous les végétaux utiles à l'homme.

Gilbert combine la science avec l'observation ; il interroge les cultivateurs les plus habiles, dans les riches campagnes de l'ancienne Île-de-France ; il recueille, il compare leurs idées ; et quand il a constaté quel est le système de cultures alternes le plus avantageux, il reconnaît précisément celui qu'observaient les Romains, aux temps les plus florissants de la république [1].

Plus tard sont venus Yvart, professeur d'Alfort; Lullin de Châteauvieux et Pictet, le premier membre et les deux autres correspondants de l'académie des sciences. Ils ont expliqué, popularisé la théorie des assolements, dont ils ont accéléré la mise en pratique sur le territoire français.

Yvart s'est occupé surtout des irrigations, pour les rendre plus communes et moins imparfaites dans un grand nombre de nos départements.

La pomme de terre, dont nous avons déjà

[1] Éloge de Gilbert, par G. Cuvier.

signalé la culture progressive, est venue se placer au premier rang parmi les produits alternes de très-bons assolements.

Après la pomme de terre, la racine nutritive la plus importante est aujourd'hui la betterave; elle fait partie des assolements les mieux combinés; elle sert directement à la nourriture de l'homme et des animaux. L'art d'extraire le sucre dont cette plante abonde, inventé par un chimiste de Berlin, vers la fin du siècle dernier, M. Achard, a fait d'immenses progrès. Dès 1834, on évaluait cette fabrication, en France, à quinze millions de kilogrammes, c'est-à-dire le cinquième de la consommation annuelle.

Le résidu pulpeux de la betterave, après l'extraction du sucre, offre un aliment précieux pour les animaux domestiques.

Il faut exposer maintenant les progrès qu'ont faits en France l'alimentation et l'élève. de ces animaux. Nous commencerons par les bêtes à laine.

Il y a moins d'un demi-siècle, nos races ovines restaient en général imparfaites; mal nourries, elles étaient petites et chétives; leurs toisons étaient grossières, et partant à vil prix; enfin les deux espèces principales, que réclament les plus beaux tissus, manquaient à notre agriculture.

Avant 1789, Gilbert, que nous avons déjà cité, voyage en Angleterre par ordre du gouvernement, pour étudier la manière d'élever les moutons à laine longue et lustrée, et pour tenter de les introduire dans nos provinces du nord. Il faudra près d'un demi-siècle pour que ces travaux soient repris avec quelque succès, vers la fin de la Restauration.

Quelques années avant la révolution, sur les instances éclairées de M. Tessier, Louis XVI avait obtenu, comme objet de pur agrément, un troupeau de mérinos, qui fut placé dans la terre royale de Rambouillet : c'est de là que sont sortis les premiers animaux livrés à l'économie particulière. Chose étrange ! pour propager avec plus de rapidité les élèves de ce troupeau, l'on proposait aux agriculteurs de leur confier sans rétribution les plus beaux béliers; mais les agriculteurs ne mettaient aucun prix à ce qu'on leur offrait sans exiger un prix. On résolut enfin de *vendre* les animaux disponibles; dès cet instant ils furent recherchés, et la valeur s'en accrut avec rapidité.

Sous le Directoire exécutif, en vertu du traité de Bâle, Gilbert passe en Espagne, afin d'y choisir les bêtes à laine concédées par ce traité. Il meurt de fatigue, après des prodiges de constance, de désintéressement, de générosité : les déserts de la Sierra-Morena furent son champ d'honneur. Ici la patrie ne doit à Gilbert que son admiration et ses regrets : elle doit à Daubenton une reconnaissance impérissable pour des services, non-seulement tentés, mais accomplis.

De 1766 à 1801, l'illustre collaborateur de Buffon se délasse en quelque sorte de ses grands travaux d'anatomie comparée, en se livrant à l'élève des bêtes à laine de race espagnole. Il en étudie l'hygiène, la nourriture, le parcage, la propagation, et le croisement avec nos brebis indigènes; il découvre l'affinement des toisons par la continuité des soins les plus éclairés, appliqués aux races pures; il invente un micromètre, pour mesurer les proportions de finesse des toisons les plus délicates; voilà les travaux du savant. Il s'adresse aux propriétaires, il leur ouvre sa bergerie de Montbard, qui devient une école de bergers ayant pour maître un professeur de génie. Il présente ses produits aux plus habiles fabricants de tissus, afin de leur prouver, comme premier succès, que les laines espagnoles ne dégénèrent pas pour être produites sur le sol français : il faut dix-sept ans, à lui, à Daubenton! avant qu'il obtienne de nos manufacturiers une simple expérience, en 1783, pour démontrer ce fait si précieux à la France, mais que repoussaient des préjugés opiniâtres. Le savant va plus loin; il affirme que, par ses méthodes, les bêtes à laine de race mérinos procurent des toisons plus fines et plus égales que les plus beaux produits des races léonaises : il faudra quarante ans encore avant que l'industrie française admette cette vérité comme un fait incontestable.

L'infatigable Daubenton ne suspend ses études les plus profondes qu'afin d'écrire, en faveur de l'agriculture, des instructions populaires qui démontrent tous les avantages qu'offre l'élève des mérinos purs ou métis, soit pour leurs produits directs, soit pour aider aux assolements d'une culture perfectionnée. Il rédige des manuels élémentaires en faveur des simples bergers, de ces hommes dont l'intelligence et les soins exercent tant d'influence sur la prospérité des troupeaux.

Sous la convention nationale, lorsque Daubenton eut besoin d'une carte de sûreté pour rester en paix le plus utile des citoyens, il l'obtint à titre de berger. Sept ans plus tard, lorsque le premier consul voulut composer un sénat conservateur, où l'on devait entrer sans autres droits que ceux des grands services rendus à la patrie, il alla chercher Daubenton à sa bergerie; pour le placer à côté des généraux, des magistrats et des savants les plus illustres de cette époque. Certes! l'émule de Buffon aurait pu s'asseoir au sénat français, comme le chancelier d'Angleterre à la chambre des lords, sur le sac de laine, symbole des richesses indivises des arts manufacturiers et de l'agriculture.

Nous serions ingrats envers nos contemporains qui vivent encore, si nous ne rappelions pas ici les nombreux services rendus par MM. Tessier et Huzard, membres de l'institut, et longtemps inspecteurs des bergeries nationales d'Alfort, de Rambouillet, de Perpignan, etc., établissements dont l'agriculture française ne peut oublier les nombreux services.

En conservant, en perfectionnant avec soin la race pure espagnole, la France n'a pas seulement conquis une laine superfine, égale aux toisons admirées de la Saxe, et supérieure à celles de l'Espagne, elle a croisé les béliers appartenant aux races les plus estimées, avec nos brebis communes, pour former des espèces intermédiaires, dont les toisons, de moyenne finesse, pussent convenir au très-grand nombre des consommateurs. Par ces soins éclairés, sans que l'élève des troupeaux soit devenue plus coûteuse, leurs produits ont acquis une valeur toujours croissante, et cela même en a favorisé la multiplication.

Malgré de tels succès, nous sommes loin d'avoir atteint la limite des progrès possibles dans le croisement et l'élève des bêtes à laine. Nous avons trop peu de troupeaux à laine superfine; un seul, celui de Naz, ne laisse rien à désirer pour le nombre des animaux et la beauté des toisons : mais quelle infinité de troupeaux ne fournissent encore que les produits les plus grossiers! Nous manquons surtout de ces bêtes à laine longue et lustrée, qui prospéreraient dans la Normandie et les départements du Nord, dont le terroir et le climat semblent appartenir à l'Angleterre.

Si nous devions abandonner à l'étranger quelque approvisionnement de notre industrie, ce devrait être celui des laines grossières, dont le bas prix est au-dessous du revient nécessaire à la prospérité de notre agriculture.

Mais les vastes plaines de l'Algérie, et ses collines qui s'étendent au nord de l'Atlas, peuvent donner à la mère-patrie toutes les laines communes dont elle a besoin pour les usages les plus ordinaires.

L'agriculture française a dû multiplier les individus de ses grandes espèces d'animaux travailleurs, la race bovine, le cheval, l'âne et le mulet, pour suffire à l'accroissement des terres mises en labour, à la consommation des plantes intercalaires, à la culture des céréales, au développement si rapide des travaux industriels et des transports que nécessite une circulation plus étendue et plus active.

Il est une autre cause de multiplication pour les bêtes à cornes : c'est la consommation de leur viande par une population augmentée de huit millions d'âmes en cinquante-cinq ans, et qui fait un usage toujours plus considérable de cette nourriture si favorable au développement des forces physiques de l'homme.

En prenant pour terme de comparaison le travail important de Lavoisier sur les consommations de Paris, on a conclu qu'aujourd'hui l'habitant de la capitale exige pour sa nourriture moins de substance animale qu'en 1790 : mais l'incertitude sur le nombre de consommateurs et sur le poids des animaux à cette époque empêche tout parallèle de ce genre d'avoir force démonstrative.

Qu'on parcoure nos moyennes cités, nos petites villes et nos simples bourgs ; qu'on y compare le nombre des bouchers et leur activité, soit aujourd'hui, soit cinquante ans auparavant : alors on reconnaîtra que la consommation pour chaque individu s'est très-sensiblement accrue.

Par la multiplication des prairies artificielles, et même des prairies naturelles, par le desséchement des marais, par les irrigations créées ou perfectionnées, par l'introduction dans les assolements de plantes pivotantes, propres à la nourriture des bestiaux, par les cultures surtout de la pomme de terre et de la betterave, on suffit à la multiplication des animaux domestiques destinés à la boucherie : ils n'ont pas été seulement augmentés en nombre. Des soins plus éclairés, un meilleur système hygiénique ont accru la taille et le poids moyen de l'individu pour chaque espèce de bétail. Enfin la multiplication des races les plus belles, et leur croisement avec les espèces communes, ont concouru vers le même résultat.

Malgré les progrès que nous venons de signaler, la plus grande partie de la France est encore de beaucoup inférieure à l'Angleterre, à la Hollande, à la Suisse, dans l'art d'élever les races bovines, et d'en obtenir les résultats les plus appropriés à chaque espèce de besoins domestiques.

L'agriculture française n'a pas encore eu de Bakewell, qui sût, à l'exemple de cet homme étonnant, transformer pour ainsi dire la conformation des animaux, et donner successivement à chacune de leurs parties le volume et la consistance qui sont du plus grand produit : c'est encore un progrès immense que nous demandons à notre agriculture.

Nos races de chevaux, comme celles des bêtes bovines, ont été nécessairement améliorées, par cela seul qu'il est devenu plus facile de les bien nourrir. Nos bêtes de somme, de selle et de trait, plus robustes aujourd'hui, suffiraient bientôt aux besoins du pays, si l'élève en était convenablement encouragée par le gouvernement, qui paye trop peu les remontes.

Nos chevaux de diligence, demandés par une industrie qui peut et sait les bien payer, sont aujourd'hui remarquables pour leur force et leur vitesse : l'Angleterre même emprunte à la France les chevaux robustes et véloces de nos races du Perche et de la Bretagne.

En 1783, la capitale avait, pour correspondre avec le reste du royaume, quelques coches grossièrement travaillés, imparfaitement suspendus et lentement traînés par de maigres et faibles chevaux. Dès 1824, les établissements fondés à Paris possédaient 483 grandes et 249 petites diligences, pouvant transporter 135,667 voyageurs par semaine, et transportant effectivement 90,000 voyageurs par semaine[1] : aujourd'hui, ce nombre est considérablement accru.

Enfin, dans l'intérieur de nos cités, les omnibus ont augmenté considérablement le nombre des chevaux nécessaires à la circulation. En 1830, Paris n'avait que deux à trois entreprises de ce genre ; elle en a dix aujourd'hui.

En offrant à l'homme, ainsi qu'aux animaux domestiques, une nourriture plus variée, produite par des plantes que ne peuvent pas frapper à la fois de stérilité les mêmes intempéries des saisons, l'agriculture moderne a rendu les grandes famines presque impossibles ; aussi voit-on, dans le court période dont nous examinons les progrès, que les disettes diminuent d'intensité et de funestes conséquences. Ainsi les disettes de 1789 et 1793 sont plus redoutables que celles de 1812 et 1817, qui le sont plus que les chertés de 1830 et 1831: nouveau bienfait pour le peuple.

C'est pourquoi l'on remarque, depuis vingt ans, que les disettes, autrefois si fatales, n'exercent plus de ravages considérables.

---

[1] Statistique du département de la Seine.

ANNÉES.	DÉCÈS ANNUELS.	PRIX DU FROMENT.
1817. Disette considérable....	748,223	36ᶠ 16ᶜ
1818. Cherté...............	751,907	24 65
1819. Abondance..........	788,055	18 42
1826. Abondance..........	835,658	15 85
1829. Cherté.............	837,145	22 59
1830. Cherté.............	803,453	22 32
1831. Cherté plus grande.....	809,830	22 63

La culture des vignobles est la plus grande industrie agricole, après celle des céréales; elle a le double avantage d'offrir un produit d'une très-haute valeur, et qui fait vivre un nombre considérable de travailleurs, comparativement à la superficie du territoire cultivé.

Cette superficie s'est naturellement accrue avec le nombre des habitants.

ANNÉES.	HECTARES.	POPULATION.	HECTARES par 10,000 habitants.
1788.	1,555,475	26,080,000	596ʰ 40ᵃ
1829.	1,993,307	32,325,281	630 41
1834.	2,134,822	32,929,223	648 30

Ce tableau démontre que la culture de la vigne a fait des progrès plus rapides que la population. La production s'est accrue plus vite encore que la superficie productive.

Les anciens vignobles occupaient en général des terrains peu favorables à d'autres cultures, pierreux comme dans la Bourgogne, sableux comme dans le Bordelais, ou crayeux comme dans la Champagne; mais la qualité des produits compensait la faiblesse des quantités récoltées.

Depuis la révolution, le nombre des consommateurs très-opulents étant diminué, tandis que celui des consommateurs à moyenne fortune et des ouvriers s'est augmenté sans cesse, les cultures de la vigne ont dû se modifier comme l'état social. Dans les anciens vignobles, on a resserré les ceps. On a préféré les variétés les plus productives aux plus délicates; on les a plantées dans des terrains gras et plus fertiles, propres à donner des ruisseaux d'un vin commun ou grossier. On a rendu les façons beaucoup moins coûteuses, en substituant la charrue à la houe : usage adopté dans les plaines du Languedoc. Par ces moyens, la quantité de vin produite en France s'est accrue bien plus rapidement que les superficies vignobles, lesquelles s'accroissent plus rapidement que la population. La part moyenne du consommateur s'est ainsi doublement agrandie. Cette augmentation devra surtout nous frapper en songeant au fait déjà signalé, que l'usage de la bière s'est étendu dans une proportion très-supérieure à celle du nombre des individus.

Si l'on a créé beaucoup de vignobles dont les produits sont de qualités inférieures, si l'on a laissé dégénérer quelques anciens vignobles renommés à juste titre, on a généralement perfectionné l'art de fabriquer les vins.

En imitant les procédés champenois, on fait aujourd'hui des vins mousseux dans la Bourgogne, dans la Lorraine, dans la Gascogne et dans plusieurs autres parties du royaume. Les vins de Bourgogne, peu transportables par mer dans leur état ordinaire, le deviennent par cette opération; quelques produits de ce genre ont acquis une juste célébrité. Le reste des vins fabriqués ainsi peut être présenté sur une foule de tables comme du véritable champagne de seconde qualité : il sert au luxe modeste de la classe moyenne.

Dans une vaste portion du centre et du nord-est de la France, lorsque les étés ne sont pas très-chauds, les vins sont faits avec des raisins sans maturité, qui manquent surtout du principe sucré.

On doit au célèbre Chaptal, membre de l'académie des sciences, d'avoir jeté sur la fabrication des vins les lumières de la théorie. Dès 1787, il indiquait les meilleurs moyens pour en accroître les qualités, dans son bel ouvrage sur l'art de faire les vins : quelques demi-kilogrammes de sucre ou de cassonade, ou de subtance sucrée extraite de la fécule, rendent très-supportable un hectolitre de vin qui, sans ce correctif, eût été vert et privé de montant.

L'art d'extraire l'eau-de-vie par la distillation s'est aussi perfectionné, grâce aux progrès si remarquables des procédés distillatoires, depuis un demi-siècle. On a surtout diminué la consommation du combustible et par là le prix de l'opération.

Aujourd'hui la distillation produit des quantités considérables d'eau-de-vie tirée des céréales, et plus encore de la fécule des pommes de terre. On extrait cette fécule en de vastes établissements fondés depuis peu d'années. Nous citerons, comme un des mieux conçus, celui de M. Dailly, à Trappes, auprès de Versailles.

Nous voudrions n'avoir pas à signaler, dans la production des eaux-de-vie, un accroissement égal, et moins encore un accroissement supérieur à celui de la population, que cette liqueur brûle et dégrade. La vérité nous oblige à constater le contraire. En même temps, l'alcool, fabriqué successivement à des prix réduits, rendra des services toujours croissants à beaucoup d'industries.

Il nous faut partout imiter, reproduire les efforts admirables tentés avec énergie par les sociétés de tempérance, aux États-Unis d'Amérique, et déjà couronnés par d'éclatants succès contre l'emploi de l'eau-de-vie comme boisson : nous citerons avec bonheur l'initiative prise en France par les citoyens notables d'Amiens, afin d'arriver au même but.

Les agriculteurs ont remarqué que, dans les années où les vins sont très-abondants, la consommation des céréales est sensiblement moindre : le vin alors remplace une plus grande partie d'aliments solides.

La fabrication du cidre, soit de pommes, soit de poires, n'a pas offert d'accroissements extraordinaires dans la période que nous passons en revue.

La fabrication de la bière a fait au contraire des progrès considérables; elle s'est introduite en beaucoup de départements qui n'en avaient pas l'idée il y a cinquante ans. A cette époque, l'Alsace, l'Artois et la Flandre étaient presque les seules provinces où l'on consommât habituellement cette boisson : partout ailleurs elle était plutôt un rafraîchissement agréable en été qu'un aliment habituel, et, comme on en fabriquait peu, l'art restait dans l'imperfection. Cependant, il faut convenir qu'aujourd'hui même les Français sont bien éloignés de préparer un breuvage comparable à l'*ale* ou seulement au *porter* des Anglais.

L'agriculture française ne produit encore qu'une faible partie du houblon qu'elle consomme. Le Brésil, l'Angleterre et surtout la Belgique nous fournissent le supplément pour une valeur qui varie, suivant les années, de cinq à huit cent mille francs. Pourquoi notre agronomie ne redouble-t-elle pas d'efforts afin de nous affranchir à cet égard? Elle a réussi, mais dans un trop petit nombre d'exploitations perfectionnées.

JARDINS, PÉPINIÈRES ET FORÊTS.

Après la culture des terres labourables et des vignobles, celle des jardins, des pépinières et des forêts occupe la place la plus éminente par les secours qu'elle offre à l'alimentation de l'homme.

Depuis 1783, les progrès de l'horticulture commandent l'admiration. Une foule de plantes nouvelles ont été d'abord importées dans les jardins de l'opulence; puis, de proche en proche, introduites dans ceux des moindres propriétaires. Une culture ingénieuse a su tirer de chaque espèce des variétés nouvelles ou plus abondantes ou plus

agréables au goût. On a demandé d'utiles végétaux à toutes les zones du globe. Les uns robustes
et vivaces, acclimatés avec art, ont fini par réussir même en pleine terre. Pour les autres, des
serres chaudes, rapidement agrandies, de mieux
en mieux construites, éclairées, abritées et chauf-
fées, ont été bâties, non-seulement dans les jardins
nationaux et dans ceux des plus riches particuliers,
mais dans ceux des propriétaires à moyennes fortunes et des simples jardiniers.

La société d'horticulture, instituée à Paris depuis
un petit nombre d'années, a déjà rendu d'éminents services. Ses expositions publiques attestent
des progrès rapides qu'expliquent et favorisent ses
annales. Ses travaux sont principalement dirigés
par M. Soulange Bodin, le créateur du plus grand
et du plus beau jardin scientifique, planté sur le
sol français par un simple particulier.

On reprochait à beaucoup de provinces, de présenter d'immenses guérets, des plaines à perte de
vue, dépouillés de plantations; dans la plupart de
nos départements, ce reproche a cessé d'être mérité.
On a planté des avenues, des rangées d'arbres, des
bosquets réguliers sur le bord de la plupart des
cours d'eau, des rivières et des canaux, en avant des
habitations, le long des clôtures, et dans beaucoup

d'endroits vagues auparavant sans cultures. Le peuplier d'Italie, de Virginie et de Hollande, l'orme, l'érable d'Amérique, le hêtre, le frêne, l'acacia, etc., les arbres verts, pins, sapins, cèdres et mélèzes, couvrent aujourd'hui d'anciens terrains à bruyères, des landes, des plaines et des collines de sable, qui n'offraient auparavant que l'aspect de la désolation, dans la Champagne, la Sologne, la Bretagne et les landes de Bordeaux.

La plantation des dunes, sur le littoral de la mer, a dû ses progrès remarquables aux observations ingénieuses de Brémontier, savant hydraulicien.

Pour suffire à ces plantations, ainsi qu'à celles des parcs, des vergers et des jardins, il a fallu multiplier les pépinières, qui sont devenues l'objet d'une grande industrie dans plusieurs départements, tels que ceux d'Indre-et-Loire, du Loiret, de la Moselle, de Seine-et-Marne, de Seine-et-Oise, etc. Elles ont reproduit les espèces rares ou nouvelles d'arbres et d'arbustes exotiques dont on a par degrés rapides multiplié les individus. Aujourd'hui les catalogues des bons pépiniéristes surprennent par la richesse et la variété des espèces.

Parmi les savants naturalistes qui sont allés dans les deux hémisphères chercher les graines, ou les rejetons des arbres, des arbrisseaux et des arbustes les plus beaux ou les plus utiles, il faut surtout citer M. Michaux, correspondant de l'académie des sciences, si connu par ses voyages, et par ses écrits sur les arbres d'Amérique.

Le gouvernement a fondé quatre grands jardins et pépinières d'acclimatation, à Lyon, à Marseille, à Montpellier, à Toulon.

On doit au célèbre de Candolle, associé de l'académie des sciences, l'amélioration des cultures, et l'accroissement des richesses botaniques du beau jardin de Montpellier.

Nous réservons un article spécial au jardin national des Plantes, à Paris, dont l'influence bienfaisante s'étend à la France entière et se lie à l'histoire des progrès de nos arts agricoles.

Plusieurs départements, et même de simples chefs-lieux d'arrondissement, possèdent aujourd'hui des jardins botaniques et des pépinières publiques.

C'est ici qu'il faut rendre un juste hommage à la mémoire de François de Neufchâteau, agronome éclairé, dont le trop court passage au ministère de l'intérieur a laissé des traces ineffaçables. On doit à François de Neufchâteau l'établissement d'un grand nombre de ces jardins et de ces pépinières, la fondation de plusieurs excellentes sociétés d'agriculture, les premières bases de la statistique agricole, un premier enseignement des agriculteurs par la propagation d'écrits populaires et d'instructions élémentaires ; enfin l'industrie lui doit l'institution de ces grands concours nationaux où la France est appelée à mettre en parallèle les chefs-d'œuvre des arts utiles, périodiquement exposés à l'admiration publique.

Redisons-le : la multiplication des pépinières a produit les plus heureux résultats. Le progrès si remarquable des plantations isolées compense en grande partie la diminution des bois et des forêts, par les défrichements opérés depuis quarante ans. Ce qui reste aujourd'hui, 7,799,672 hectares, comprenait de plus autrefois des chaumes, des pâtis et des lisières, mal plantés et dégarnis, provenant du défaut général de clôtures, et du pacage abusif dans les bois peu gardés. Depuis trente années, on a successivement enclos la plupart des propriétés forestières ; on a planté les chaumes et les portions dégarnies. Il en résulte qu'aujourd'hui la même superficie produit plus de bois qu'avant la révolution.

Depuis 1824, l'école forestière établie à Nancy promet, pour aménager les bois des communes et de l'État, une direction de plus en plus éclairée, et par conséquent plus productive.

C'est un contraste bizarre et frappant que les

plantations pour lesquelles l'agriculture est libre d'arracher s'augmentent avec une admirable rapidité, tandis que le législateur redoute encore de laisser à la prudence des citoyens la conservation des bois plantés par masses, même en plaine! C'est une liberté que la propriété réclame et qu'elle saura conquérir.

Nous venons d'examiner les cultures communes à la plus grande partie du territoire; il nous reste à parler de quelques cultures climatériques praticables seulement dans certains départements.

CULTURES CLIMATÉRIQUES.

CULTURES MÉRIDIONALES.

Les mûriers, quoiqu'ils réussissent passablement dans le centre de la France, réussissent encore mieux dans le midi. Depuis trente ans on s'est efforcé de planter cet arbre dans les régions moyennes, l'Allier, le Doubs, le Rhône, le Jura et jusque dans les départements des bassins de la Seine, de la Meurthe, de la Moselle et du Rhin.

On a planté le mûrier pour le cultiver comme arbre, comme arbuste et même comme plante fourragère annuelle.

Il y a douze ans, M. Perrotet, botaniste de la

marine, a rapporté des îles Philippines le mûrier multicaule, si précieux pour sa végétation vigoureuse et le volume de ses feuilles; il est aujourd'hui naturalisé en France et dans nos colonies.

A l'espèce ordinaire des vers dont la soie est d'un jaune doré, on a joint l'espèce infiniment plus importante qui produit la soie blanche et qu'on avait tirée de la Chine dès 1789. Depuis vingt ans sa culture est beaucoup augmentée; les résultats en sont déjà considérables, et les produits d'une rare beauté.

C'est surtout dans les départements des Alpes, de l'Isère, de la Drôme, de l'Ardèche et du Var, du Rhône, de Vaucluse et des Bouches-du-Rhône, du Gard et de l'Hérault que la culture du mûrier et par suite la production de la soie ont a pris un vaste développement.

Néanmoins la France ne récolte pas encore assez de soie pour suffire à l'activité de ses fabrications; elle en importe chaque année pour plus de cinquante millions que l'est, l'ouest et le midi du royaume pourraient et devraient produire.

L'olivier est, après le mûrier, l'arbre méridional qui s'avance le plus vers le centre de notre territoire. Cependant il ne dépasse pas la latitude du département de la Drôme, dans la vallée du

Rhône. La France est loin de cultiver assez d'oliviers pour sa consommation d'olives et d'huiles extraites de ce fruit.

C'est ici qu'il faut appeler de tous nos vœux les progrès de l'agriculture dans l'île de Corse et sur les rivages d'Alger ; là, nous pourrons trouver des produits oléagineux pour une valeur supérieure aux trente-sept millions de francs que nous payons chaque année en achats d'huiles étrangères.

C'est aussi dans ces deux localités qu'il faut développer la culture du mûrier, de l'oranger, du citronnier, du caprier, du cotonnier, de certaines plantes tinctoriales, etc., pour compléter ce qu'exige la consommation de la France et les fabrications de produits destinés à l'exportation.

Nous avons spécialement à signaler les cultures de la garance et du pastel, comme naturelles aux contrées méridionales.

Durant les guerres de l'empire, on a fortement encouragé la plantation du pastel, pour remplacer l'indigo. Depuis la restauration, la couleur garance, adoptée pour le pantalon des troupes et pour le rouge du liseré des habits, a servi d'encouragement à la culture de la plante qui fournit cette couleur. Déjà cette culture est importée et prospère en Alsace.

———

AGRICULTURE DU NORD.

L'agriculture du nord, infiniment plus perfectionnée que celle du midi de la France pour les céréales et les assolements, a peu de cultures qui lui soient exclusivement propres. Elle supplée à l'olivier par les plantes oléagineuses, la navette et le colza, qui sont particulièrement cultivés avec succès dans l'Alsace, l'Artois et la Flandre française. Cette culture avantageuse commence à se répandre dans le centre du royaume.

On a trouvé l'art d'épurer ces huiles de manière à les rendre agréables même pour l'alimentation. Quoiqu'elles soient loin d'offrir le parfum et la saveur des huiles d'olive, comme elles sont moins chères, elles ont dans le nord et dans le centre de la France un emploi plus considérable, emploi qui suit nécessairement les progrès de la population.

Depuis les inventions ingénieuses qui permettent de faire servir l'huile à l'éclairage des appartements les plus somptueux, la consommation s'en est augmentée plus rapidement encore; la culture des plantes oléagineuses a suivi ce progrès.

La même culture a dû s'accroître surtout par

les usages nouveaux ou plus étendus d'un grand nombre d'arts chimiques ou mécaniques.

Les plantes textiles qui réussissent mieux dans le nord que dans le midi sont le chanvre et le lin : cette dernière est surtout cultivée dans les départements situés au nord de la capitale. Malgré l'immense progrès des tissus de coton, les beaux tissus de lin, la toile sup' :fine et la batiste, sont encore pour la France une industric florissante, dont la matière première offre toujours un riche travail à l'homme des champs.

ENGRAIS CHIMIQUES.

Dans presque toutes les cultures que nous avons énumérées, l'art ajoute infiniment aux forces productives de la nature par une application judicieuse de l'industrie des engrais.

L'agriculture française, à l'exception d'un très-petit nombre de départements, est longtemps restée dans l'ignorance et l'apathie relativement aux engrais susceptibles de fertiliser la terre.

Mais depuis quelques années, la chimie a répandu sur cet objet important des lumières précieuses ; elle a montré l'action très-différente, 1° des engrais proprement dits, qui sont des débris de substances animales ou végétales dont la décomposition définitive peut servir à la nutrition des plantes cultivées ; 2° des amendements terreux, qui n'agissent que physiquement, soit pour ameublir le sol, soit pour le rendre plus compact ; 3° des stimulants, qui sont des sels destinés tantôt à servir d'excitants aux facultés végétatives, tantôt de modérateurs et de conservateurs d'engrais mis en réserve.

Les engrais fournissent aux plantes l'azote et l'acide carbonique ; le premier dégagé, le second rendu assimilable par la fermentation. C'est un enchaînement d'opérations chimiques, favorisé : 1° par une certaine proportion d'eau qu'absorbe la terre, et qu'on appelle humidité ; 2° par la porosité du sol, pour contenir les gaz qui tendraient à s'évaporer, à se dissiper dans l'atmosphère, et pour les livrer aux racines des plantes.

Jusqu'à ces derniers temps, on perdait une énorme quantité de gaz propres à la nutrition végétale, avant que les engrais, surtout animaux, fussent préparés pour servir graduellement à cette nutrition.

En modifiant avec habileté les engrais dont la décomposition spontanée est la plus rapide, dans certains cas on a quadruplé, dans d'autres on a sextuplé leur effet utile.

Les charbons ternes et très-poreux, par leur puissance d'absorption, ont à la fois une extrême énergie pour dessécher et pour désinfecter les détritus organiques : cela les rend éminemment propres à conserver des engrais très-altérables.

Depuis peu d'années on s'est servi des débris ou râpures de sabots, d'ergots, d'onglons et de cornes d'animaux réduits en poudre : ces poudres offrent un engrais d'une extrême puissance, employé pour les riches cultures de l'olivier, du mûrier, de la vigne et de quelques plantes vivaces. Les os pareillement, divisés et broyés, offrent un engrais si précieux, qu'on voit les Anglais acheter des os non-seulement aux extrémités de l'Europe, mais aux grandes Indes, et les faire venir de cinq à six mille lieues, pour les pulvériser avec des moulins à vapeur et les répandre sur leurs champs.

On a découvert un moyen très-avantageux d'employer les engrais liquides : c'est d'en charger, dans la proportion de quatre à cinq millièmes en poids, des eaux d'irrigation. Par là, des végétations extraordinaires sont produites dans les jardins maraîchers et dans les prairies.

Suivant un autre système, on dessèche, on réduit en solides qu'on pulvérise, des engrais primitivement liquides ou moux, et humides : telle est la confection de la poudrette qui provient des excréments de l'homme. L'inconvénient est ici l'excessive déperdition de substances végétatives par l'évaporation et la décomposition durant un temps considérable.

Le plus puissant de tous les engrais connus se forme aujourd'hui de chair musculaire réduite en poudre, suivant les procédés pratiqués dans l'usine de Grenelle, que les amis des sciences ont vainement défendue contre l'autorité locale. Cette même matière est éminemment favorable à l'engrais des animaux : des porcs, par exemple.

En 1822, dans un mémoire couronné par la société de pharmacie, M. Payen a signalé les effets remarquables du résidu charbonneux, qui contient du dixième au sixième de son poids de sang sec insoluble : ce charbon agit plus énergiquement, à poids égal, que le sang liquide pur.

Depuis cette époque, on a porté jusqu'à vingt millions de kilogrammes l'appropriation de ce nouvel engrais, fait en France ou tiré de l'étranger. C'est particulièrement dans l'ouest du royaume et sur les bords de la Loire qu'on fait le plus grand usage du noir animal.

M. Derosne, après avoir appliqué (dès 1819)

le noir animal au raffinage du sucre, a créé des ateliers pour la dessiccation du sang : il a préparé le noir comme engrais, sous forme solide, soit pur, soit combiné avec le schiste bitumineux extrait des mines de Ménat.

Par l'application de ces engrais puissants, des terres qui jadis chômaient une, deux et jusqu'à trois années pour donner une récolte, ont fait plus que doubler et tripler leurs produits.

M. Salmon a découvert un nouvel engrais analogue au noir des raffineries, et plus économique. Il l'obtient par le mélange des détritus organiques, mêlés avec une boue qu'il rend extrêmement poreuse, charbonneuse, absorbante ; il la calcine à vases clos, puis la réduit en poudre tenue : dans ce système, on ne perd pas un atôme propre à la végétation. Le jury de 1834 a récompensé ce procédé, qui n'est pas seulement précieux pour la richesse agricole, mais qui l'est au plus haut degré pour la salubrité publique.

Nous terminerons cet exposé par le parallèle des nouveaux engrais et des anciens, nécessaires pour fumer un hectare de terre.

	QUANTITÉS	PRIX.
	kilog.	fr.
Chair musculaire en poudre..........	550	110
Sang coagulé sec en poudre..........	750	150
Sang soluble sec en poudre..........	850	170
Cornes en râpures.................	1,125	280 $\frac{3}{2}$
Poudrette........................	1,750	123
Noir animalisé	1,800	90
Noir résidu des raffineries...........	2,000	100
Os concassés.....................	2,000	240
Fumier des fermes.. ⎰ 1er prix.......	54,000	297
⎱ 2e prix.......	54,000	459
Boue des villes	86,400	432

Ainsi l'engrais le plus énergiqúe équivaut en poids aux $\frac{86400}{550}$ de l'engrais le moins efficace. La chair musculaire en poudre produit le même effet que cent cinquante-sept fois son poids en boue des villes ou cent fois son poids en fumier des fermes.

A la vue de ce tableau, nous comprenons que nos colonies des Antilles puissent avec avantage acheter en France du noir animalisé, pour l'employer comme engrais à la culture des cannes à sucre. En 1833, la Guadeloupe en a reçu 441,100 kilogrammes. Ainsi les immondices des rues, les résidus de nos abattoirs, soustraits à la putréfaction dans les villes de la mère-patrie, servent à fertiliser les champs de nos colonies, pour nous restituer, sous forme de sucre, les matières organiques envoyées à deux mille lieues de distance sous forme d'engrais animalisé. Par ces perfectionnements, on peut concevoir que les petites îles de la Martinique et de la Guadeloupe parviennent à récolter plus de la moitié des produits qu'obtenait l'immense colonie de Saint-Domingue, aux jours de sa plus grande prospérité.

CULTURES SCIENTIFIQUES.

Sous le titre de *cultures scientifiques*, nous comprendrons celles qui sont destinées à l'histoire naturelle, à la pharmacie, à l'enseignement des industries rurales. Nous citerons sous ce titre :

1° Le jardin des Plantes, devenu Musée d'histoire naturelle de Paris;

2° Les jardins botaniques et ceux de naturalisation des départements ;

3° Les fermes-modèles, et, parmi celles-là, les fermes d'Alfort et de Roville.

M. Mathieu de Dombasles, a qui le jury central de 1834 décerne une médaille d'or pour sa fabrique d'instruments agricoles (voyez Rapp., chap. XXV, p. 169), doit être cité comme l'agronome qui contribue le plus aux progrès de l'agriculture française. Dans sa ferme de Roville, il instruit la jeunesse à la direction des travaux les plus perfectionnés, tandis que ses écrits répandent au loin les connaissances et les idées nouvelles qu'il importe de propager;

4° Les écoles pratiques d'agriculture, telles que celles de Grignon et de Ménars, dirigées par M. Bella et le prince de Chimay;

5° La pépinière vignicole du Luxembourg, créée par Chaptal; et qu'on rendra, sans doute, à la destination prescrite par ordonnance du Roi;

6° Les pépinières royales et départementales;

7° Les jardins-modèles d'horticulture, surtout celui de Fromont;

8° Les cultures de plantes pharmaceutiques;

9° Les bergeries royales;

10° Les haras de races bovines et de chevaux.

———

JARDIN DES PLANTES.

En 1784, Buffon, l'une des gloires de l'académie des sciences, vivait encore, et présidait aux travaux du Jardin du Roi; dès 1773, il avait obtenu que la superficie de ce jardin, déjà de vingt-cinq arpents, fût portée à cinquante. La grandeur du génie de cet homme illustre avait passé dans l'organisation d'un Muséum d'histoire naturelle, qu'il rendit et qui resta le plus admirable de l'Europe. Il fit deux choix dignes de lui : Bernard de Jussieu pour présider aux classifications de botanique, André Thouin pour diriger les travaux de culture scientifique, travaux qui devaient bientôt influer sur la culture pratique de la France entière.

En 1784, André Thouin terminait les opérations qu'exigeaient le raccordement des nouveaux terrains avec les anciens d'après un plan général, la division méthodique des espaces suivant chaque genre de culture, la plantation des allées, et l'érection des clôtures.

Par ses soins furent créées dans le Jardin des Plantes, en 1792, *l'école des arbres fruitiers;* en 1804, *l'école des plantes économiques;* en 1806, *l'école spéciale de culture.*

L'école des arbres fruitiers était, dans le principe une pépinière raisonnée où l'on avait réuni quatre cent vingt espèces ou variétés les plus importantes, décrites par Duhamel, dans son excellent *Traité des arbres fruitiers.* Cette pépinière classique fut graduellement enrichie par des variétés nouvelles; elle comptait, soit arbres, soit arbrisseaux, huit cent variétés en 1828 et mille trente en 1834 : ce dernier accroissement provenait d'emprunts faits à l'Angleterre, à la Belgique, aux États-Unis.

L'école des plantes économiques comprend les espèces et les variétés céréales, potagères, oléagineuses, textiles, tinctoriales et médicinales. On y multiplie les types d'une foule de variétés qui se perdraient promptement sans la prévoyance perpétuelle d'une culture normale. Les graines produites sont, tous les ans, confiées à des cultivateurs zélés, pour être soumises à l'expérience, sous l'influence de sols et de climats très-divers. Des progrès agricoles d'une richesse inattendue sont préparés ainsi pour les diverses parties du territoire français.

L'accroissement des espèces et des variétés cultivées à l'école des plantes économiques est surtout remarquable depuis peu d'années : le nombre s'en élevait à six cent quarante-sept vers la fin de 1828 ; il est presque doublé depuis cette époque. On sera surpris d'apprendre que, dans ce laps de temps, l'école ait reçu deux cents variétés de céréales. A combien de terroirs, d'expositions et de températures ces variétés ne promettent-elles pas des produits spéciaux, précieux pour leur abondance ou leurs qualités particulières !

L'école de culture proprement dite réunit des exemples choisis de semis, de boutures, de marcottes, de greffes, de tailles, de plantations, de haies, de palissades, de fossés, etc. A force d'industrie et de talent, on a multiplié ces modèles de cultures spéciales dans un terrain trop limité pour rien cultiver en grand, mais suffisant pour conserver des types et présenter des exemples disposés avec méthode; ce qui les rend d'une étude plus facile et d'une démonstration plus lumineuse.

L'industrie des clôtures, si perfectionnée en Belgique, en Hollande, en Angleterre, et si peu chez nous, trouve à l'école de culture la plus riche collection de végétaux propres à former des haies vives, d'une prompte venue, d'une sûre défense et d'une longue durée.

Outre les plantations qui viennent d'être énumérées, le jardin des Plantes en contient une d'arbres, d'arbrisseaux et de plantes exotiques, qui présentait les nombres suivants d'espèces et de variétés.

ESPÈCES.	EN 1804.	EN 1815.	EN 1823.	EN 1834.
Arbres cultivés............	190	212	222	240
Arbrisseaux et arbustes exotiques...................	400	500	540	570
Espèces herbacées d'ornement vivaces ou annuelles.....	520	600	652	670

Afin de propager les végétaux les plus précieux pour l'agriculture et pour l'industrie, il fallait l'exemple de leur culture, les traditions, les renseignements, les préceptes donnés dans l'établissement par ses habiles jardiniers et ses savants professeurs. Ce n'est pas tout : chaque année, l'administration du jardin distribue des greffes et des boutures, des graines, des plantes mêmes, aux plus zélés cultivateurs des départements, aux jardins de botanique spéciaux, aux pépinières départementales, en recommandant pour tribut de reconnaissance, aux directeurs de ces établissements, d'imiter la libéralité de l'établissement central.

Chaque année, les envois comprennent 16 à 17 cents espèces de graines utiles, distribuées en 38 à 40 mille paquets, 13 à 14 mille pieds d'arbres ou d'arbrisseaux, et 3 mille de plantes.

Chose admirable ! nos colonies intertropicales ont reçu de Paris, du jardin du Roi, plusieurs des plantes qui sont aujourd'hui leur richesse ; le cafier, par exemple.

Depuis la conquête d'Alger, beaucoup de végétaux précieux ont été tirés des serres du jardin normal pour aller accroître les richesses agricoles d'une terre si célèbre en souvenirs de fécondité, d'une terre si propre à réaliser de vastes espérances.

Le jardin des Plantes a formé des jardiniers savants et devoués, pour nos jardins d'acclimatation, dans les ports de Brest et de Toulon, pour les jardins royaux des colonies, et pour beaucoup d'établissements publics ou privés.

C'est surtout au zèle infatigable d'André Thouin que notre patrie a dû ce beau mouvement expérimental et scientifique, qui rend le jardin national de Paris la pépinière primitive de tous les végétaux que la France peut emprunter à l'univers, et naturaliser avec utilité pour l'alimentation des hommes ou des animaux, et pour les besoins de nos arts.

Signalons ici le progrès des idées utiles. Avant 1789, André Thouin ne put pas être nommé de l'académie des sciences, *parce qu'il était jardinier;* huit ans plus tard, il fut nommé de l'institut, *parce qu'il était jardinier :* la gloire que mérite une vaste bienfaisance était descendue jusqu'à cette profession.

Bosc, savant naturaliste et courageux citoyen, fut ensuite professeur de culture; c'est maintenant M. de Mirbel, membre de l'institut, dont la renommée scientifique est fondée sur de belles découvertes en physiologie végétale.

Depuis la première révolution, le jardin des Plantes a reçu les plus grands bienfaits de deux gouvernements. Napoléon, vainqueur de vingt nations, comptait pour plus beaux trophées les tributs des sciences, minéraux, végétaux, animaux rares et précieux, envoyés au muséum d'histoire naturelle, pour y rester à la fois comme des monuments de gloire et de civilisation. Dans une visite à cet établissement, l'empereur voulut en accroître la grandeur sur des proportions dignes de lui, en prolongeant le jardin jusqu'à la dernière limite possible, du côté des boulevards extérieurs. Le croirait-on? ce fut un timide professeur qui refusa d'accepter en totalité ce présent inappréciable.

Après 1830, sous le règne d'un prince éclairé, le jardin des Plantes, qu'on peut appeler le *jardin du peuple,* reçut un grand accroissement le long des bords de la Seine; de vastes serres, des galeries magnifiques, des ménageries nombreuses, et variées suivant les habitudes et les mœurs des animaux, s'élèvent comme par enchantement. C'est un noble présent fait à ce peuple de Paris, dont la vaillance a conquis, pour la dernière fois, les libertés de la France.

ARTS CONSERVATEURS ET PRÉPARATEURS
DES PRODUITS ALIMENTAIRES.

Parmi les produits de l'agriculture, très-peu servent directement à l'homme; la plupart ont besoin d'être soumis à des opérations variées, qui sont l'objet d'industries spéciales.

La conservation des céréales est devenue le sujet d'expériences continuées avec persévérance, dans des *silos* souterrains, par le célèbre Ternaux.

On prépare les céréales en dépouillant les grains de leur écorce : 1° par la mouture en les écrasant; 2° sans les écraser, en les mondant, perlant, etc.

Pour les deux tiers de la France, l'art de moudre les grains est encore dans la barbarie; pour l'autre tiers, il a fait des progrès remarquables.

En taillant les meules à l'anglaise, en donnant à leur jeu plus de précision, en perfectionnant les mécanismes, on a trouvé le moyen de mieux séparer le son de la farine, dont aucune parcelle ne devrait être perdue pour la nourriture de l'homme.

L'art du blutage a fait aussi des progrès. Par la séparation des farines en diverses parties d'une finesse et d'une beauté graduelle, on offre aux différents degrés de fortune un aliment, dont la délicatesse satisfait la sensualité du luxe, et qui, plus commun, nourrit à moindre prix les classes nécessiteuses.

Dans le nord de la France, c'est le vent qui sert de moteur à la plus part des moulins. On a commencé d'employer la force de la vapeur dans les lieux rapprochés des mines de houille, les seuls où ce procédé puisse être économique.

Dès 1789, M. Perrier avait établi dans l'île des cignes, à Paris, deux grandes machines à vapeur qui faisaient mouvoir douze moulins. Cet appareil, qui servit aux progrès de l'art, n'a pas pu se soutenir, par la cherté du combustible.

Les roues hydrauliques, employées communément pour faire aller les moulins à farine, sont encore imparfaites dans presque tout le midi de la France, et dans une partie considérable du nord; l'agriculture a cependant le plus grand intérêt à l'économie des eaux par la mécanique. Il faudrait, s'il se peut, qu'aucune goutte d'eau ne fût perdue pour la production, et ne coulât, en descendant vers la mer, sans concourir ou par son poids et sa vitesse à la transmission d'une force utile, ou par l'irrigation aux progrès de la végétation.

L'art de faire le pain, plus compliqué que celui

de préparer la farine, offre aussi plus d'inégalités. Le pain est généralement mieux pétri, mieux levé, mieux cuit à point, dans les départements les plus avancés en industrie, c'est-à-dire dans ceux du nord.

La construction des fours est aussi mieux entendue et demande moins de combustible. On peut maintenant, pour cet usage, remplacer le bois par le coke, la houille, et même la tourbe.

Dans un rapport à la chambre des députés sur la loi des céréales[1], on a fait ressortir l'excessive inégalité des prix que la panification ajoute au coût des farines, soit par l'effet des mauvais règlements, soit par l'inégalité d'industrie dans les diverses parties du royaume.

Il y a donc à faire, pour toutes les préparations du principal aliment de l'homme, des progrès immenses, évidents, simples, connus, et pourtant négligés dans un grand nombre de départements.

L'Italie était autrefois en possession de fabriquer des pâtes dont les noms mêmes démontrent cette origine, le macaroni, le vermicelle, etc. Depuis quelques années nous nous sommes adonnés à cette fabrication.

La pâtisserie proprement dite, objet de luxe ou

[1] Rapport du 5 mars 1839, par M. Charles Dupin, pages 77 à 83.

d'agrément, a varié prodigieusement ses manipulations; elle a pris un degré d'importance qu'elle n'avait pas il y a cinquante ans; aujourd'hui, dans la capitale, le nombre des pâtissiers s'élève au tiers du nombre des boulangers.

Pour rendre la pomme de terre propre aux transformations du pain et de la pàtisserie, il faut la réduire à l'état de fécule.

Les découvertes récentes, couronnées par l'académie des sciences, sur la diastase et sur la dextrine extraites de la fécule, ajoutent beaucoup à l'importance de la pomme de terre, pour la boulangerie et la pâtisserie.

Les boulangers de la capitale ont cru devoir proposer un prix afin de reconnaître le mélange des farines de froment et des fécules de pommes de terre, tant ce mélange est artistement fait par les meuniers! Cette fécule peut s'unir dans la proportiʳ d'un dixième avec la farine de froment, sans que la différence de goût du pain le plus délicat soit appréciable. Pour les pains bis et d'espèces inférieures, un mélange bien fait rehausse la qualité du pain et lui donne un plus bel aspect.

Si l'on pouvait comparer les boucheries telles qu'elles étaient dans toute la France, il y a quelques années, et telles qu'elles sont aujourd'hui dans nos grandes cités, surtout à Paris, on serait surpris du contraste; autant on les trouvait sales et nauséabondes, autant on les trouve aujourd'hui propres, bien aérées, bien construites et bien ventilées.

C'est encore une heureuse pensée que celle de séparer les abattoirs des boucheries et de les reléguer hors de l'enceinte des villes. Autrefois ces abattoirs étaient contigus à chaque boucherie; le sang et les immondices provenant de l'abattage ruisselaient sur la voie publique.

On doit à l'ancienne académie des sciences un très-beau travail sur l'insalubrité des abattoirs de la capitale, en 1785. Dix-huit à vingt ans plus tard, ce travail a porté ses fruits, et conduit au système actuellement mis en pratique.

MM. Darcet, membres de cette académie, ont trouvé les moyens économiques d'extraire des os de quadrupèdes, sous forme de gélatine, une substance nutritive très-abondante, et qui peut fournir des ressources importantes pour les hôpitaux, pour l'économie domestique des moindres familles, et surtout pour l'alimentation des pauvres. Mais il reste encore à vaincre des préjugés opiniâtres avant que cette découverte ait produit tous ses bienfaits.

La conservation des viandes présente plusieurs industries. La plus ancienne et la plus considérable est la charcuterie, qui forme, dans quelques villes, à Paris, à Lyon, etc., l'objet d'un très-grand commerce. Paris a pu voir deux charcutiers, Vero et Dodat, construire un magnifique passage avec les bénéfices de leur industrie, et les héritiers de l'un d'eux lui bâtir un superbe mausolée.

Un art beaucoup plus nouveau consiste à faire bouillir des viandes ou des végétaux au point juste de leur cuisson; à les caser, bien privés d'air, dans un vaisseau de fer-blanc qu'on scelle hermétiquement. Les aliments ainsi renfermés, même au bout de plusieurs années, même après des voyages vers le pôle et sous l'équateur, conservent encore toute leur fraîcheur, leur saveur et leur parfum. A l'exposition de 1827, M. Appert, auteur de cette découverte, a reçu la médaille d'or.

Une telle conservation des viandes et des légumes frais est surtout précieuse pour la marine, qui précédemment n'avait d'autre ressource que celle des salaisons.

Un chirurgien de la marine, M. Kerrouman, a fait des recherches savantes sur l'art de saler les viandes.

La salaison du beurre est encore un art très-imparfait dans une grande partie de la France. Notre industrie est inférieure de beaucoup sous ce point de vue, et pour la salaison des viandes, à l'industrie de l'Irlande.

La préparation du saourcroute, originaire de l'Allemagne, s'est considérablement répandue dans nos départements; elle offre une ressource précieuse aux tables de la petite propriété, durant la mauvaise saison.

Nous n'étendrons pas plus loin l'examen des industries conservatrices des substances alimentaires.

Nous n'entrerons non plus dans aucun détail sur *l'art culinaire*. Nous ferons seulement remarquer qu'il s'est beaucoup perfectionné. Les plus habiles cuisiniers ont dirigé leurs efforts vers le but de préparer des aliments d'un goût délicat et varié, qui ne fussent pas nuisibles à la santé des hommes. Ils n'ont pas seulement satisfait les tables les plus somptueuses, ils ont trouvé le secret de composer des mets très-simples, peu dispendieux, et néanmoins rendus agréables au goût, par l'habileté de l'apprêt; ils ont ainsi fait descendre vers les moyennes fortunes des jouissances réservées jadis à la seule opulence.

II. ARTS SANITAIRES.

A la suite des sciences médicales se placent les arts qu'elles emploient et que l'industrie réclame comme appartenant à son domaine : ils ont pour objet la confection des instruments de chirurgie, la préparation des médicaments, la préparation ou l'épuration des eaux artificielles et naturelles.

INSTRUMENTS DE CHIRURGIE.

La chirurgie appelle la mécanique à son secours afin de combiner et d'exécuter les instruments nécessaires à ses opérations.

Depuis un demi-siècle, on a perfectionné la plupart des instruments qu'on n'a pas remplacés par de nouveaux, et dont on a conservé l'usage. Les uns sont ainsi devenus plus simples, et les autres plus complets; l'industrie s'est efforcée d'en rendre le maniement plus facile, l'action plus puissante et plus rapide, l'emploi plus sûr et moins douloureux pour le malade. Par un autre progrès encore plus remarquable, des inventions nouvelles ont rendu praticables et même faciles des opérations essentielles dont on n'avait pas l'idée et qu'on n'osait pas croire possibles.

Les Français, les Anglais, les Allemands et les Italiens ont contribué principalement à ces travaux. Nous nous sommes enrichis des améliorations et des découvertes faites à l'étranger. Nous avons appelé, dans nos ateliers, des ouvriers renommés chez d'autres peuples pour des genres spéciaux d'instruments. Nous avons profité du progrès général des arts dont l'objet est la préparation, l'affinage et l'ajustage du platine, de l'argent, du cuivre, du fer et surtout de l'acier. A l'emploi des métaux purs nous avons joint celui des alliages.

A l'égal des préparations des substances les plus tenaces et les plus dures, nous avons, pour un autre ordre de besoins, perfectionné le travail des matières végétales un peu tenaces et très-élastiques. Ainsi nous avons modifié le caoutchouc sous mille formes diverses pour en faire des conduits, des tissus, des fils élastiques appliqués à la chirurgie. Les tissus élastiques dans lesquels entre le caoutchouc, par leur application aux arts vestiaires, ont produit d'heureux résultats hygiéniques.

Indiquons très-sommairement quelques-uns des instruments modernes les plus ingénieux.

Pour les opérations difficiles qu'exigent certaines maladies des yeux et des fosses nasales, on a varié

les formes et perfectionné l'exécution des instruments les plus délicats, surtout avec le secours
d'ouvriers allemands ; ils ont formé d'excellents
élèves en France.

Les seuls instruments mécaniques des dentistes
exigeraient une longue énumération. Les arts chimiques ont servi pour préparer des dents artificielles
qui réunissent à la beauté de l'émail, la dureté, la
durée, l'incorruptibilité ; on a mis les mêmes arts
et les arts mécaniques à contribution pour préparer
des yeux, des nez, des mentons artificiels.

Depuis peu d'années on a conçu l'idée d'une
opération très-hardie, afin de guérir une maladie
de l'arrière-bouche, occasionnée par la division du
voile du palais : c'est la *staphiloraphie*, pour laquelle des instruments spéciaux ont été combinés
d'après les conceptions de MM. Roux, Dupuytren,
Marjolin, Colombat, J. Cloquet, etc.

Pour les accidents et les maladies du tube
digestif, indiquons un instrument ingénieux et
simple, à tige flexible, exécuté par M. Charrière,
afin d'extraire les corps étrangers descendus par le
gosier.

Lorsqu'on veut extraire de l'estomac les matières vénéneuses, on fait usage d'une pompe as-
pirante dont le tuyau d'aspiration, élastique et

flexible, est pareillement introduit dans le gosier.

En général, depuis quelques années, on a beaucoup multiplié la forme et l'emploi des pompes, afin d'opérer des injections, des succions, des ventouses, etc.

L'instrument le plus simple, mais le plus indispensable, celui qu'on peut appeler l'organe vital de la chirurgie, le bistouri, pour faciliter des opérations diverses, a reçu quelques modifications dues à MM. Breschet, Lisfranc, etc.

Des instruments nouveaux fort simples, mais atteignant le but qu'on désirait en vain depuis long-temps d'atteindre, ont été composés pour remédier aux divers déplacements de la matrice : tels sont les pessaires de M. Hervez de Chegoin.

Le diagnostic des maladies cachées, fait avec le secours d'instruments d'observation, présente des conceptions nouvelles et des résultats importants.

M. Récamier a le premier imaginé le *spéculum* ou cylindre creux métallique, pour juger les maladies et l'état interne de l'utérus. MM. Lisfranc et Ricord, M. Boivin et M. Charrière, ont perfectionné le spéculum en le décomposant d'abord en deux, puis en quatre pièces, qui sont mobiles autour de points de rotation placés sur une section circulaire dont la surface doit rester un minimum, pour s'adapter le mieux possible à la conformation humaine.

Le *stéthoscope* de M. Laennec est un cornet auditif employé pour étudier les bruits qui résultent de mouvements anomales dans la poitrine des malades. On procède à l'auscultation, 1° des bruits de la respiration, 2° des bruits qu'occasionnent les mouvements du cœur. Ces dernières observations révèlent les altérations organiques internes.

On doit à M. Piorry d'avoir appliqué l'auscultation au bruit que peuvent rendre les diverses parties de l'abdomen, dans les circonstances morbides qui les affectent.

On a même prétendu pousser l'auscultation jusqu'à l'étude du bruit que peuvent faire entendre des membres fracturés, après un pansement, et suivant la marche de la maladie.

Par les moyens nouveaux que nous venons d'indiquer la chirurgie étend ses domaines jusqu'aux organes qu'elle ne peut directement atteindre, et jusqu'aux mouvements qu'elle ne peut apercevoir.

Nous arrivons à la grande série d'appareils imaginés pour l'extirpation des calculs urinaires.

En 1783, on ne connaissait que la lithotomie ou taille de la pierre; on regardait avec raison comme un grand progrès le lithotome simple inventé précédemment par le frère Côme. Depuis peu d'années M. Charrière a rendu cet instrument moins compliqué dans sa structure, et d'un emploi plus commode. On lui doit la combinaison mécanique de l'ingénieux lithotome double, exécuté d'après les vues du célèbre Dupuytren, pour opérer les *sections bilatérales,* suivant deux plans inclinés sous l'angle le plus avantageux.

On a fait, puis perfectionné les tenettes, afin de saisir avec la plus grande force possible et de retirer avec facilité la pierre contenue dans la vessie, lors de la taille.

On a conçu l'idée audacieuse de pénétrer jusqu'au fond de cet organe, avec des instruments d'acier assez puissants pour y saisir, y briser les calculs les plus durs, au moyen de la pression, de la perforation ou de la percussion; et cela sans offenser des membranes d'une extrême délicatesse. L'académie des sciences a couronné les efforts des principaux inventeurs, parmi lesquels nous citerons MM. Amussat, Civiale, Heurteloup, Ségalas, etc.

Remarquons un instrument de M. Jules Cloquet pour l'écrasement des calculs arrêtés dans la vessie; puis les curettes de M. Leroy d'Étiolles. Citons encore l'uthérotome de MM. Civiale, Guillon, et Ségalas ; les porte-caustiques de MM. Guillon, Lallemand, Ségalas et Tanchou; des sondes variées, et particulièrement la sonde à dard de M. Belmas, rendue trois fois moins coûteuse par les simplifications de l'artiste Charrière; deux sondes, l'une de M. Rigal de Gaillac, l'autre de M. Leroy d'Etiolles, pour redresser le canal de l'urètre ; un instrument de M. Ségalas, qui sert à retirer les sondes flexibles ou les fragments de sonde restés dans la vessie. Nous citerons ici la pince de M. Dupuytren pour son ingénieuse opération des anus artificiels.

On doit à M. Colombat, couronné par l'académie des sciences pour ses belles recherches sur le bégaiement et les maladies de la voix, des compresseurs et des brise-têtes, destinés aux accouchements laborieux.

La même académie a décerné l'un de ses prix au céphalotribe de M. Baudelocque neveu, instrument important devenu plus puissant et néanmoins beaucoup plus léger, grâce au perfectionnement de l'acier dont il est fait.

On a conçu l'idée d'étamer les forceps avec plus d'économie et non moins d'avantages que le plaqué d'argent de ces mêmes instruments.

Pour les amputations, on a construit des scies

circulaires, mues en premier lieu par des chaînes sans fin, et plus tard, par des engrenages délicats et précis comme des pièces d'horlogerie. On a conçu l'heureuse idée de faire engrener la scie circulaire elle-même sur les fuseaux qui joignent deux roues dentées, parallèles et mobiles sur un même axe. Ce genre de scies coupe les os les plus durs, avec autant de précision que de rapidité, sans produire d'ébranlements, de secousses, ni de chocs dans les organes de la personne opérée.

A l'imitation des Anglais, nos artistes ont fait des scies flexibles composées de chaînons dentés ; elles sont précieuses pour amputer, sans appareil extérieur volumineux, certaines parties des membres.

On a confectionné les doubles scies rachitomes, importantes pour l'anatomie et les autopsies.

Malgré tous ces détails, nous sommes bien loin d'avoir épuisé les inventions mécaniques adoptées par la chirurgie, dans l'époque dont nous contemplons les progrès industriels.

Nous citerons, comme appareils auxiliaires, les fauteuils et les lits mécaniques à dos brisés, à ressorts et à rotation, pour le transport, le sommeil et les opérations chirurgicales des malades et des blessés ; les appareils orthopédiques destinés au redressement progressif des membres dont les formes sont déviées ; les bandages avec ressorts et vis de pression, les suspensoirs et divers appareils élastiques de gomme ou d'autres matières , les bas à lacets pour contenir les varices, etc.

C'est encore à la mécanique que la chirurgie a recours afin d'obtenir des mains, des bras, des jambes ou des pieds artificiels, dont les articulations soient combinées dans la vue de restituer à l'homme, autant qu'il est possible d'y parvenir, les mouvements naturels dont quelque accident l'a privé : une industrie perfectionnée résout ces problèmes, et sauve les difformités auxquelles elle remédie, sous des formes qui font souvent illusion.

Nous terminerons cet exposé des applications de la mécanique à la chirurgie en indiquant l'admirable imitation de l'anatomie humaine par M. Auzoux ; c'est l'objet d'une des récompenses du premier ordre le mieux méritées dans l'exposition de 1834. (Voyez chapitre XL, p. 464, IIe partie du Rapport.)

INDUSTRIE PHARMACEUTIQUE.

L'industrie pharmaceutique, par son influence sur la santé des hommes , par le grand nombre de personnes qui la cultivent, et par la valeur totale de ses produits, est d'une haute importance.

D'après les calculs approximatifs auxquels nous nous sommes livrés, on peut évaluer à 13,000 le nombre des pharmacies régulières établies en France. Mais à quelle somme peuvent s'élever les ventes annuelles, depuis la principale officine de Paris. qui vend pour 80 mille francs, jusqu'au moindre débit de bourg ou de village, qui ne vend peut-être que pour 5 ou 6 cents francs? Voilà ce qu'il est difficile de déterminer avec rigueur; mais on peut évaluer approximativement à 80 millions de francs la totalité des consommations pharmaceutiques annuelles.

Longtemps la pharmacie fut un art empirique, ayant pour but de préparer des médicaments avec des méthodes plus ou moins compliquées, mais sans guide théorique propre à faire connaître, dans chaque préparation, le principe réel auquel il fallait attribuer la vertu même du remède, son intensité, son action calculée d'après cette intensité, etc.

On employait en médecine une foule de médicaments très-composés, offrant le mélange de substances absolument hétérogènes ; amalgames bizarres, formés le plus souvent par le caprice, indiqués par le hasard, ou dus à des conceptions extravagantes. Quelques-unes de ces préparations avaient jadis été déclarées des *panacées univer-selles*. C'était au temps où l'on croyait pouvoir trouver un remède si puissant et si parfait qu'il servît à guérir les maux les plus opposés ! Tels étaient ces électuaires fameux, ces opiats exquis, ces confections empiriquement ou systématique-ment compliquées qui faisaient la base de tous les formulaires, en France et dans l'Europe, vers l'origine de l'époque dont nous esquissons les pro-grès.

Cette pharmacie de l'ancien régime trouva na-turellement disposés en sa faveur les adeptes des anciennes écoles de tous les genres, qui voulaient, sous la Restauration, non pas seulement renouer la chaîne des temps, mais la reprendre de haut en supprimant l'intermédiaire d'un tiers de siècle et d'une génération savante. C'est dans cet esprit que la pharmacopée consacrée depuis Fagon au traite-ment de la famille royale reprit, dès 1814, ses prescriptions surannées et d'une complication pro-digieuse. C'est dans ce même esprit qu'en 1818, lorsqu'une commission spéciale s'occupa de rédi-ger le nouveau Codex pharmaceutique, un grand nombre des vieux médicaments, dont tous les bons

esprits avaient fait justice, reparut dans le formu-
laire[1]. Pour connaître jusqu'à quel point la pharmacie rétrograde avait obtenu de succès en luttant
contre le progrès des lumières, nous avons calculé,
pour les quatre époques, les plus voisines des
quatre dernières expositions, la valeur des importations annuelles des végétaux étrangers qui,
depuis des siècles, forment la base des anciennes
officines : séné, rhubarbe, jalap, casse, etc., etc.

ANNÉES.	KILOGRAMMES.
1820	106,196
1823	112,556
1827	85,352
1833	78,673

C'est donc, en pharmacie comme en politique,
l'année 1823 qui marque le maximum de la rétro-
gradation. On verra comment, à partir de cette
même année, une médecine régénérée, appuyée
sur d'autres principes, et suivant un autre système, modifie entièrement la pharmacopée française. Revenons à 1784.

A cette époque, la chimie avait déjà fait d'immortelles découvertes. Rouelle, pharmacien français, avait eu pour élèves Lavoisier, Berthollet et

[1] Le ministère de l'instruction publique en a prescrit, depuis
peu de temps, la révision : il a sagement fait.

Fourcroy. Alors l'Europe admirait un pharmacien suédois qui, dans sa tendre jeunesse, et n'étant encore qu'un simple *garçon apothicaire*, avait conquis sa place à l'académie des sciences de Stockholm : c'était Schéele, qui ne pouvait faire une expérience sans produire une découverte, qui trouva, parmi les métaux, le manganèse et le tungstène, puis la baryte, et le chlore, et la plupart des acides végétaux[1] employés aujourd'hui si fréquemment en pharmacie. Schéele commençait la liste de ces principes organiques immédiats qui, pondérés d'après les combinaisons définies du règne minéral dont l'action thérapeutique est désormais constatée, composeront bientôt tout l'arsenal de la médecine. Il mourut en 1786.

Avant les découvertes que nous commençons à signaler, l'art était aussi borné qu'empirique : sa nomenclature multiforme cachait sa pauvreté réelle. On se procurait les sels essentiels par l'incinération des plantes dont on lessivait les cendres ; on obtenait ainsi les sels d'absinthe, d'armoise, de chardon bénit, d'hyssope, de chamædris, de chicorée, etc. : tous ces sels en

---

[1] Nous citerons parmi les travaux de ce génie : l'*acide citrique*, trouvé dans le citron et la groseille ; l'*acide tartrique*, trouvé dans le raisin ; l'*acide malique*, dans les pommes ; l'*acide oxalique*, dans l'oseille ou fait par l'action de l'acide nitrique sur le sucre, etc.

réalité se réduisaient au carbonate de potasse.
Les sels de Sedlitz, d'Epsum et de Scheydschut,
étaient étalés avec leurs étiquettes distinctes dans
la boutique des apothicaires ; ce n'étaient que des
sulfates de magnésie. Sous des noms plus pompeux encore, le tartre vitriolé, *l'arcanum dupli-
catum* (le double mystère!), le sel *polychreste*
(d'utilité multipliée!), ces trois spécialités étaient
identiques avec le sulfate de potasse. Les chimistes
avaient déjà reconnu ces identités ; mais la pharmacie, fidèle aux traditions du métier comme aux
préceptes d'un culte, par respect pour la médecine
et des préjugés séculaires, restait, dans son officine,
polypharmaque ou multi-drogue. Ainsi l'illustr·
Schéele, après avoir fait quelques-unes de ses belles
découvertes, revenait confectionner un électuaire,
sans prendre sur lui d'omettre la moindre inutilité :
le savant auquel nous devons l'analyse des baumes
et la découverte de l'acide benzoïque n'aurait pas
osé, comme apothicaire, substituer le benjoin au
baume de tolu. Tant il est vrai que, dans l'ordre
physique comme dans l'ordre moral, il faut que
les perfectionnements fondés sur l'expérience et
le génie soient consacrés par une sorte d'assenti-
ment général, longtemps avant d'être adoptés dans
l'usage universel.

Mais, si la science respectait encore les préjugés d'une routine surannée, elle avançait à grands pas dans la carrière qui devait enfin la rendre triomphante, même aux yeux du vulgaire, et lui livrer la pratique, conquête définitive de toute vraie théorie.

Dès 1787, les savants français Berthollet, Fourcroy, Guyton, Chaptal et Pelletier père, se réunissaient à Lavoisier pour régénérer la langue de la chimie, et pour en composer les expressions d'après les compositions mêmes qu'avaient révélées les analyses de la chimie ou pharmaceutique ou générale.

La pharmacie, sous peine de paraître arriérée et barbare, ne put longtemps repousser la nouvelle nomenclature; celle-ci faisait tomber tout le charlatanisme des désignations empiriques, pour y substituer des noms qui, par leurs terminaisons seules, désignaient la nature des corps simples ou composés, des bases, des oxydes, des acides, des sels d'acides et d'oxydes, etc..

Lors de la création des écoles centrales, en 1796, la chimie dut être professée dans tous les chefs-lieux des départements : ce furent presque partout des pharmaciens qu'on choisit pour professeurs. La science et l'art y gagnèrent de sétendre davantage, celui-ci vers la théorie, et celle-là vers la pratique.

Des bases, des acides, des sels, auparavant extraits des végétaux pour la pharmacie, pouvaient plus aisément et plus économiquement être tirés du règne minéral, avec le secours d'une analyse savante. Voilà le progrès général qui caractérise la fin du XVIIIe siècle et les premières années du XIXe. Par ce progrès, on a fait disparaître l'effrayante nomenclature de médicaments à dénominations bizarres, qui cachaient la simplicité des principes auxquels on doit attribuer l'efficacité de chaque remède. A ce sujet, nous dit un savant ingénieux, comme on embellit une ville antique, moins par les constructions qu'on érige que par les grandes percées et les déblais qu'on pratique, ainsi la chimie minérale a plus fait pour la pharmacie par les vastes réformes qu'elle a déterminées que par les nouveaux médicaments dont elle l'a gratifiée.

Signalons cependant, parmi d'heureuses innovations, l'iode, découvert en France, dès 1813, par M. Courtois; l'iode, dont le docteur Coindet a fait une si belle application au traitement des goîtres et de plusieurs autres maladies du système lymphatique. Citons ensuite le *brôme*, découvert par M. Ballart, de Montpellier, et qu'on emploie

déjà très-heureusement dans les maladies scrophu-
leuses : aujourd'hui la France possède trois fabriques de ces deux substances. Citons aussi le
cadmium, dont le sulfate a servi dans certains cas
d'ophtalmie; puis les nouvelles préparations d'or
qui, dans beaucoup de circonstances, remplacent
avantageusement celles de mercure, avec des
propriétés spéciales. Signalons, enfin, quelques
nouvelles préparations d'arsenic, de mercure,
d'antimoine et de plomb, adoptées par la médecine; mais il faudrait, à juste titre, en signaler un
plus grand nombre qu'on a sagement supprimées,
comme incertaines, inconstantes dans leurs effets,
ou trop dangereuses dans leur application.

Indiquons actuellement une autre série de découvertes propres à la chimie végétale et pharmaceutique. Jusqu'à la fin du siècle dernier, on
n'avait connu dans le règne végétal que des substances acides, c'est-à-dire susceptibles de s'unir
aux alcalis minéraux, aux oxydes métalliques,
ou bien à des substances *neutres*, incapables de
saturer les acides. On ne connaissait, en effet,
aucune substance organique pouvant, comme une
base minérale, saturer les acides et produire des
combinaisons salines. Citons, en outre, l'acide
lymphurique.

Dès 1803, Séguin et Serthner entrevoyaient

une matière que ce dernier démontra, treize ans plus tard, être un principe de ce genre, tiré de l'opium, et qu'on nomma *morphine* : c'est le principe actif le plus essentiel de ce médicament si redoutable et si renommé.

À partir de 1818, MM. Pelletier et Caventou firent connaître successivement une série d'alcalis organiques, tous principes actifs essentiels des végétaux dont ils sont tirés : la *strychnine*, extraite de la noix vomique ; l'*émétine*, extraite de l'ipécacuana ; et surtout la *quinine*, extraite du quinquina jaune. La quinine, offerte sous forme saline par son union avec l'acide sulfurique, fut bientôt reconnue comme l'un des médicaments les plus précieux et les plus efficaces que la chimie eût donnés à la médecine. L'usage s'en répandit promptement dans toute l'Europe. Jusqu'à ces derniers temps, la France le préparait pour le monde entier. Presque tous les navires qui venaient du Pérou chargés de quinquina consignaient leur cargaison dans nos ports du Havre et de Bordeaux. On fabriquait annuellement, en France, plus de 150 mille onces de sulfate de quinine, lesquelles correspondent à plus de quatre cent millions d'onces de quinquina. Faut-il dire qu'une mesure ignorante a suffi pour détruire cette prospérité? Dans le désir cupide de percevoir quelques francs sur un peu d'alcool, facile pourtant à dénaturer, l'administration des droits indirects, sans s'en douter, a fait passer aux Anglais la préparation du sulfate de quinine, non-seulement pour l'Angleterre, mais pour tous les peuples du globe.

Voici quel est le progrès et la décadence des importations de quinquina pour les laboratoires français, à l'époque des quatre dernières expositions.

ANNÉES.	KILOGRAMMES.
1819	5,049
1823	14,769
1827	171,467
1833	89,184

A l'exposition de 1827, MM. Pelletier et Caventou étaient déclarés, par le jury central, dignes de recevoir la médaille d'or. Déjà l'académie des sciences leur avait décerné le grand prix de Monthyon.

Remarquons à quel point une découverte scientifique peut influer sur le bien-être de tout un peuple.

En 1833, lorsque nos réexportations de sulfate de quinine ont cessé, comme perfectionnement fiscal, les Français consommaient annuellement 89,184 kilogrammes de quinquina, qu'on réduit à son principe. Au lieu de 5,049 kilogr. qui suffisaient en 1819, il en faut aujourd'hui seize fois davantage. Des populations se laissaient décimer par la fièvre tierce, pour ne pas acheter à haut prix et prendre, sous une forme répugnante au goût, du quinquina réduit en poudre : elles font maintenant usage du sulfate de quinine, et le plus souvent sans rien dépenser pour le médecin, parce qu'avec 24 sous de ce sel, on peut couper une fièvre. Certainement, dans toute la période dont nous offrons l'histoire industrielle, aucune découverte pharmaceutique n'a produit, à beaucoup près, un aussi vaste bienfait.

On doit la *salicine* à M. Leroux. En temps de guerre maritime, ce principe, extrait de l'écorce du saule indigène, remplacerait aisément la quinine pour le traitement des fièvres (voyez chapitre XXXIII, page 347 du Rapport).

Nous pouvons citer encore l'*asparagine*, découverte par M. Robiquet, membre de l'académie des sciences; et plusieurs autres principes extraits des végétaux par des chimistes et des pharmaciens français.

La chimie animale, la moins avancée des trois branches de la science, n'a pas encore exercé sur la pharmacie une aussi grande influence que la chimie végétale. Elle a donné cependant, comme substances comparables à celles que nous venons d'énumérer, l'*urée*, principe découvert par Rouelle, mais obtenu par Vauquelin, ce grand analyste dont la chimie et la pharmacie reconnaissent également les services, et proclament les découvertes. On doit à M. Robiquet la *cantharidine*, principe actif des cantharides.

En analysant, par des méthodes nouvelles, les produits de l'économie animale, la chimie a rendu d'immenses services à la médecine. Schéele avait offert un premier et grand exemple par ses travaux sur le lait, travaux que continuèrent Deyeux et Parmentier. Citons ensuite les analyses du sang par Vauquelin, Brandt et Lecanu; les travaux de Vauquelin et de Fourcroy sur les calculs de la vessie; l'analyse de la bile par M. Thénard, et celle des bouillons par M. Chevreul; l'extraction de la gélatine par M. Darcet, etc.

Un autre service de la plus haute importance, rendu par la chimie animale, c'est l'étude des réactifs qui servent à reconnaître la nature des poisons, et qui peuvent en arrêter les effets délétères. Ces découvertes permettent de rendre à la vie les victimes de l'imprudence, de l'incurie ou du crime. Elles rendent un autre service à la société; elles permettent, dans les cas de mort, occasionnés par des causes internes, de discerner les effets qui tiennent au cours naturel des maladies, et les effets qui résultent d'un empoisonnement, dont la science révèle la nature. On ne peut citer ces précieux services sans prononcer le nom de M. Orfila.

Après avoir montré la pharmacie comme renouvelée par la chimie, et prenant part, dans ses laboratoires, aux plus belles découvertes de cette science, il faut l'envisager comme l'exécutrice des préceptions médicales.

La doctrine des humoristes, généralement admise jusqu'à la fin du siècle dernier, exigeait l'emploi d'un grand nombre de médicaments. Depuis cette époque, elle a fait place aux doctrines des physiologistes, beaucoup plus modérés dans l'emploi de ces moyens de guérir. Enfin le célèbre Broussais, suivi par l'école qu'il a créée, regardant les inflammations comme la cause la plus générale des maladies, et voulant avant tout combattre ces inflammations, a réduit encore l'emploi des médicaments : de simples auxiliaires, la gomme et les sangsues, ont été placés au premier rang des moyens thérapeutiques.

En peu de temps l'emploi de ces insectes s'est tellement multiplié, qu'il a suffi de quelques années pour épuiser les marais de la France et de l'Angleterre, puis ceux de l'Allemagne et de la Hongrie. Afin de s'en procurer, le commerce va maintenant jusque dans la Moldavie et la Valachie; des entrepôts sont établis à Bucharest : de là, les sangsues sont expédiées pour la France, sur des fourgons qui voyagent en poste.

Avant 1823, la France exportait annuellement plus d'un million de sangsues, et n'avait pas besoin d'en demander à l'étranger. On va voir avec quelle rapidité la balance a penché de l'autre côté.

ANNÉES.	IMPORTATIONS.	EXPORTATIONS.
1820	"	1,157,970
1823	320,800	1,188,855
1827	33,634,494	196,950
1833	41,654,300	868,650

La chimie et la physiologie ont contribué de concert à simplifier la pharmacie, à rendre ses remèdes moins compliqués et plus économiques : cela même en a multiplié l'usage, ainsi que nous l'avons vu par l'exemple du quinquina.

Plus un peuple est dans l'aisance, plus il a de quoi payer ses aliments lorsqu'il se porte bien, et ses médicaments lorsqu'il est malade.

De 1787 à 1789, temps de paix et de bien-
être, à l'aurore de la révolution, les Français
n'importaient et n'exportaient, sous l'humble titre
de drogues et matières premières de la pharmacie
et de la teinture, que pour les valeurs suivantes :

ANNÉES.	IMPORTATIONS.	EXPORTATIONS.
1787...............	6,960,000	3,314,009
1788...............	4,848,100	3,864,000
1789...............	5,678,000	3,407,000

Voici maintenant les achats et les ventes de la
pharmacie nouvelle en commerce avec l'étranger :

ANNÉES.	IMPORTATIONS.	EXPORTATIONS.
1820...............	3,056,377	1,949,476
1823...............	3,328,121	3,327,932
1827...............	5,180,877	5,955,521
1833...............	4,443,298	10,908,947

Si nous réunissions aujourd'hui, comme en
1787, 1788 et 1789, les drogues de pharmacie
et de teinture, nous aurions (même en exceptant
l'indigo et la cochenille) :

ANNÉE.	IMPORTATION.	EXPORTATION.
1833...............	18,672,894	22,405,497

Ainsi nos importations ont été plus que
triplées, et nos exportations sont plus que sex-

tuplées, depuis un demi-siècle, pour les produits applicables en partie aux manufactures, en partie aux travaux du pharmacien.

En comparant les dépenses pour médicaments avec le nombre de journées d'hôpital, j'ai trouvé que cette dépense ne s'élève pas à 15 centimes par jour. Si l'on comptait en France un malade sur vingt-deux individus, à 15 centimes de dépenses pharmaceutiques par jour, on trouverait pour la consommation totale annuelle des médicaments 82,125,000 francs. Cet aperçu justifie l'évaluation que nous avons donnée plus haut.

Nous terminerons cette partie en faisant remarquer que les laboratoires de pharmacie sont devenus, pour l'application de la chimie à tous les autres arts, des foyers précieux d'expériences et de découvertes industrielles. Il nous suffirait de citer les travaux de M. Charles Derosne, récompensé successivement par l'académie des sciences et par les jury des expositions de 1819, 1827 et et 1834, pour ses belles applications de la science au raffinage du sucre ainsi qu'à la préparation des engrais animaux, etc.

EAUX MINÉRALES NATURELLES ET FACTICES.

Le règne minéral offre à l'homme des préparations naturelles, qui sont précieuses pour le traitement de beaucoup de maladies graves. Dès le temps des Romains, la Gaule vit un grand nombre de villes et de bourgs s'élever auprès des sources d'eaux minérales : *Aix* dans les Bouches-du-Rhône, *Chaudes-Aigues* dans le Cantal, lieu des eaux les plus chaudes de l'Europe ; *Aix* dans l'Ariége, portent en abrégé le nom latin des eaux, *aquæ*, plus ou moins corrompu ; *Bagnères* (Hautes-Pyrénées), *Bagnols* (Lozère), *Bagnoles* (Orne), *Bains* (Vosges), portent le nom des bains, *balneæ*, *bagni*. Ces établissements et les grandes constructions thermales qu'ils avaient exigées, disparurent dans les temps de barbarie. Aussi n'est-ce guère que, dans la dernière moitié du dernier siècle qu'on s'est occupé d'embellir, en quelques localités, les sources d'eaux minérales, et d'y bâtir des édifices plus ou moins commodes.

A mesure que la chimie a fait des progrès, on a soigneusement analysé ces eaux, pour en étudier les principes, et pour soumettre à des règles scientifiques l'application qu'on peut en faire à diverses

maladies. On n'a guère pratiqué que depuis quarante ans l'usage des douches, et depuis trente ans
l'usage des bains de vapeur.

Dès 1784, on avait commencé les constructions qu'exigeait le grand établissement thermal
de Vichy, constructions terminées seulement
depuis cinq ou six ans. Aujourd'hui, de vastes
salons et de belles promenades ajoutent à l'agrément de ce lieu célèbre, où plus de mille malades
se rendent chaque année dans la saison des
bains.

Vers 1789, on construisait un très-beau bâtiment thermal à Luchon; il fut détruit au temps
de l'Empire, et n'a pas été convenablement remplacé. C'est le célèbre Bayen qui fit l'analyse des
eaux de Luchon, et qui, pour cet objet, entreprit ses expériences sur l'oxyde de mercure : travail qui porta le premier coup à la théorie du
phlogistique, imaginée par Stahl. La belle analyse des eaux de Luchon fut la première cause de
leur célébrité.

Depuis la paix générale de 1814, on s'est
occupé du soin d'embellir les lieux qui possèdent des sources minérales et d'y bâtir des édifices thermaux qui réunissent la somptuosité, la
commodité et surtout la propreté.

A Bourbonne-les-Bains, le bâtiment thermal est moderne et construit avec intelligence.

Les eaux du Mont-d'Or sont bien connues dans leurs effets par l'important ouvrage du docteur Bertrand : c'est un modèle de semblables recherches. Il y a quinze ans, une soixantaine de cabanes composaient tout le village du Mont-d'Or, avec une misérable masure où l'on prenait les bains. Cette masure est remplacée par le plus bel édifice thermal que la France possède : le village est reconstruit avec élégance et solidité. Naguère ce lieu n'était fréquenté que par des paysans; il est aujourd'hui le rendez-vous de la société la plus élégante. Les bénéfices obtenus aux dépens du luxe permettent, chaque année, de traiter gratuitement quatre cents pauvres : telle est la noble charité qu'enfantent les progrès de l'aisance et de l'industrie.

Les eaux des Pyrénées, depuis plus longtemps et beaucoup plus célèbres que celles du Mont-d'Or, sont loin d'offrir des constructions aussi somptueuses, aussi complètes, aussi soignées, aussi commodes. En général, la propreté ne règne ni dans les habitations, ni dans les bains, ni dans les usages domestiques, en cette contrée, trop voisine de l'Espagne pour ne pas emprunter en quelque

chose à ses coutumes. Les routes qui conduisent
des grandes cités les plus voisines à ces localités,
et d'une source à l'autre, ne sont pas assez faciles,
assez bien entretenues, assez pourvues de voitures
publiques, économiques, régulières et rapides.

Il faut excepter cependant, pour les communications, les Eaux-Bonnes, où l'on arrive par la belle
route qu'a fait ouvrir M. de Castellane, lorsqu'il
était préfet, dans les derniers temps de l'empire.

Il faut excepter, pour les constructions, le grand
établissement thermal de Bagnères, construit en
beau marbre, peu de temps avant la révolution de
juillet; érigé pour 300,000 francs, il eût coûté plus
d'un million à Paris. Bagnères, ville de plaisir, est
le rendez-vous définitif des baigneurs de toutes les
Pyrénées. Ils y trouvent de vastes salles consacrées au spectacle, à la danse, etc. Mais il faudrait,
redisons-le, des communications plus faciles entre
cette ville et les diverses localités qui possèdent
des sources minérales.

Les eaux de Barèges, célèbres dans le monde
entier, sont pour la France un objet d'exportation.
Les constructions n'ont jamais une durée certaine
dans ce village où parfois des avalanches irrésis-
tibles entraînent des édifices entiers, et les jettent
avec violence dans le fond du Bastan.

En 1744, il n'existait que des cabanes à Barèges ainsi qu'à Cauterets; des maisons bien bâties les remplacent aujourd'hui. C'est surtout de 1820 à 1830 qu'ont été faites les belles constructions de Cauterets. Elles offrent au visiteur des maisons de marbre dessinées avec élégance, distribuées avec goût et meublées avec recherche; mais il manque un monument thermal qui soit digne de ces habitations privées. Encore quelques efforts, et Cauterets pourrait se comparer avec les villes de bains les mieux construites et les plus dignes d'attirer une société choisie, telles qu'on les admire en Allemagne, en Angleterre, en Italie.

Il y a cinquante ans, les eaux de Saint-Sauveur étaient presque dans l'oubli. C'est aujourd'hui l'endroit que fréquentent le plus les femmes dont le système nerveux est irrité; mais ici l'art a bien peu fait pour ajouter aux présents de la nature.

Dans l'est de la France, notre principal établissement thermal, Plombières, laisse beaucoup à désirer. Il y manque un édifice public vaste et complet.

Citons un bel établissement thermal, entièrement créé depuis 1814, dans le village d'Enghien, à quatre lieues de Paris : il est précieux pour les personnes que les affaires publiques ou privées retiennent forcément auprès de la capitale. C'est à M. Péligot qu'on doit cette création.

En définitive, dès 1830, la France possédait 77 établissements d'eaux minérales, fréquentés par 38,250 malades ou visiteurs, dont 10,500 étrangers ; la dépense qu'ils faisaient aux eaux s'élevait à onze millions. Dépense au moins double de ce qu'elle était en 1784, mais bien éloignée du terme où nous pouvons espérer de la voir arriver, dans l'intérêt de la santé publique, et dans celui des plaisirs de la classe opulente, qui répand sur des points isolés le superflu de sa richesse, et vivifie par là plusieurs départements pauvres.

Dans le seul département des Hautes-Pyrénées, on a calculé qu'en 1829 la dépense des malades et des visiteurs attirés par les sources minérales était presque égale *au double des contributions foncières :* il serait facile de l'élever au quadruple.

Arrêtons-nous un moment sur cette dépense des eaux minérales; on l'évalue terme moyen à sept francs par jour. Cela suffit à démontrer qu'elle est complétement au-dessus des moyens de la très-grande majorité des habitants. Il reste à préparer, dans les localités les plus heureuses, des bains économiques d'eaux minérales naturelles, pour l'usage des humbles fortunes : ce serait un bienfait immense, et les amis de l'humanité doivent en appeler, de tous leurs vœux, la réalisation.

On a tenté d'envoyer les eaux minérales, hermétiquement renfermées dans des bouteilles de verre ou de grès, jusqu'aux lieux où se trouvent les malades qui peuvent en faire usage : c'est ainsi qu'on expédie les eaux de Barèges, de Vichy, etc. Mais la dépense de ces eaux naturelles est encore trop considérable, et plusieurs d'entre elles perdent leurs qualités médicales ou par l'agitation du transport ou par le seul effet du temps.

Eaux minérales artificielles. Dès que les chimistes eurent analysé les eaux minérales, ils durent songer à les imiter : ils y parvinrent.

Il y a près de cinquante ans que les Anglais fabriquent leur *Soda-Water*, tout à fait analogue à nos eaux de Vichy, si précieuses pour dissoudre dans la vessie les calculs d'acide urique : le Soda-Water, et même une simple dissolution de bicarbonate de soude peuvent, dans tous les cas, remplacer ces eaux.

Les eaux sulfureuses, d'un si grand prix dans toutes les affections cutanées, ont été pareillement produites par les chimistes.

Il existe à Paris des établissements où les bains d'eaux minérales, les douches et les bains de vapeur sont donnés, suivant les diverses maladies, avec des eaux minérales et des gaz ou vapeurs imités des produits de nos sources les plus renommées. Tivoli, le premier et le plus célèbre établissement de ce genre, fut établi vers l'année 1800; on y suivit les procédés de M. Prevost de Genève.

Nos principaux hôpitaux civils et militaires peuvent aujourd'hui donner pour certaines maladies des bains d'eaux minérales, des douches et des bains de vapeurs.

Les bains d'eau de mer sont en réalité des bains d'eaux minérales, puisque ces eaux renferment une quantité notable de sels de soude et de magnésie. Ces bains, trop longtemps négligés en France, ont acquis une faveur toujours croissante depuis la paix générale. Les Anglais sont venus en foule, pour jouir à la fois, dans chaque belle saison, et du bon marché de la vie et de l'exercice des bains, sur nos heureuses plages de Boulogne, du Havre, de Calais, de Dieppe et de la Rochelle. Ces localités offrent, à proximité de la mer, d'élégantes constructions érigées depuis peu d'années.

C'est aussi depuis peu d'années que nous avons adopté ces petites voitures ou brouettes légères et commodes, qu'on avance et qu'on retire sur les plages de l'Océan, afin que les personnes qui se baignent puissent suivre avec commodité le mouvement progressif ou rétrograde des marées.

Si l'on évaluait seulement à six mille le nombre des Anglais qui viennent habiter nos ports de mer dans la belle saison, nous ne pourrions pas porter à moins de six millions la dépense qu'ils y font et l'argent qu'ils laissent annuellement en France.

Dans nos villes de l'intérieur, les bains d'eau douce ont été prodigieusement multipliés, depuis un demi-siècle, avec l'aisance générale et le besoin de propreté qui fait partie du progrès de la civilisation. A Paris seulement, il y a vingt ans, on ne comptait guère dans les établissements publics plus de cinq cents baignoires; aujourd'hui les citoyens de la capitale en ont plus de trois mille à leur disposition.

Malgré ce progrès remarquable, nous sommes bien éloignés encore de la recherche et de la beauté qu'offraient les constructions des anciens, pour satisfaire à cette partie essentielle de l'hygiène publique. Quel monument la capitale de la France pourrait-elle aujourd'hui comparer avec les thermes de Julien? et, pourtant, qu'étaient les bains de Lutèce, mis en parallèle avec ceux de Rome?

Depuis très-peu d'années on a conçu la pensée de porter les bains à domicile; amélioration précieuse pour les malades à médiocre fortune, et jouissance commode même pour les grandes fortunes, qu'elle délivre de l'embarras de tous préparatifs.

Clarification des eaux alimentaires. Il y a quarante ans, on ne connaissait d'autres moyens de clarifier les eaux que de les passer à travers une couche de sable, qui les dépouillait d'une partie du limon et des corps solides plus ou moins volumineux qui ne pouvaient passer entre les grains de sable. MM. Schmidt et Cuchet ont construit des fontaines filtrantes, où les eaux traversent successivement une couche de sable et une couche de charbon pilé. C'est à l'illustre Berthollet qu'on doit la découverte des propriétés désinfectantes du charbon qui, réduit en poudre, s'empare avec force des miasmes putrides que pourraient contenir les eaux.

Il y a maintenant à Paris des entreprises publiques pour porter à domicile de l'eau clarifiée, à peu près au même prix qu'on portait autrefois de l'eau trouble et bourbeuse.

III. ARTS VESTIAIRES.

Les arts vestiaires éprouvent avec le temps les fluctuations fréquentes et légères de la mode ou du caprice, et les modifications profondes que produisent le changement des mœurs et les révolutions sociales. Ces modifications sont les seules qui doivent ici nous occuper.

En moins d'un demi-siècle le peuple français a subi quatre métamorphoses, dans ses lois, ses habitudes et ses costumes.

Depuis la fin de la révolution d'Amérique jusqu'au triomphe de la révolution française, les arts vestiaires restent assujettis aux convenances de l'ancien ordre de choses. Comme les classes privilégiées sont tout dans l'État, c'est à leur complaire que l'industrie consacre ses efforts et ses perfectionnements.

Au contraire, les industries qui devaient tendre à donner aux classes inférieures des vêtements sains, commodes, solides, agréables au toucher ainsi qu'à la vue, et pourtant économiques, ces industries étaient parmi nous dans un état d'enfance déplorable.

Aussi, jusqu'en 1792, la majeure partie des

exportations du commerce français se composait d'objets de luxe pour le vêtement et pour l'ameublement des classes opulentes.

C'est qu'en effet, jusqu'à cette époque, les seuls arts où la France ait sur le reste de l'Europe une supériorité marquée sont des arts de luxe, tels que peuvent les réclamer et les vivifier une cour élégante et polie, une noblesse riche et fière, une église dominante et fastueuse. Rien n'égale en beauté les soieries, les brocarts et les broderies de Lyon; les batistes et les linons de Valenciennes et de Cambrai; les dentelles, les blondes, les gazes de la Flandre, de la Normandie et de l'Ile-de-France; les draperies superfines d'Abbeville, de Louviers et de Sedan, etc. Colbert a créé ces magnifiques industries pour la somptuosité du règne de Louis XIV.

La France ne s'est pas montrée moins supérieure dans l'art de mettre en œuvre ces tissus opulents. Ce n'est pas seulement depuis le siècle de Louis-le-Grand que l'Europe élégante reçoit les modes, les caprices et les manières de la France. Sous les Valois, Montaigne remarquait déjà cette espèce de domination du goût français sur les autres nations; il la signalait comme un empire exercé depuis longtemps, même aux époques du moyen âge. C'étaient tour à tour la grâce piquante et la démarche imposante des chevaliers et des dames, plus encore que le talent des ouvriers et des artistes, qui déterminaient cette préférence pour la mode des vêtements français.

Si l'on veut comprendre, en effet, l'attrait et le charme des costumes d'un peuple, il ne faut pas en considérer abstraitement les formes, ni quelques parties qui peuvent sembler bizarres, choquantes même ; il faut les contempler portés par l'élite de la société, avec l'aisance, la noblesse et la séduction qu'y peuvent ajouter la richesse, la jeunesse et la beauté, avec l'élégance des manières, l'harmonie des mouvements, et ce charme indéfinissable qui commande à l'imagination.

C'est par ce prestige évanoui que, dans notre enfance, nous avons trouvé bizarres, ridicules même, les anciens costumes des deux sexes, aussitôt que la classe qui leur donnait tout son attrait s'est enfuie du sol français. Cependant, ces costumes avaient mérité d'être adoptés par les cours les plus élégantes de l'Europe ; ils continuaient d'être en faveur chez tous les peuples polis, alors même qu'ils étaient bannis du sol originaire.

Nous avons vu, nous voyons encore des femmes, ambitieuses surtout de séductions difficiles, et de

succès crus impossibles, comme pour braver l'autre
sexe qui s'était fait moyen âge, s'arrêter fièrement
au siècle passé, le plus récent, pour réhabiliter,
qui l'aurait cru? les bizarres tissus à larges fleurs
de tapisserie, que portaient nos grand-mères, et
les habillements jugés si grotesques du règne de
Louis XV. Eh! bien, de semblables parures, ra-
jeunies avec goût et portées avec grâce, débar-
rassées des absurdes coiffures de l'époque, ont de
nouveau réuni dans l'imagination des hommes,
l'idée de ces modes avec celle de la jeunesse,
de sa fraîcheur et de son charme. Une telle alliance a produit sa victoire accoutumée, même
sur les artistes étonnés de finir par peindre avec
bonheur ce qu'ils flétrissaient naguère du ridicule
et terrible nom de *rococo!*

Revenons aux temps qui suivirent la chute de
l'ancien régime. La révolution attaque, disperse,
immole sans pitié tous les consommateurs des arts
élégants. La richesse devient un crime et soudain
la somptuosité des vêtements disparaît pour ne
plus révéler, disons mieux, pour ne plus dénoncer
l'opulence.

Tous les arts qui travaillaient à satisfaire le luxe
sont attaqués ou proscrits en même temps, les
ouvriers chassés de leurs ateliers, les chefs de

fabrique ruinés : les villes mêmes, telles que Lyon, où ces arts florissaient, subissent d'horribles malheurs, et les cendres de leurs métiers sont ensevelies sous les décombres des magasins et des ateliers incendiés.

Les costumes éprouvent un changement universel : l'habit de cour est remplacé par la carmagnole, et le chapeau français par le bonnet d'esclave affranchi; la soie fait place à la laine et le lin au coton. La poudre est bannie des coiffures par la disette et la peur : c'est la seule œuvre de bon goût que produise la terreur.

Ici commence, dans les travaux de l'industrie, une révolution nouvelle qui s'opère en silence. Tous ces ouvriers, tous ces artistes qui ne peuvent plus continuer leurs professions luxueuses destinées à satisfaire des usages proscrits, cherchant du travail pour vivre, sont obligés d'appliquer leurs talents à des fabrications communes. La pénurie générale fait faire à chacun des efforts inouis pour échapper à la misère. La guerre même et ses réquisitions immenses d'armes et de vêtements, qu'il faut fabriquer avec une rapidité révolutionnaire, la guerre contribue à d'autres progrès, favorables en définitive aux petits consommateurs.

Enfin l'orage politique gronde moins fort sur la

France. Non-seulement la vertu, le vice même respire : le pillage succède à l'immolation. Du fond de l'abîme révolutionnaire surgissent les enrichis insolents ; ils se posent, en Crésus, devant leurs concitoyens ébahis. Un vulgaire stupide et jaloux, qui n'avait pu supporter la brillante cour de la gracieuse Antoinette, est réduit, trois ans plus tard, à la cour fangeuse d'un Barras. C'est le luxe, moins le goût, qui donne aux législateurs français la toque des Polonais avec la toge des Romains ; aux Directeurs, le costume des Valois, moins la grâce chevaleresque ; aux femmes des parvenus et des traitants, la demi-nudité de Sparte, avec le luxe d'Athènes et l'immodestie de Corinthe. Tout, révèle l'origine d'un or acquis sans honneur, et dépensé sans pudeur.

Au milieu de ces saturnales, que le peuple méprise et dont bientôt il prendra vengeance, apparaît un ministre digne de meilleurs temps ; c'est François de Neufchâteau. Pour célébrer le sixième anniversaire de nos vastes changements, il fait appel à l'industrie nationale. Dans l'enceinte du Champ-de-Mars, où fut jurée la liberté, des portiques s'élèvent afin de recevoir les chefs-d'œuvre des arts utiles. Les citoyens contempleront les produits que la France peut déjà présenter, et ceux qu'elle peut offrir encore à l'admiration publique.

L'exposition de l'an VI méritait, en effet, d'être étudiée par l'observateur, et pour ce qu'elle présentait, et pour ce qu'elle ne pouvait plus présenter.

On n'y voyait pas de soieries; mais déjà la filature du coton s'y faisait remarquer. Déjà M. Denys, de Luat (Seine-et-Oise), exposait des cotons filés à tous les degrés, depuis le plus commun jusqu'au n° 110. Ce fabricant prenait place parmi les douze citoyens auxquels le jury décernait la distinction du premier ordre.

Il y a, ce me semble, toute une révolution révélée par ce fait, qu'au lieu des brocarts, des satins et des dentelles, le tissu qui fixe l'attention et mérite la récompense, à la fin de l'an VI, c'est la coiffure domestique du ci-devant tiers-état, le bonnet de coton, tel qu'on le faisait avec des fils préparés à l'Épine, près d'Arpajon; puis les velours de coton, tels qu'Amiens savait déjà les tisser.

Les juges de ce concours étaient dignes d'inaugurer les grandes solennités de l'industrie française; ils avaient choisi Chaptal pour rapporteur.

Bientôt une révolution nouvelle dans l'État en prépare une autre dans l'industrie. Le 18 brumaire an VIII, comme une aurore, a lui sur la France.

Le directoire n'est plus ; un Consulat trop peu durable commence, et l'Empire se prépare.

En échange des libertés, disons mieux, de l'anarchie, le génie du siècle donne à la patrie l'ordre au dedans, la victoire au dehors ; il appelle à lui les hommes dont les talents mis en œuvre concourront à la grandeur de son règne. Chaptal sera chargé des prospérités de l'intérieur : jamais choix ne fut plus heureux.

Dans un trop court ministère, en trois années seulement, ce qu'a fait le Colbert du XIX° siècle, pour l'industrie française, agriculture, fabriques et commerce, est immense. Il a montré le bien que peut produire, dans un tel emploi, la réunion si rare du génie des sciences avec l'art d'administrer.

Quelle époque glorieuse que celle où l'homme supérieur qui plaçait le titre de membre de l'institut avant son titre de général, parcourait avec ses illustres amis, Berthollet le chimiste, Monge le géomètre et le ministre Chaptal, les ateliers et les grandes manufactures de Paris, de Rouen, de Lyon, de Milan, de Bruxelles, de Liège et d'Aix-la-Chapelle, excitait partout le besoin du progrès ; avec son regard d'aigle, pénétrait jusque dans les mystères de la production industrielle ; avec sa parole incisive et mémorable, éveillait les esprits, stimulait l'indolence et donnait à l'éloge le parfum de la gloire. Rencontrait-il sur sa route un homme rare, un Ternaux, créateur de nombreux et beaux établissements, il détachait sa croix d'honneur pour la poser de sa main sur le cœur de l'industriel, en présence de ses milliers d'ouvriers. Voilà comment le grand homme honorait et servait à la fois les sciences, les arts et le peuple. Heureux qu'il eût été, si, plus tard, son ambition ne l'avait pas emporté loin de ce peuple et de ses intérêts, pour chercher en des guerres sans bornes le tombeau de sa fortune et de sa dictature.

Du moins, avant d'arriver à ce terme, il changera la face des arts dont il a calculé la puissance et dont il veut se faire une arme.

La France a vaincu l'Europe continentale : ce n'est point assez. Un peuple insulaire domine sur les mers à l'aide de son commerce et de ses arts productifs : c'est par l'industrie qu'il faut lutter contre ses destinées : voilà le problème que le premier consul propose à son savant ministre.

Un premier appel est fait aux fabricants français, vers le milieu de l'an ix. Dès la fin de cette année, une seconde exposition publique a lieu dans l'enceinte du Louvre, sous des portiques élégants, préparés pour cette fête encore consacrée à célébrer l'anniversaire d'une république dont la perte est déjà rêvée par un génie auquel, de toutes parts, l'adulation offre un pouvoir absolu qui le perdra.

Des noms qui passeront à la postérité figurent parmi les membres du jury : Berthollet, Berthoud, Guyton de Morveau, Montgolfier, de Prony, Vincens, le peintre, et pour rapporteur Costaz, qui quatre fois obtiendra le même honneur.

L'exposition de l'an IX surpasse l'attente même du gouvernement. On avait pensé qu'il suffirait comme en l'an VI d'offrir douze récompenses du premier ordre et vingt de seconde classe : la fertilité du génie français rendit ces prévisions insuffisantes. Il fallut placer hors de concours les sept plus célèbres fabricants, déjà mis au premier rang à l'exposition précédente, afin de pouvoir accorder les douze médailles d'or à de nouveaux fabricants, dignes en tout de marcher de pair avec leurs devanciers. Il fallut également mettre hors de concours les huit meilleurs fabricants, placés au second ordre en l'an VI, pour accorder les vingt médailles d'argent à leurs égaux en industrie. De là, la coutume adoptée dans les expositions subséquentes, de voter simplement le rappel des médailles en faveur des fabricants qui continuent à mériter la distinction qu'ils ont obtenue dans un précédent concours.

Peu de faits empruntés aux arts vestiaires suffiront pour montrer le progrès immense opéré depuis l'an VI jusqu'à l'an IX.

En l'an VI, aucun fabricant de lainage n'était classé parmi ceux du premier ordre; dès l'an IX, Decrétot reparaît avec des tissus aussi beaux que ceux qu'il fabriquait à Louviers, avant la révolution, pour l'usage et l'admiration des cours de l'Europe.

En l'an VI, les frères Ternaux relevaient à peine de la ruine leur industrie ainsi que leur fortune; dès l'an IX ils replacent au premier rang les produits de Sedan, de Reims et de Verviers : déjà cinq mille ouvriers sont rendus à la production perfectionnée dans leurs superbes manufactures.

Avant la révolution comme au sortir de la révolution, les lainages les plus fins n'étaient fabriqués qu'avec des toisons étrangères. Mais, dès l'an IX, l'industrie française, par les soins de Chaptal, présente à la France d'admirables tissus faits avec la laine des troupeaux espagnols naturalisés en France, et des tissus très-remarquables faits avec la laine française améliorée par l'alliance des mérinos. Un portique spécial est consacré, dans la cour du Louvre, à ces conquêtes de l'agriculture et des arts manufacturiers. Les citoyens sont appelés à reconnaître, par leurs propres yeux que déjà nos matières premières égalent celles de l'Espagne.

C'est alors que le jury proclame la reconnaissance de la France pour les travaux de Gilbert, de Tessier et de Huzard, trois membres de l'institut, *au zèle, à la constance desquels est due l'amélioration désormais assurée de nos laines* (Rapp. an IX).

En l'an VI, le plus haut degré de finesse qu'atteigne le filage des cotons s'arrête au n° 110; dès l'an IX il atteint le n° 250.

Le tissage de ces fils devient à son tour l'objet des travaux et des perfectionnements les plus assidus. En l'an VI, l'Angleterre nous surpassait incontestablement dans toutes les fabrications de tissus ayant le coton pour matière première : c'était déjà sa plus importante et sa plus riche industrie. C'est celle-là qu'il faut tenter à tout prix de lui disputer.

L'exposition de l'an IX présente des produits remarquables dans presque tous les genres de tissus de cotons : bazins unis ou piqués, velours pleins et demi-velours, nankins, nankinets, bonnets et bas de coton, tout atteste la multiplicité des tentatives, tout devient sujet d'espérances.

En l'an VI, l'art de travailler les peaux se bornait aux préparations des cuirs communs; dès l'an IX, Fauller, Kempff et Muntzer présentent des maroquins qui soutiennent avantageusement le parallèle avec les plus belles préparations du Levant et des États barbaresques; ils ne sont pas moins supérieurs à ceux qu'on essaye de fabriquer en divers pays de l'Europe.

Le gouvernement consulaire, qui n'a pas le temps d'attendre et qui marche à pas de géant, exige qu'une année suffise pour une exposition nouvelle : l'industrie remplit son attente.

Voici l'exposition de l'an X! La paix est devenue le présent de la victoire; l'Europe entière peut juger par ses observateurs les plus célèbres l'industrie d'un peuple qu'elle a cru retombé dans la barbarie. Les Fox, les Erskine, les Hawkesbury, etc., sont les juges étrangers.

Dès l'an X, les fabriques des tissus destinés pour le Levant ont repris leur activité.

Une autre industrie dont l'idée est venue de l'Orient, rapportée par les héros de l'expédition d'Égypte, c'est l'imitation des châles de cachemire, commencée avec la laine d'Espagne par les Ternaux et leurs associés, Jobert Lucas et madame

Récicourt. Decrétot imite le cachemire avec la laine de Vigogne.

On répète, avec une affectation méprisante pour la France, que l'objet unique admiré par Fox dans l'exposition de l'an X, était notre *eustache* à deux sous. Fox aurait pu réserver son suffrage pour les draps communs de Castres, dont les prix descendaient depuis 18 francs jusqu'à 1 franc le mètre ! ce qui les rendait propres aux classes moyennes et surtout aux classes inférieures.

La paix générale, qui pouvait donner le bonheur à l'univers, s'il avait pu contenir les ambitions rivales de l'Angleterre et de Napoléon, cette paix ne dure pas deux années.

De part et d'autre, l'industrie est appelée dans le conflit. Au delà du détroit, pour fournir, par des exportations immenses, à des dépenses sans exemple et sans limites ; en deçà, pour remplacer par des prodiges d'invention, de persévérance et d'activité, les productions intertropicales et les productions industrielles anglaises, que Napoléon entreprend d'expulser de proche en proche du continent européen, et plus tard du monde entier, si la fortune le permet.

La plus riche branche de l'industrie britannique est sans contredit le filage et le tissage qui servent aux arts vestiaires; c'est de ce côté qu'on redoublera d'efforts.

Chaptal a fait venir d'Angleterre, pour le filage et le tissage de la laine, le mécanicien Douglas qu'il établit à Paris. En deux années cet artiste fournit à seize départements plus de 340 machines propres à ces fabrications. Il construit aussi des métiers pour tisser à la navette volante, etc., etc. Les métiers, les machines que nous citons ici, furent exposés au conservatoire des arts et métiers; pour être expliqués, manœuvrés publiquement et gratuitement par des artistes habiles. Grâces à ce moyen, l'industrie nationale apprit, dans ce bel établissement, à rendre de nouveaux services à la patrie.

Dès l'an X paraissent des fils et des tissus fabriqués avec des moyens mécaniques, introduits surtout par les encouragements de l'illustre ministre de l'intérieur.

C'est le premier consul qui rend à Lyon la prospérité. Sa haute raison lui révèle qu'un peuple grand et riche a besoin des arts qui conviennent à l'opulence, pour faire exister la vaste partie du peuple que n'emploie pas l'agriculture; il ranime avec habileté, par l'exemple de sa cour et par les

costumes variés qu'il prescrit à ses fonctionnaires,
les belles industries qui jadis florissaient à Lyon,
à Tours et dans Avignon.

Aussi, dès l'an x, les fabriques de Lyon présentent leurs chefs - d'œuvre à l'exposition. La
broderie de soie et d'or, sur mousseline, rivalise
avec les plus belles broderies de l'Orient; des procédés perfectionnés de teinture procurent des velours de soie teints en écarlate nuancée, qu'on
n'avait pas pu précédemment obtenir sur ce genre
de tissus; à côté, se fait admirer un damas apprêté
dont le blanc ne coule jamais, puis des taffetas et
des satins sans envers et d'une grande largeur.

En même temps on remarque les perfectionnements de la soierie brochée, qui rivalise avec la
broderie faite à l'aiguille.

La fabrication du crêpe mérite aussi des éloges
nouveaux.

Dès l'an IX, M. Bontems de Paris avait imité les
madras, tissus de soie et de coton; en l'an x, il
reparaît avec des progrès marqués.

Nous venons de citer les soieries brochées; elles
nous rappellent que, dès l'an IX, l'exposition ré-
vélait une invention qui devait changer la face

d'une foule d'industries et qui se présentait sous cette forme plus que modeste dans le rapport du jury :

« MÉDAILLE DE BRONZE.

«M. Jacquart, de Lyon,

«Inventeur d'un mécanisme qui supprime, dans «la fabrication des étoffes brochées, l'ouvrier ap-«pelé *tireur de lacs.*»

Qui le croirait? neuf ans devront s'écouler avant que cette invention féconde soit appréciée à sa juste valeur, par l'industrie principale dont elle est appelée à changer la face!

M. Leblanc Paroissien, de Reims, commence à tondre les draps, en faisant agir les forces par le simple jeu d'une manivelle; ce qui rend la tonte plus facile, plus rapide et plus régulière.

M. Marzeline, de Louviers, imagine de lainer les draps par un mécanisme de rotation continue qui présente des avantages analogues.

Les efforts sont aussi grands pour introduire et perfectionner les mécanismes nécessaires au cardage, au filage, au tissage du coton. Deux fois l'ingénieux Pouchet, de Rouen, en 1801 et 1806, obtient la médaille d'or, justement méritée par vingt ans de travaux employés à lutter avec l'Angleterre. Albert et Calla reçoivent, en 1806, la même distinction pour leurs mull-jenny, leurs continues, leurs carderies brisoires et finissoires, leurs boudineries, etc.

Dès l'exposition de l'an IX, la médaille de bronze était acquise à la fabrication mécanique des cardes, introduite en France par l'illustre Larochefoucauld-Liancourt; en 1806, cinq concurrents pour le même objet obtiennent la médaille d'argent de seconde classe.

Une autre industrie reçoit une impulsion nouvelle, c'est la fabrication du filet par la mécanique; M. Buron, pour la machine qui produit ce résultat, obtient en 1806 la médaille d'or.

Avec ces moyens nouveaux et puissants, la production des fils et des tissus prend un développement qu'à peine on osait espérer, et que démontre aux plus incrédules l'exposition de 1806.

Louviers paraît satisfaite de conserver la perfection des tissus de luxe qu'elle avait déjà conquise avant 1789. Mais Elbeuf, ville nouvelle, ardente comme la jeunesse, cherche un plus vaste champ dans les produits mis à la portée des moyennes fortunes ; par degrés elle élève les qualités des fabrications intermédiaires sans en accroître les prix : chaque année elle fait mieux et davantage.

Sous la puissante égide de l'aigle impériale, les fabricants de Genève, de la Belgique et de la rive gauche du Rhin reçoivent la même impulsion progressive que les fabricants français.

Amiens, Reims et Sedan portent au plus haut degré les casimirs français ; ils ne craignent plus la concurrence étrangère.

Le premier fabricant d'Amiens, M. Gensse-Duminy, introduit en France la fabrication du *patent-cord*, étoffe que l'Angleterre vendait exclusivement et fort cher.

La confection des châles français, dits *Ternaux*, se perfectionne, et soutient avantageusement la concurrence avec l'industrie étrangère.

Les filatures de coton se multiplient de plus en plus après la déclaration de guerre en 1803 ; elles réussissent parfaitement pour les numéros inférieurs qui permettent le tissage des calicots et de beaucoup d'autres produits.

COMPARAISON DES RÉCOMPENSES
POUR LES TISSUS DE COTON.

EXPOSITIONS.	FILATURE.	
	An X.	1806.
Médailles d'or.............	6	8
———— d'argent..........	5	9
———— de bronze.........	9	5
Mentions honorables.........	8	69
	28	91
BONNETERIE.............	4	10
	32	101

Ainsi la concurrence devient telle que le nombre des fabricants qui méritent des honneurs à l'exposition triple dans les quatre années qui s'écoulent de 1802 à 1806 !......

Le nombre des filatures de coton, devenu très-considérable, a perfectionné ses procédés, mais se tient en général au-dessous du n° 60. Les numéros supérieurs sont fournis par l'étranger.

La conquête la plus remarquable signalée par l'exposition de 1806, c'est la fabrication des mousselines : Saint-Quentin et Tarare obtiennent des médailles d'or pour cette industrie qui présente les plus grandes difficultés du tissage des cotons. Aucune mousseline n'avait été distinguée à l'exposition de l'an x.

Les basins, les piqués, les nankins, les calicots, les percales, les madras, sont perfectionnés ; les velours de coton conservent la beauté qu'ils ont acquise dans les fabriques d'Amiens et de Rouen.

L'exposition de 1806 n'est pas moins remarquable pour la richesse et la beauté des soieries, surtout des velours et des satins.

Conçoit-on qu'à cette époque, *un tiers de siècle* après la mort de Vaucanson, le jury déclare qu'il se croit obligé de rappeler aux tireurs et moulineurs de soie, qu'une fabrique récompensée par une médaille d'or doit sa supériorité à l'emploi des machines de Vaucanson..... Quelle lenteur a profiter des découvertes du génie!

C'est en 1806 que paraît pour la première fois et qu'obtient à juste titre la récompense du premier ordre M. Gensoul, de Lyon, pour le chauffage à la vapeur de l'eau contenue dans les bassins où sont mis les cocons pour être filés. Ce procédé n'a pas seulement l'économie pour avantage ; il contribue à conserver l'éclat et la beauté de la soie.

MM. Dugaz, de Saint-Chamond, exposent en 1806 leurs rubans unis, damassés, de satin, de velours, etc.; une récompense du premier ordre accompagne la déclaration remarquable du jury : « Ces rubans ont paru faits pour effacer ceux que l'Angleterre était en possession de fournir jusqu'ici. » Ajoutons que la France a conservé ce genre de supériorité.

La fabrication du crêpe et du tulle de soie acquiert pareillement une supériorité remarquable par l'œuvre de M. Bonnard, qui produit un tulle à double nœud, à maille fixe, qui ne coule pas au sec ni par le blanchissage, qui peut être lavé sans se gonfler et devient plus beau qu'il n'était du premier blanc.

La passementerie et la broderie offrent des améliorations sensibles.

Le luxe des blondes et des dentelles a repris tout son éclat : parmi les fabriques célèbres, Alençon, Chantilly, Bruxelles, brillent au premier rang ; puis viennent avec distinction le Puy, Arras, Valenciennes, Douai, etc.

En s'efforçant de conquérir des industries nouvelles, la France ne néglige pas celles qui depuis longtemps font honneur à sa fabrication.

Saint-Quentin, Cambrai, Valenciennes, continuent de produire des linons et des batistes dont la perfection comme la renommée se maintient toujours avec le même éclat. Les toiles de Flandre et de Courtrai conservent aussi leur renommée et leur beauté; viennent ensuite celles des Côtes-du-Nord, de la Sarthe, de la Mayenne, avec leurs qualités spéciales, la solidité, le bon marché, etc.

Tel est en 1806 l'état des arts qui produisent les tissus pour les vêtements.

C'est alors qu'on voit pour la première fois exposés les produits du Haut-Rhin; les toiles peintes de Mulhausen et de Logelbach n'obtiennent encore que la récompense du second ordre; mais déjà l'opinion du jury fait pressentir les destinées industrielles de Mulhausen.

En décernant à MM. Dolfus-Mieg la médaille d'argent pour la beauté des couleurs et le choix des dessins, il ajoute :

« Tous les fabricants de toiles peintes de Mul-
« hausen doivent voir dans cette médaille une
« preuve de l'estime du jury, qui a examiné leurs
« productions avec soin et les a trouvées belles,
« soignées et dignes de la confiance du consom-
« mateur. »

Ici finissent pour l'empire les expositions de l'industrie. Jusqu'en 1812, les fabriques françaises trouvent des débouchés de plus en plus étendus par les conquêtes de nos armes : l'Europe entière accepte, ou de force ou de gré, la prohibition absolue des produits de la Grande-Bretagne. Celle-ci déclare pour toute l'Europe le blocus continental.

Un seul potentat, l'empereur de Russie, contraint par sa noblesse, refuse bientôt de maintenir inviolable la prohibition des marchandises anglaises : de là le prétexte d'une guerre où les éléments ayant lutté contre nous, l'armée de Napoléon, victorieuse de l'Europe, fut anéantie par la disette et le froid.

La restauration commence une ère nouvelle pour l'industrie de la France : la paix générale est un bienfait universel.

Notre patrie, dépouillée de ses conquêtes et resserrée dans ses limites de 1789, des intérêts nouveaux s'établissent au dedans comme au dehors.

La France et la Grande-Bretagne, onze ans séparées par une guerre inexorable, vont se trouver en présence sur tous les marchés de l'univers ; chacune pourra bien, selon ses lumières ou ses préjugés, protéger contre l'autre son propre marché ; mais, chez les peuples étrangers, la concurrence sera libre entre les deux rivales, et l'on verra qui remportera la victoire.

On doit au plus brillant ministre de Louis XVIII d'avoir favorisé les arts utiles, rétabli les expositions des produits de l'industrie, fondé les conseils généraux d'agriculture, des fabriques et du commerce, en même temps qu'il fondait au conservatoire l'enseignement des sciences appliquées à l'industrie. Sous l'administration dont nous rappelons ici les souvenirs, l'exposition de 1819 révèle des perfectionnements remarquables dans toutes les parties et surtout dans les arts vestiaires.

En 1806 on ne savait filer avec des machines que la laine cardée; neuf ans plus tard, Dobo filait à la mécanique la laine peignée, dans les ateliers de M. Ternaux, pour les tissus ras qui reçurent alors le nom de ce fabricant.

A mesure que les arts se perfectionnent et par là se multiplient, ils se subdivisent; ainsi le filage de la laine est pratiqué, dès les premiers temps de la restauration, dans plusieurs grandes fabriques spéciales, indépendantes du tissage : cette séparation devient la source de progrès nouveaux plus grands et plus rapides que ceux du passé.

Le perfectionnement de la filature et l'amélioration des laines superfines ajoutent encore à la supériorité des plus belles fabrications de Louviers et de Sedan.

En 1806, l'introduction des machines dans les

fabriques de lainage était naissante; en 1819 elle est entièrement accomplie. L'immense avantage de régularité pour les tissus et d'économie pour le travail, résultat des mécaniques, a promptement obligé les fabricants d'abandonner leurs anciens procédés et leurs travaux à la main, pour adopter les systèmes nouveaux.

A cette époque, MM. J. Collier et Poupart avaient introduit une tondeuse à ciseaux tournés en spirale autour d'un cylindre mû sur son axe par une manivelle, et transporté sur un chariot parallèlement à cet axe; cet instrument fit bientôt abandonner tous ceux dont on faisait auparavant usage.

Ce qu'on a pu remarquer en 1819, c'est qu'un grand nombre de nouvelles manufactures ont offert les fabrications les plus satisfaisantes en lainages, dans les départements de l'Aude, de l'Hérault, du Tarn, de l'Ariége, de l'Isère, de l'Oise et du Calvados. L'introduction des machines, en n'exigeant plus des ouvriers aussi consommés pour approcher de la perfection, a rendu plus facile cette propagation. Ces manufactures, dit le jury de 1819, qui donnent des produits supérieurs à ceux qu'on faisait jadis à Elbeuf, égalent quelquefois les draperies confectionnées il y a trente ans, à Louviers, à Sedan, à Abbeville.

L'objet d'une partie de ces nouvelles fabriques était de remplacer, pour l'intérieur de la France, les fabriques des Pays-Bas, qui depuis 1814 étaient exclues du marché national.

En 1819, la draperie moyenne est considérablement améliorée par le progrès du croisement des mérinos avec nos brebis indigènes : on voit pour la première fois les étoffes croisées purement en laine et connues sous le nom de *cuir de laine*; c'est Castres qui les produit.

La draperie commune est favorisée surtout par l'économie qui résulte des procédés mécaniques.

En 1819, grâce aux soins et aux sacrifices de M. Ternaux, la France reçoit un troupeau de chèvres de Cachemire, qu'on essayera de naturaliser sur le sol français. Le même fabricant, pour rivaliser avec les tisserands de l'Inde, fait venir par Gazan une quantité considérable de duvet de cachemire; il est le premier à mettre en œuvre cette matière précieuse.

Ici commence une industrie nouvelle, qui, depuis quinze ans, a fait les progrès les plus remarquables.

Le filage du duvet de cachemire renfermait des difficultés particulières vaincues avec talent, dès 1819, par MM. Hindenlang et Polino.

Pour le tissage des châles deux méthodes se présentent ; la plus économique, celle qu'adopte M. Ternaux, est le tissage au lancé, qui présente d'un côté toute la perfection des cachemires de l'Inde, mais dont l'envers décèle des coupures, comme celui des étoffes brochées.

Pour la méthode la plus dispendieuse, où le châle n'a point d'envers, M. Bauson imagine un procédé qu'exécutent des enfants, sous la dictée d'une habile ouvrière.

Avant 1789, le gouvernement a fait chercher en Chine la graine dont le ver produit la soie naturellement blanche, dite *sina*. Cette graine, confiée à des propriétaires négligents, fut non pas perdue, mais peu propagée jusqu'en 1808. Alors le gouvernement, éclairé par le comité consultatif des arts et manufactures sur l'existence de cette espèce précieuse, prit des mesures favorables à sa propagation, et même offrit des récompenses.

La société d'encouragement proposait, vers la même époque, un prix de 2,000 francs pour les propriétaires qui auraient entrepris avec le plus d'étendue cette nouvelle culture. De tels efforts ont eu des résultats avantageux.

Signalons, en 1819, l'établissement fondé par M. Eymieux, de Saillans (Drôme), pour filer la

9.

bourre de soie à la mécanique, et par des moyens dont il est l'auteur.

Nous avons vu quelle humble mention obtint Jacquard, avec une médaille de bronze, pour l'admirable métier qui porte son nom. Depuis cette époque jusqu'à 1819, après toutes les difficultés, les refus, les critiques des fabricants, ce métier l'emporte à la fin sur les procédés coûteux, pénibles, insalubres même qu'il remplace avec tant d'avantages. Le jury de 1819, en proclamant ce résultat, décerne à Jacquard la médaille d'or : la croix d'honneur complète la récompense.

Les Dépouilly, les Beauvais exécutent le crêpe de la Chine, ondoyeux et doux, qu'avant eux en Europe on n'avait pas su reproduire, ainsi que beaucoup d'autres tissus d'une rare élégance, et d'un admirable éclat.

Depuis le commencement du siècle, Lyon a perfectionné toutes les parties de sa fabrication, et particulièrement la teinture. En conservant les riches industries auxquelles elle a dû sa renommée, cette ville s'est occupée à créer des genres nouveaux, pour satisfaire les désirs et les moyens de toutes les classes de consommateurs. Elle a mélangé le coton et d'autres substances filamenteuses avec la soie; elle a su donner aux étoffes tous les embellissements du tissage, du dessin et du coloris. Dès 1819, la fabrication des nouveaux tissus emploie plus de la moitié des ouvriers lyonnais; on est obligé d'établir une partie des ateliers dans la banlieue, puis dans la campagne, à plus de cinq lieues de distance.

En 1819, paraissent les premiers châles économiques en bourre de soie; ils sont imaginés par M. Ajac, fondateur d'une industrie qui s'étend rapidement, et qui forme pour la fabrique de Lyon l'objet d'un commerce important.

Nîmes travaille avec un succès égal à des fabrications qui conviennent aux consommateurs les moins opulents. Elle offre une étoffe nouvelle, faite avec le tricot à bas ; c'est le *tricot peluche*, qu'alors le commerce recherche avec avidité.

Lors de la campagne de Prusse, que signala la victoire d'Iéna, le gouvernement français fit venir de la Silésie le métier particulier qui donne au linge de table damassé plus de correction et de solidité. On déposa ce métier au conservatoire des arts et manufactures ; plusieurs élèves s'y formèrent pour en propager l'usage dans nos départements, et l'appliquer, soit à la toile, soit au coton. Dès 1819, des produits de ce genre figuraient à l'exposition.

En 1806, les filatures françaises ne fournissaient pas encore de produits assez parfaits pour le tissage des mousselines : les fils des numéros les plus élevés ont été trouvés, en 1819, de beaucoup supérieurs à ceux de la première époque. Les attestations données par les fabricants de mousselines prouvèrent que, dès lors, nos fils concouraient à la confection de ce genre de tissus.

Le jury de 1819, avec plus de motifs encore que celui de l'exposition précédente, déclare que désormais on peut abandonner à leurs propres forces les filateurs de bas numéros, et qu'il faut réserver les encouragements pour la production des fils superfins.

A Lille, à Roubaix, MM. Mille et Florin obtiennent la récompense du premier ordre, pour les beaux fils qu'ils fournissent aux mousseliniers de Saint-Quentin et de Tarare. A cette exposition commencent de paraître MM. Schlumberger et Herzog, qui porteront plus haut encore cette industrie précieuse.

MM. Gombert de Bailleul et Michelez, de Paris, sont les premiers qui fabriquent en France le fil à coudre retors, en coton, si connu sous le nom de *fil d'Écosse.*

De 1806 à 1819, Saint-Quentin développe, sur

la plus grande échelle, le tissage des cotons, depuis les calicots les plus communs jusqu'aux mousselines les plus somptueuses. En quinze années, par cette industrie, la population de cette ville est accrue d'un quart.

Tarare offre des progrès et des succès non moins remarquables, pour les belles mousselines qui constituent sa fabrication spéciale.

Rouen présente des piqués tissés à la navette volante double, déjà remarqués en 1806; des casimirs de laine et de coton, fabrication nouvelle; des châles de coton, brochés, imitant les châles de laine.

Depuis 1806, la bonneterie de laine, de soie, de fil et de coton a fait des progrès sensibles, dus principalement aux améliorations du filage. On a perfectionné le métier à bas; la paix a rendu le travail aux manufactures de bonnets turcs ou casquettes, destinés au Levant.

Vers 1819, la chapellerie française subit une révolution due aux changements de la mode. Supérieure par le goût aux chapelleries étrangères, elle l'emporte sur le plus grand nombre par le feutrage, et surtout par les apprêts et la teinture.

Depuis plusieurs années, le feutrage avait atteint la perfection ; mais on pouvait beaucoup améliorer les apprêts et la teinture : on l'a fait.

Le jury central de 1819 annonce que la chapellerie est au moment de prendre une direction nouvelle, de produire à moins de frais, etc.

Déjà l'on présente des chapeaux d'une belle apparence, à moitié des prix ordinaires, et qui semblent d'un bon usage : mais le temps seul peut rendre un tel succès indubitable.

Pour remplacer économiquement les beaux chapeaux d'Italie, Mme Manceau produit des chapeaux tissus en soie, légers, agréables, imitant la paille, et d'un prix modéré.

La teinture des fils et des tissus atteste de grands progrès. C'est d'abord la teinture écarlate et durable, sur laine, obtenue : avec la seule garance par M. Gouin, de Lyon ; avec la laque-laque, par M. Beauvisage, de Paris. C'est l'emploi du bleu de Prusse pour remplacer l'indigo, grâce à la découverte de M. Raymond ; découverte dont la mémoire est consacrée dans le commerce par le nom de *bleu Raymond*.

Trois élèves de M. Roard, MM. Perdreau, de Tours ; Renard et Brunel, d'Avignon, perfectionnent, dans ces deux villes, diverses nuances de la soie.

On perfectionne aussi la teinture du fil et des tissus de lin ; c'est surtout la teinture de coton qui présente d'admirables résultats.

Rouen a reçu de Montpellier l'art de teindre avec la garance, apportée par les Grecs vers 1789. Entre les mains des nouveaux adeptes français, cet art ne se borne plus à produire des teintes mates, uniformes et foncées. A la monotonie des premiers résultats succède le talent de produire toutes les gradations, jusqu'aux nuances les plus délicates de la rose, jusqu'au plus tendre lilas : ces couleurs sont rendues si solides, qu'on peut, sans les altérer, les soumettre aux lessives les plus fortes.

L'art de teindre le coton dans toutes les couleurs a présenté des perfectionnements généraux d'où résultent plus d'uniformité, plus d'égalité dans les teintes, même les plus délicates, et dans les couleurs brillantes qu'on obtient en forçant l'avivage.

En 1819, les nuances du rouge et du violet se sont montrées plus parfaites et plus nombreuses qu'elles ne l'étaient peu d'années auparavant.

Les impressions sur tissus offrent des innovations remarquables.

C'est d'abord l'impression gaufrée sur étoffes

de laine, inventée par M. Bonvallet, d'Amiens, et plus tard appliquée, avec un goût exquis, dans les ateliers de M. Ternaux. Ces impressions font relief; elles jouent la broderie, et l'emportent sur celle-ci par la délicatesse et la netteté du dessin.

M. Widmer, de Jouy, découvre une couleur verte qu'il transporte, d'un seul procédé, sur les tissus de coton, sans avoir besoin d'appliquer successivement le jaune et le bleu. Cette découverte était d'une telle importance que les Anglais en avaient fait l'objet d'un prix de 50,000 fr.

On parvient à teindre en rouge d'Andrinople les toiles de coton en pièce; on donne à ce rouge un éclat, une égalité qu'auparavant on n'obtenait qu'en appliquant la couleur sur le fil même du coton. On simplifie les procédés mécaniques; les planches qu'on appliquait successivement, avec lenteur, et souvent avec peu d'exactitude, sont remplacées par la pression continue, rapide, uniforme, et la précision mathématique d'un cylindre tournant sur son axe.

La chimie vient ajouter ses prestiges aux perfectionnements de la mécanique, par l'application des agents chimiques appelés *rongeurs*, agents qu'on a multipliés et perfectionnés.

On en cherchait sans pouvoir les trouver, qui

pussent agir sur le rouge d'Andrinople : Daniel Kœchlin a résolu ce problème.

Après la paix de 1814, ce célèbre manufacturier visita l'Angleterre. On lui refusait l'entrée d'une des plus belles fabriques de toiles peintes; il se contente de faire passer un petit échantillon de ses impressions au mystérieux propriétaire; celui-ci, ravi d'admiration, ouvre aussitôt ses portes à Daniel Kœchlin, en s'étonnant que l'auteur d'un tel chef-d'œuvre espère apprendre quelque chose en Angleterre.

Pour la seule impression sur les étoffes de coton, dès 1819, cinq fabricants de Mulhausen obtiennent la médaille d'or. Les Kœchlin, les Heilmann, les Dolfus-Mieg, les Hofer reçoivent cet honneur : chacun d'eux concourt à perfectionner quelque couleur, quelque nuance spéciale.

Les Hausmann appliquent les premiers la gravure lithographique à l'impression sur les étoffes de coton, de laine et de soie.

La préparation des maroquins acquiert une perfection nouvelle, non-seulement entre les mains des importateurs MM. Fauler et Kempff, de Choisy, mais par les moyens mécaniques et les procédés de teinture qu'emploie **M. Matler**, de Paris.

L'exposition de 1823 ne pouvait pas offrir un aussi grand nombre d'inventions et de perfectionnements opérés en quatre années, que l'exposition de 1819, qui représentait quinze ans de travaux. On va voir, cependant, combien le mouvement progressif était devenu plus rapide.

Pour la première fois, les propriétaires du troupeau de Naz, mérinos de race pure et perfectionnée, exposent leurs toisons : ils enlèvent tous les suffrages, ils laissent loin derrière eux les produits du même genre exposés aux regards du public par de nombreux concurrents.

La laine peignée et filée à la mécanique atteint un nouveau degré de finesse et de régularité. **MM. Dautremont** et **Doyen** offrent pour la première fois des fils de ce genre, au numéro 60 pour la chaîne et 100 pour la trame : ils améliorent également le tissage et la teinture des étoffes mérinos.

Les fabricants de lainages apportent des soins de plus en plus éclairés au triage des laines, aux apprêts, à la teinture, à l'application des mécanismes.

On voit paraître des tissus nouveaux : c'est un

drap noir croisé d'une grande légèreté, que M. A. Guibal-Veaute appelle *drap mousseline;* ce sont les étoffes zéphirs et les draps cachemires de MM. Poupart, de Neuflise; ce sont des draps noirs fins, tissés avec la laine ordinaire de France et les bouts de laine appelés *corons,* que jadis on n'employait pas et qu'on vendait à vil prix. Ces draps, livrés à 22 francs l'aune, sont trouvés très-forts, très-doux et très-soyeux.

La draperie commune, surtout celle qui sert à l'habillement des troupes, a présenté des améliorations sensibles.

On commence à fabriquer avec succès les flanelles dont la chaîne et la trame sont cardées comme celles d'Angleterre : l'emploi de la laine cardée rend cette flanelle moins susceptible de se retirer et de se feutrer par le lavage.

Dès 1819, dans les ateliers de M. Hindenlang, le filage du duvet de cachemire avait atteint tous les dégrés de finesse, depuis le n° 80 jusqu'au n° 210.

Le tissage des châles de cachemire révèle aussi de nouveaux progrès ; quatre fabricants de ce genre obtiennent la médaille d'or : M. Bauson, pour l'imitation des procédés indiens ; MM. Lagorce, Bosquillon et Rey, pour leurs châles au lancé. M. Rey fabrique des châles à fleurs françaises, que les dames de France n'adoptent pas, et dont les beautés d'Asie acceptent la mode : dans les deux pays, les femmes préfèrent avant tout le mérite de l'étrangeté.

On fabrique de plus en plus les châles, faits à l'imitation des vrais cachemires, avec des matières variées et combinées : le duvet de chèvre, la laine, la soie, le lin, le chanvre, le coton, etc.

En 1823, on remarque à l'exposition plus de soie sina que de soie jaune : on a sensiblement amélioré les magnaneries où sont élevés les vers à soie ; on a rendu moins grande la mortalité de ces chrysalides, et par là diminué le prix de leurs fils.

La culture de la soie prospère toujours dans l'Ardèche, la Drôme, la Loire, l'Hérault et le Var ; elle prend un développement nouveau dans les Pyrénées-Orientales ; elle prospère, depuis assez peu de temps, aux environs de Lyon.

Le filage de la bourre de soie s'étend et se perfectionne ; ses progrès sont dus en grande partie à l'impulsion donnée par la société d'encouragement.

On doit à M. Dutilleul un régulateur qui facilite beaucoup le tissage des étoffes les plus légères.

On lui doit également l'application du chiné par la trame, et beaucoup d'autres procédés qui lui valent la médaille d'or.

Parmi les produits qu'on peut regarder comme des conquêtes, parce qu'ils nous donnent la supériorité sur nos rivaux, on distingue les crèpes et les gazes de M. Banse, non moins remarquables pour la finesse et l'égalité du tissu que pour l'éclat des couleurs : la supériorité dans ce genre a passé de l'Italie à la France et de Bologne à Lyon.

M. Ch. Revillot produit des étoffes transparentes ou diaphanes, qui serviront de stores ou de rideaux ; elles sont admirables de finesse.

Il expose une gaze qu'il appelle *onduline ;* la lumière, en tombant sous différents angles sur ce tissu, produit des effets comparables à ceux du moiré.

Sous la restauration florissent de plus en plus les industries destinées aux ornements d'église, depuis la simple étole jusqu'à la mitre épiscopale, depuis le rochet clérical jusqu'à la chasuble et à la chape. En 1823, ces produits ne sont encore remarquables que par une grande richesse ; plus tard, ils le seront par un meilleur goût. Ils étaient

à l'envi le brocart d'or et d'argent, la moire vio-
lette, imitée de Vicence, etc.

Dès 1823, figurent les châles en bourre de
soie de cette fabrique de Nîmes, qui sait tout
populariser en imitant à bas prix l'éclat des tissus
somptueux.

Les métiers à la Jacquard sont appliqués à fabriquer ensemble beaucoup de rubans sur une
grande largeur ; on leur donne la même trame,
puis on les découpe avec un mécanisme qui les
divise en festonnant leurs bords.

Le filage du coton continue ses progrès : Saint-
Quentin, Lille et Roubaix obtiennent toujours
l'avantage.

L'exposition de 1823 présente un genre de
produits qui jusqu'alors manquait à l'industrie
française ; c'est le tulle de coton, fabriqué dans
la Seine-Inférieure, le Nord et le Calvados, à
l'imitation des Anglais, et par l'emploi primitif de
leurs métiers, de leurs fils et de leurs ouvriers. Le
tulle de coton, 4/4 à 6/4, coûte alors de 20 à
40 francs l'aune.

En 1823, on évalue à vingt millions le produit
des mousselines de Tarare, qui sont de plus
en plus perfectionnées. On s'efforce de naturaliser

en France la fabrication des mousselines brodées
dans le genre de la Suisse.

On imite le coutil russe. M. Verdier invente le
cote-pali pour les robes et les mouchoirs ; c'est un
tissu dont la chaine est en coton d'un seul brin,
tandis que la trame est en soie teinte, écrue.

Le seul département du Calvados compte
soixante et dix mille individus qui concourent à la
confection des blondes et des dentelles, industrie
d'ailleurs très-active dans l'Orne, le Nord, la Seine,
la Haute-Loire, et le Puy-de-Dôme.

On a varié les dentelles et les blondes, qu'on a
produites, les unes blanches et les autres en couleur, avec un goût plus épuré, des dessins plus
délicats, un coloris mieux entendu.

La broderie appliquée à la batiste a produit des
effets nouveaux et charmants. Cet art élégant
triple la valeur des tissus auxquels on l'applique ;
il occupe près de treize mille individus dans les
seuls environs de Nancy.

Par des procédés ingénieux M. Bernardière, de
Paris, subdivise les fanons de baleine ; il en fait
des feuilles légères comme celles des fleurs ; il les
amène au blanc le plus pur et leur donne ensuite des
couleurs éclatantes. Les fleurs faites par ce moyen

se conservent mieux que celles de batiste et de taffetas, sont aussi légères et très-peu plus coûteuses.

La teinture des bonnets orientaux (casquettes
turques) est améliorée de 1819 à 1823.

M. Guichardière, de Paris, fait connaître des
procédés nouveaux pour la chapellerie; il démontre la supériorité du poil arraché de la peau
sur le poil coupé; il rend plus actif le secrétage
par l'action de plantes astringentes et mucillagi-
neuses; il rend plus énergique le bain de lie de
vin, nécessaire au feutrage, en y mêlant une lessive
d'écorce du chêne; enfin, pour la chapellerie fine,
il remplace le poil de castor par celui de la loutre
marine ou de la loutre indigène.

La teinture des tissus offre quelques progrès
importants; l'application du prussiate de fer à la
teinture de la laine, pour remplacer l'indigo, par
MM. Raymond fils et Souchon, pharmaciens, de
Lyon, offre des procédés d'une grande économie.
Dès 1823, M. Raymond fils peut livrer le prussiate
de fer marquant 36° à l'aréomètre, pour cinquante
francs les cent kilogrammes.

On commence à teindre les mérinos avec l'é-
corce du quercitron, naturalisé en France par
un voyageur célèbre, M. Michaux.

Des résultats nouveaux et remarquables, surtout pour le rouge approchant de l'écarlate, pour l'aurore, pour les tons de chair et d'olive, sont obtenus par M. Gonfreville dans la teinture des fils de coton, et lui méritent la médaille d'or.

On commence à fabriquer des châles mérinos imprimés.

Rouen, depuis 1824, imprime les foulards tissés à l'imitation de l'Inde.

Mulhausen se fait remarquer surtout par son absence : blessée par la marche rétrograde du gouvernement de cette époque et par le spectacle sanguinaire des terribles exécutions ordonnées en Alsace, les Kœchlin, les Dolfus-Mieg, les J. Hofer, les Daniel Schlumberger, les Kohler et Mantz, les Blech, les Ziegler et Gleuter s'abstiennent de concourir.

L'art de travailler les peaux présente, en 1823, quelques innovations intéressantes.

M. Dufort, de Paris, fabrique un tissu factice propre à beaucoup d'usages secondaires, avec les déchets de cuir que rejettent les ateliers de corroyeurs, de bourreliers et de selliers; déchets qu'on brûlait pour s'en débarasser. Un emporte-pièce, ingénieusement composé, découpe en lanières très-déliées et très-égales les principaux déchets de cuir; ces lanières servent à former la chaine, la trame est en fil de chanvre très-fort. Un enduit particulier rend imperméable ce tissu.

Un prix proposé par la société d'encouragement fait établir en France la fabrication du cuir imité de Russie, avec son odeur aromatique.

On établit aussi la préparation des cuirs à l'imitation des procédés chinois.

MM. Gosse et Durand ont introduit dans notre mégisserie la préparation des peaux de loutre marine, très-employées pour des bonnets et des casquettes. Auparavant l'Angleterre possédait seule cette fabrication.

Il est des industries dont l'existence ne se révèle que par les expositions publiques : c'est ainsi qu'on apprend par celle de 1823, qu'à Poitiers on apprête annuellement de vingt à vingt-cinq mille peaux d'oie, préparées pour fourrures, et qui se vendent de 30 à 36 francs la douzaine.

C'est à John Vallier qu'on doit d'avoir introduit en France la fabrication des bretelles, des ceintures et des jarretières élastiques, qui donnent du travail à beaucoup d'individus des deux sexes : leur usage contribue à la santé, en laissant plus libre la circulation du sang.

L'exposition de 1823 signale des progrès remarquables dans les mécaniques propres à la fabrication des tissus.

Nous arrivons à la dernière exposition qu'ait signalée le progrès des arts, sous la restauration ; c'est celle de 1827 : elle est remarquable pour la riche production des laines superfines, mérinos et longues laines, fournies par des moutons naturalisés en France.

Le filage de la laine peignée, le plus difficile de tous, a continué de faire des progrès. Une magnifique filature de ce genre fut formée à Marcq-en-Barœuil, département du Nord, avec l'ensemble des procédés anglais.

Vingt et un départements concourent à l'exposition des draperies.

Les fabriques les plus avancées emploient la vapeur pour l'épuration des draps et pour leur décatissage.

Les consommateurs s'aperçoivent enfin, par une réduction dans les prix, des progrès depuis longtemps signalés dans la confection des draps. C'est surtout à Ternaux que le peuple doit ce bienfait.

On multiplie la fabrication des draps légers, moelleux et brillants, connus sous le nom de *zéphyrs* et d'*amazones*.

L'usage de la flanelle est devenu plus commun dès qu'on a su fabriquer en France les flanelles lisses, à la manière anglaise; flanelles dont la chaîne et la trame sont en laine cardée; le tissu plus léger, plus souple et plus moelleux; en est moins cher.

On a vu paraître des étoffes nouvelles et d'un brillant effet, les *popelines*, dont la chaîne est en soie, et la trame en laine longue et lustrée : d'autres nouveautés, les *circassiennes*, étoffes printanières, offrent une trame de laine cardée, avec une chaîne de coton.

Pour le tissu mérinos proprement dit, la chaîne en laine peignée et la trame en laine-cardée ont reçu du filage à la mécanique un perfectionnement très-sensible; la parfaite égalité des fils produits mécaniquement a fait disparaître des tissus les barres et les nuances qui résultaient des inégalités et des défauts du filage à la main. Cependant, en 1827, la chaîne en laine peignée était encore *presque partout* filée par ce procédé.

Dès cette époque, la fabrication des châles avait pris un si grand développement qu'on évaluait son produit annuel à 30 millions de francs.

A la même époque, on voit figurer les produits d'une nouvelle et superbe magnanerie fondée dans le département du Rhône : les vers à soie y sont alimentés par le produit de douze mille mûriers en arbres, et cinq mille en haies ou taillis. L'Allier, le Jura, le Bas-Rhin même, présentent aussi des plantations remarquables, que Seine-et-Oise a surpassées.

Le filage de la bourre de soie révèle de nouveaux progrès et pour la finesse et pour l'égalité des fils. On en fait des tissus sans mélange, les uns croisés comme le mérinos, les autre unis; tous remarquables par leur extrême finesse.

Lyon a présenté les plus admirables tissus de soie qu'elle eût encore produits; c'étaient deux portraits de Louis XVI et de Marie-Antoinette, égalant pour le fini la gravure en taille douce, avec le testament de ce prince et la lettre de la reine à madame Élisabeth. Les caractères des deux écrits étaient tissés avec tant d'art et de précision que l'envers offrait la même pureté de formes et de linéaments que les impressions renversées sur les caractères d'une planche d'imprimerie, et qu'ils égalaient la beauté d'une impression très-soignée. Le système de M. Maiziat pour accomplir ce chef-d'œuvre est simple; il est susceptible d'applications nombreuses qui produiront des effets nouveaux dans le tissage des soieries.

La fabrication des vêtements sacerdotaux et des ornements d'église a joui d'une faveur toujours croissante, sous le gouvernement de la restauration; en 1827, elle révèle plus de goût et non moins d'opulence qu'en 1823. Les ouvrages exécutés pour le sacre tout clérical de Charles X, en 1825, ont offert l'occasion de faire de nouveaux progrès dans cette fabrication.

M. Nicolas Schlumberger fonde, à Guebwiller en Alsace, la plus belle filature de coton fin que la France possède. Dès 1827, il se place au premier rang; il peut fournir à Tarare pour la fabrication des mousselines les plus délicates.

En 1823, on comptait seulement quatre fabriques de tulle de coton; à la fin de 1824, on en comptait quarante-trois dans les seuls départements de l'Aisne, du Nord, de l'Oise et du Pas-de-Calais; le nombre en est plus grand encore en 1827. Quatre ans de progrès suffisent pour que le prix du tulle quatre quarts s'abaisse de 65 pour cent, et pour que le prix du tulle six quarts, s'abaisse de 55 pour cent.

Grâce à ce bon marché progressif, l'usage du tulle, et les applications de la broderie à ce tissu, prennent une extention prodigieuse.

Les mousselines suisses sont désormais complétement imitées.

Les guingams tissus de couleur, en coton, à peine connus auparavant, deviennent rapidement en usage et remplacent en grande partie l'indienne. Rouen, Ribeauvillers, Saint-Quentin, Sainte-Marie aux mines adoptent cette nouvelle industrie, et surpassent les étrangers par la finesse des tissus, par le goût, la variété des dessins, et par l'éclat des couleurs.

En 1827, on fabrique de plus en plus les chapeaux de paille superfine, imitée d'Italie. Des tissus de soie les imitent également; des tissus de coton imitent les chapeaux en paille de riz.

Une grande partie du Rapport de 1834 montrera les progrès opérés depuis 1827. On jugera que l'industrie française, malgré les difficultés immenses qui l'ont assaillie durant cette période de sept années, n'a discontinué ni ses efforts, ni ses découvertes, ni ses applications.

Grâces à cent quarante millions de sujets ou vassaux britanniques, consommateurs plus ou moins obligés par le conquérant, un peuple, un seul peuple livre au commerce de l'univers une plus grande masse de produits des arts vestiaires, que notre industrie nationale. Considérée dans l'ensemble de ses arts, la France occupe le second rang pour la richesse des fabrications. Dans l'ordre des difficultés vaincues et des succès artistiques, ne craignons pas de le dire, la nation qui possède les fabriques de Paris, de Lyon, de Louviers, de Sédan, de Tarare, pour les jouissances du luxe; et celles d'Elbeuf, de Nîmes, de Mulhausen, de Rouen, de Bolbec, de Saint-Quentin, de Saint-Étienne, pour les besoins populaires; cette nation prise dans son ensemble, quant à la confection des produits vestiaires, marche presque l'égale de la première en industrie.

Cette égalité, si près d'être balancée, produit les efforts infinis des Anglais et de nos concitoyens; chez nous, pour atteindre au bas prix, à la finesse de leurs cotons; chez eux pour atteindre au bon goût, à la beauté de nos soieries. Dans cette marche parallèle, si l'un des deux peuples s'arrêtait un seul moment, il serait écrasé par l'autre. C'est leur supériorité respective qui condamne chacun d'eux à se surpasser lui-même, à chaque instant, pour n'être pas surpassé par l'autre.

IV. ARTS DOMICILIAIRES.

Sous le titre d'arts domiciliaires, nous comprendrons tous ceux dont le but est de construire la maison, *domus;* d'accommoder *le domicile* pour les besoins de l'homme, et de l'embellir pour ses plaisirs.

———

CONSTRUCTIONS DOMESTIQUES.

Les constructions domestiques se rapportent, comme leur nom l'indique, à l'habitation de l'homme, et se distinguent ainsi des constructions hydrauliques, militaires, navales, etc.

Ces constructions devant être appropriées aux facultés pécuniaires, aux usages, aux besoins des diverses classes de la société, présentent, à chaque époque, des différences très-remarquables.

Par le progrès naturel de la richesse et de l'industrie, les produits des arts domiciliaires qui convenaient aux classes les plus opulentes, sont graduellement mis à la portée des classes inférieures. Les jouissances de la vie se propagent de la sorte, en descendant des sommités de la société. Voilà ce qui généralise le bien-être d'un peuple.

A l'époque où nous remontons pour énumérer les progrès de l'industrie française, les constructions domestiques différaient extrêmement, dans leur ensemble, de ce qu'elles sont aujourd'hui.

Suivant l'ancienne maxime « point de terre sans seigneur » les terres, les possessions étaient, pour ainsi dire, groupées autour des manoirs seigneuriaux, qu'on désignait sous le nom de châteaux. Le plus grand nombre, comme leur nom l'indique, étaient des demeures fortifiées, où les conditions impérieuses de la défense avaient beaucoup diminué les commodités du logement. De vastes pièces, faiblement éclairées par d'étroites ouvertures ; des escaliers tournants, roides, incommodes, encaissés dans des tourelles élevées aux angles des édifices ; des fossés qui, dans les lieux bas, étaient remplis d'eaux généralement stagnantes, fétides en été, malsaines en tout temps : tels étaient les défauts de ces habitations.

Aussi depuis le xvi⁰ siècle, où la féodalité cessait d'être dans l'État une puissance militaire indépendante, les seigneurs opulents commencèrent à bâtir au milieu de leurs terres des châteaux qui n'avaient plus de militaire que le nom

quelques-uns d'après le goût élégant des constructions italiennes; le plus grand nombre dans
un genre français que Mansard, architecte de
Louis XIV, marqua de son type, avec ses toits
brisés ayant des fenêtres ouvertes dans la partie
inférieure, et qui portèrent son nom. On vit
dominer alors une architecture massive, dénuée
d'ornements, et dépouillée de ce beau luxe de
sculpture qui donnait tant de prix aux constructions de la renaissance des arts.

Cette architecture appauvrie, nue, lourde,
sans mouvement et sans génie, était aussi, vers
1784, celle de la plupart des hôtels bâtis dans
l'enceinte des villes : la pierre de taille dont étaient
revêtues leurs tristes façades, en faisait le principal ornement.

La plupart des hôtels, comme ceux du fau-
bourg Saint-Germain, bâtis au fond d'une cour,
étaient dérobés aux regards du public, par un
triste mur de clôture, sans autre décoration que
celle d'une porte massive, symbole expressif d'une
aristocratie qui s'isolait en se cachant au peuple.

Les habitations bourgeoises offraient encore,
dans un très-grand nombre de villes et dans plusieurs quartiers de Paris, l'ancien système français, des maisons ayant *leur pignon sur rue*, signe

du droit de bourgeoisie ; leurs toits présentaient par conséquent, au-dessus des façades, une suite de triangles verticaux et très-aigus, à côtés rectilignes ou brisés en escaliers. Les rues, étroites au ras du sol, l'étaient plus encore à la hauteur du premier ; parce que le plancher de cet étage faisait saillie sur la voie publique par un prolongement extérieur des solives. Dans un très-grand nombre de villes, les maisons étaient en bois avec remplissage de pierre, de brique ou de terre ; ancien système gaulois que César a parfaitement décrit. Les croisées, mesquines, étroites, à compartiments de pierre, avec panneaux à coulisses verticales, avaient de petits vitraux à losange, unis par des joints de plomb, comme les vitraux d'église. L'incommodité des distributions intérieures répondait parfaitement à cette barbare architecture, que l'on retrouve encore dans plusieurs de nos villes du Nord.

Mais, en beaucoup d'autres villes et surtout à Paris, les quartiers nouveaux, et dans les anciens quartiers les nouvelles maisons bourgeoises étaient construites avec plus d'égards pour le bienêtre et la commodité des habitants. Les pignons avaient disparu du côté de la voie publique, ce qui permettait à la lumière de descendre plus bas sur cette même voie. Les ouvertures étaient plus spacieuses; les fenêtres s'ouvraient à deux battants : elles avaient des vitraux déjà larges comme deux fois la main, luxe considérable alors. On ne s'occupait pas moins d'orner les intérieurs.

Les habitations des classes les moins aisées, celles des paysans, offraient un aspect déplorable : presque toutes étaient couvertes en paille, insuffisamment éclairées par un croisillon que fermait un contrevent en plein bois, sans vitrage. C'était par la porte, tout à fait ouverte en été, et seulement par sa moitié d'en haut en hiver, que la lumière pénétrait dans une chaumière sans carrelage et sans pavé, n'ayant d'autres meubles que le bahut pour le linge, la may pour le pain, une table grossière avec des bancs pour siéges, et des pierres pour chenets.

La révolution française a produit des changements immenses dans toute cette architecture. Les châteaux fortifiés, ou seulement à simulacres de fortifications, ont presque tous disparu. Les acquéreurs de biens nationaux et surtout les bandes noires les ont démolis pour en vendre les matériaux. Des maisons beaucoup plus modestes en ont pris la place : le nivellement des conditions a produit celui de l'architecture.

Les couvents offraient aux spéculateurs de tout

autres ressources que les châteaux. Nos monastères étaient bâtis d'après les traditions de l'Orient et de l'Italie, sur des plans réguliers et grandioses, en des sites choisis avec un tact admirable, presque toujours à portée des plus belles eaux; ils présentaient à l'industrie les constructions les plus propres pour établir de grandes manufactures, des haras, des écoles, des conservatoires d'arts et métiers.

Quant aux couvents érigés comme des hermitages, sur des hauteurs d'un accès difficile, ils ont eu le sort des châteaux : ils sont démolis.

Aussi de tout les pays de l'Europe, la France est aujourd'hui celui dont les campagnes offrent le moins de ces monuments d'un autre âge, qui parlent aux imaginations. L'ami des beaux-arts s'afflige de n'y retrouver presque nulle part ces constructions impérissables, qui mettent en présence des générations séparées par des siècles, et plus séparées encore par la mutation des mœurs.

Aujourd'hui les habitations des grands propriétaires et des grands industriels, c'est la noblesse de l'époque, ne s'annoncent plus par des pont-levis, des fossés et des machecoulis; mais par une architecture simple et régulière, dont les proportions constituent l'élégance et dont l'étendue n'a rien d'exagéré. Des fenêtres spacieuses transmettent avec abondance une lumière dont l'architecte français cesse à la fin d'être avare. Le choix des matériaux, leur taille soignée, leur appareillage précis, voilà ce qui révèle l'opulence des possesseurs.

La petite propriété profite de ces progrès qu'elle suit de loin. Le goût est la richesse gratuite d'un peuple civilisé; il peut embellir l'habitation la plus modeste. Des ouvertures également espacées, également hautes, également larges, et bien proportionnées, ne coûtent rien de plus que l'inégalité si bizarre de nos vieilles constructions où rien n'est pareil, ni symétrique, ni rectiligne, ni régulier; le bon marché des vitrages permet de les avoir moins exigus; on remplace le contrevent opaque et mal commode par la persienne, plus légère et plus élégante; on place dans l'intérieur l'escalier, que jadis on construisait si souvent au dehors, et qui figurait sur la façade villageoise comme l'oblique galon sur les manches du sergent. Au lieu d'enterrer le rez-de-chaussée, ce qui le rendait obscur, humide et malsain, on l'exhausse; en un mot, sans accroître la dépense, on assainit, on éclaire, on embellit les moindres habitations. Le paysan même est entraîné par ce progrès : il a fini par concevoir l'utilité d'une fenêtre et d'un vitrage si longtemps remplacé, même dans les villes chez les artisans, comme un progrès notable, par l'humble papier huilé. Dans beaucoup de localités, le paysan s'accoutume à couvrir en tuiles son habitation, surtout dans les départements où les conseils généraux en ont fait l'objet d'une prime; il commence à carreler ou du moins à paver sa chambre; l'escabeau fait place à la chaise; l'armoire en noyer n'est plus l'unique meuble du fermier : le laboureur petit propriétaire a conquis ce luxe; il conçoit l'utilité, le comfort d'une alcove, et beaucoup d'autres améliorations, dont nous parlerons bientôt.

Lorsque le sol de la France était couvert de forêts séculaires, le bois était le moins dispendieux des matériaux employés aux constructions; de là ces charpentes massives et ces toits d'une excessive hauteur, qui semblaient écraser nos anciens édifices. Aujourd'hui les bois de fortes dimensions sont rares et chers; il faut chercher à s'en passer. L'étude de la force des matériaux a fait connaître qu'on peut obtenir un degré de résistance beaucoup plus considérable en taillant les bois à largeurs inégales au lieu de les équarrir, et les faisant résister dans le sens de leur plus grande largeur. On a construit des toits moins élevés et plus légers; en même temps les planchers n'ont plus été déformés par ces énormes poutres qui diminuent d'aspect et de réalité l'élévation des étages : élévation qu'on a déjà trop réduite.

Depuis environ quinze années on commence à remplacer, pour une foule d'usages dans les ouvrages de charpente, le bois par le fer, afin de résister aux tensions, et par la fonte de fer, afin de résister aux pressions.

Le cuivre et le zinc entrent pareillement en proportion toujours croissante dans la construction et dans les intérieurs de nos édifices.

______

INTÉRIEURS.

La vanité seule est flattée par la magnificence du dehors des édifices; le bien-être, le confort de l'existence résultent d'un intérieur qui satisfait commodément à tous les besoins de la vie domestique.

Sous ce point de vue la forme même du gouvernement, par l'influence qu'elle exerce sur les mœurs, en exerce une autre très-sentie sur les arts domestiques. Au sein des états où l'aristocratie est toute puissante, elle apprécie l'importance d'annoncer de loin son pouvoir et de l'étaler à tous les yeux par des dehors imposants. De là ces palais superbes de Gênes, de Milan, de Florence et de Venise, bâtis par l'opulence des nobles de ces cités, dans les temps mêmes où les habitants de ces vastes et magnifiques solitudes ne savaient ou ne daignaient pas les embellir, ni les rendre commodes pour leurs orgueilleuses familles.

A mesure que la civilisation fait des progrès, elle diminue l'inégalité sociale parmi les hommes, en même temps que l'excessive inégalité des fortunes ; chacun désespère d'écraser les autres par la somptuosité des apparences, lesquelles d'ailleurs perdent de plus en plus l'excès de leurs prestiges. C'est alors que l'homme obéit au désir de concentrer dans le sein de sa famille les jouissances de la vie : c'est alors qu'il appelle à l'embellissement de son intérieur tous les arts utiles pour satisfaire à des besoins matériels, et même les beaux-arts pour satisfaire aux besoins réunis des sens et de l'intelligence.

Depuis un demi-siècle nous avons fait des progrès remarquables vers ce changement heureux dans l'ordre des dépenses domestiques. Nous ne voulons plus d'habitations immenses ; elles seraient

d'un trop coûteux entretien: leurs vastes appartements, difficiles à maintenir dans une propreté parfaite, seraient trop ruineux à meubler avec goût
et recherche, à bien éclairer, à bien chauffer, etc.

Nous savons nous contenter d'une habitation
moins spacieuse. Mais aujourd'hui, surtout à Paris, grâces au génie des architectes, l'art tire le
parti le plus habile d'un espace limité; il distribue les intérieurs proportionnellement à l'importance, à l'étendue qu'exige l'usage de chaque
pièce; il sait en coordonner le rapprochement
et la disposition de telle sorte que le service
soit fait avec promptitude et commodité.

Cependant l'avarice des propriétaires de maisons à loyer tombe dans un autre excès : elle
semble avoir pour but de resserrer les infórtunés
locataires dans un espace dont l'infiniment petit
soit la limite idéale.

Il faut voir, maintenant, tout ce que peut une
industrie perfectionnée pour embellir l'intérieur
de ces logements, où l'on tire de l'espace un parti
si savant et si lucratif.

La serrurerie et la menuiserie proprement dite
sont appelées à clore les édifices, à les parqueter,
à les planchéier, à les revêtir de lambris.

Jadis la serrurerie était inconnue dans les habitations du paysan. Chez lui comme chez la mère Grand du Petit Chaperon rouge, pour ouvrir la porte d'entrée, on pouvait dire : « Tirez la chevil- « lette et la bobinette choira. » Le paysan de nos jours apprend à clore avec plus d'efficacité, par des fermetures en fer, et sa porte et sa fenêtre.

Autrefois, dans les maisons bourgeoises, les fenêtres à deux battants étaient fermées par un levier en bois vertical et tournant sur son milieu; l'espagnolette l'a remplacé presque partout : elle vient d'être perfectionnée.

Les serrures ordinaires avaient jadis le défaut d'être peu solides et sans précision; on a beaucoup amélioré leur travail et leur mécanisme; comme on les confectionne en fabrique, on fait mieux quoi-qu'à plus bas prix. Il faut en dire autant de tous les ouvrages de serrurerie et de quincaillerie qu'exige la construction des édifices.

On a porté très-haut la recherche et le fini de la serrurerie de luxe et de précision pour les palais, pour les monuments, pour les fermetures de sûreté, telles que celles des coffres-forts, des lieux réser-vés, etc. Les combinaisons de Bramah rendent à peu près impossible d'ouvrir sans les forcer même de simples cadenas.

Pour former d'autres ornements d'intérieur, on

étire les métaux, on plie les feuilles de tôle ou de cuivre en cylindres, en moulures de toute espèce. On fait en métal des meubles, des sièges, des bois de lits, etc.

Depuis très-peu de temps on fabrique avec succès, en fonte de fer, non-seulement des balcons a grillages et des balustrades pour les extérieurs, mais des escaliers même, et beaucoup d'autres parties des édifices. Le moulage permet d'obtenir les formes les plus élégantes. Lorsqu'il s'agit d'objets d'une vente habituelle, la dépense du dessin et des modèles se répartit insensiblement sur le prix de chaque objet. Ainsi la sculpture, bannie par l'excès de la dépense qu'occasionnait le travail manuel d'un artiste, revient orner nos monuments par les multiplications ingénieuses de l'industrie. On reproduit aujourd'hui les décorations par le moulage, comme les écritures par l'imprimerie, avec les mêmes avantages d'économie et de perfection. Cependant on est encore loin du bon marché que nous sommes en droit d'exiger.

Le même reproche ne peut pas atteindre les nombreux objets moulés auxquels on donne aujourd'hui les formes les plus riches et les plus élégantes ; on moule en stuc, en mastic, en carton-pierre, des corniches, des frises, des chapiteaux, des statues même, qu'on livre aux prix les plus modérés.

Le bel art de la mosaïque, inventé par les Grecs et pratiqué depuis chez les Italiens, a pris rang parmi les industries françaises. Napoléon, pour la naturaliser chez nous, fit établir un atelier que dirigeait Belloni : cet artiste formait de jeunes aveugles à pratiquer cette industrie, qui par là devenait encore plus intéressante.

La menuiserie commune a prodigieusement étendu ses usages, à mesure que les paysans et les artisans ont connu le besoin de meubles moins grossiers que des tables et des blocs façonnés avec la hache plutôt qu'avec le rabot.

Pour des produits plus recherchés, les planches avec leurs rainures et leurs languettes, les moulures ainsi que le sciage des bois qu'elles exigent, et les feuilles de placage les plus délicates, sont aujourd'hui travaillées à la mécanique par des mouvements continus, ingénieux, précis, rapides et dès lors économiques. C'est par là qu'on balance dans les villes l'avantage d'une foule de décorations et de meubles exécutés fréquemment en fer, en acier, en cuivre, en zinc, au lieu de l'être en bois.

La menuiserie, attaquée d'un côté par la concurrence inévitable de la métallurgie, étend de l'autre ses conquêtes ; elle s'applique à fabriquer les plus beaux meubles avec des bois indigènes. Le noyer, le frêne, l'orme noueux, le chêne, le sapin, l'érable, travaillés avec soin, polis avec un art nouveau, peints avec de riches couleurs ou simplement revêtus d'un vernis pur et transparent, soutiennent le parallèle avec les plus beaux bois du Nouveau-Monde. C'est surtout depuis le commencement du XIXe siècle que cette industrie, vraiment nationale, a présenté de beaux résultats : Napoléon fut le premier à l'encourager ; il le fit avec sa grandeur accoutumée.

L'ébénisterie ne travaille plus seulement pour l'opulence ; la moyenne propriété peut avoir aujourd'hui des meubles d'acajou, si mieux elle n'aime des meubles en bois français, lorsqu'ils ne sont pas trop coûteux. C'est pour elle surtout qu'est précieuse l'industrie des meubles en bois peints.

On a varié de mille manières les tables, les bureaux, les pupitres, pour tous les genres de travail. On n'a pas moins varié la forme et la construction des siéges, depuis la simple chaise garnie de paille commune jusqu'au somptueux divan, jusqu'au fauteuil du sybarite.

On exécute, à présent, des meubles dont nos pères n'avaient pas même l'idée.

L'ébénisterie prépare des consoles, des tablettes de toutes les formes, qui soutiennent un réservoir métallique, pour contenir une terre où croîtront des fleurs, des arbrisseaux même, dont on orne, durant l'hiver, les appartements somptueux. Dans une proportion plus simple, la modeste jardinière, en forme de panier ou de corbeille, peut parer encore avec élégance les appartements de la moyenne propriété.

Des arts qui semblaient oubliés depuis le xvi° ou le xvii° siècle reprennent aujourd'hui faveur.

Le luxe demande pour ses meubles des incrustations variées de bois sur bois, de métal sur bois ou de métal sur métal. Il en résulte des ouvrages où peut briller la délicatesse du travail et la pureté d'un dessin délicat.

Depuis le commencement de la révolution française, deux changements ont signalé les caprices de la mode à l'égard du système entier des ameublements.

En 1789, on avait encore les ameublements du siècle de Louis XV : ils furent usés et surtout brisés par la Terreur. Ces meubles se faisaient remarquer par leurs formes contournées, fatiguées, et par leurs ornements bizarres, comme les toilettes de cette époque réprouvée par le génie des beaux-arts.

Mais dès les premières années de la période dont nous esquissons l'histoire, le célèbre Vien ramenait la peinture vers une meilleure école, et son élève David, grand artiste, et surtout grand chef d'école, préparait le retour du bon goût.

La république française eut cela de singulier, qu'elle aspira surtout à se montrer copiste de Rome et d'Athènes, au lieu d'aspirer à se rendre nationale, pour pénétrer dans nos mœurs. Par le même système qui faisait donner aux citoyens des noms grecs ou romains pour remplacer les dénominations baptismales, on voulut que les épouses de Cassius et de Brutus, d'Aristide et de Thémistocle s'habillassent en Aspasie, et se coiffassent à la Titus. On essaya pour les élèves de Mars le costume du soldat romain ; il fallut des ameublements de l'antique Latium ou de la Grèce pour les citoyens Caton, Cincinnatus et Phocion. On essaya donc d'imiter les formes des ameublements et des intérieurs d'Herculanum et de Pompeïa, pour exécuter ce qu'indiquait l'enseigne naïve d'un ébéniste de Paris : *Ici l'on fait des meubles antiques, dans le goût le plus moderne.*

Sous le consulat et sous l'empire, on rejeta la plupart des exagérations de l'époque précédente. le luxe demandait une élégance nouvelle pour la génération victorieuse et fière qui voulait que ses meubles même portassent le cachet de ses trophées et de sa grandeur.

C'est alors que MM. Fontaine et Percier exécutèrent ces belles décorations d'intérieur et ces plans d'ameublement qu'un goût bizarre a pu remplacer, mais qu'il ne peut faire oublier.

Sous la restauration, de grands écrivains et de grands artistes conspirèrent en quelque sorte à nous rendre le culte et l'admiration du moyen âge. Laissant dans l'ombre les classes pauvres et foulées aux pieds en ces temps où la masse des habitants était misérable et barbare, ils nous peignaient exclusivement un peuple poli de dames et de chevaliers, de châtelains et de prélats; ils décrivaient les appartements des seigneurs, à proportions grandioses, parés de meubles gothiques, dépeints et dessinés aussi d'après leur fantaisie *dans le goût le plus moderne.* Pendant quinze ans, les imaginations furent frappées par la magie de ces tableaux séducteurs : ils ont fait école pour l'ornement des habitations les moins féodales. Tout à coup on s'est pris d'enthousiasme

pour des ameublements à formes étranges : on les
a tirés des vieux châteaux, des antiques garde-
meubles et des dépôts de friperie, afin d'en parer
des salons modernes pour tout le reste. Avec un
lit du XVIe siècle, des siéges du XVe, des armoires
du XIVe, l'on croit faire du moyen âge ; l'on croit
nous rendre contemporains d'une époque dispa-
rue, et l'on nous offre un mélange confus et sans
discernement. Voilà le goût d'aujourd'hui.

Que le possesseur d'un manoir antique et véné-
rable en conserve, en restaure habilement la gothique architecture ; qu'il y garde avec soin, je
dirais presque avec coquetterie, un mobilier ac-
commodé jadis aux usages des nobles habitants :
là, tout est souvenir historique ; là, tout respire la
vérité locale, l'ensemble plaît à l'imagination, et
satisfait la raison même.

Mais dans un édifice où les formes générales
de l'architecture sont en désaccord avec ces ameublements, qu'on fasse le châtelain sans château, le
féodal sans seigneurie, le gothique en maison bour-
geoise, on ne conçoit rien d'aussi bizarre et d'aussi
ridicule, si ce n'est d'unir dans sa toilette la barbe
pointue d'Henri III au gilet carré de Robespierre,
et l'habit-guêpe de la Ligue au pantalon d'un
dandy : le tout pour être moyen âge ! Hâtons-

nous de passer à des innovations plus heureuses.

Il n'y a pas un demi-siècle, les palais, les grands châteaux et les plus riches hôtels avaient seuls des tissus de haute lisse pour tentures et pour tapis de pied. Les habitations ensuite les plus somptueuses avaient des lambris et des parquets en bois. Pour les logements de la moyenne propriété, le simple et froid carrelage tenait lieu du parquet; seulement, dans les maisons aisées, on appliquait une couleur d'ocre rouge sur les car-
reaux, qu'on cirait chaque matin. Voilà tout le luxe qu'offrait cette partie des intérieurs.

La cherté croissante des bois et de la main-
d'œuvre a rendu l'usage des parquets de plus en plus dispendieux; d'un autre côté, la confection des tapis a fait des progrès si remarquables, qu'elle a mis à la portée de fortunes très-modestes un des usages les plus élégants et les plus con-
fortables de la vie privée.

Pendant la révolution, la fabrique des tapis d'Aubusson, destinée pour les usages des simples particuliers, avait discontinué ses travaux; ils ont été repris bientôt après. Dès l'exposition de l'an IX, on voit M. Rogier recevoir une récompense du second ordre pour avoir remis en activité la fabrication des tapis d'Aubusson.

Dès l'année suivante, M. Sallandrouze, qui fut l'associé de M. Rogier, obtient la même récompense pour les perfectionnements qu'il apporte à cette industrie.

Il est très-remarquable que, même en 1806, la fabrique de Tournay, ville comprise alors dans l'Empire français, obtenait la médaille d'or, et l'emportait sur nos établissements d'Aubusson.

A l'expiration de la guerre générale, les Français qui visitèrent la Grande-Bretagne ne purent s'empêcher de remarquer et d'apprécier la commodité, l'agrément, la chaleur en hiver des appartements dont le plancher était couvert d'un tapis substantiel et moelleux au toucher. Ils furent également frappés du bas prix auquel l'industrie britannique était parvenue à livrer ces tapis. Nos artistes se sont efforcés d'en imiter la fabrication, pour les mettre à la portée des moyennes fortunes.

Dès 1819, le jury central de l'exposition apercevait ces efforts; il en signalait l'importance! Il n'accordait que la médaille d'argent à la grande fabrique d'Aubusson, qui pourtant se plaçait au premier rang à l'égard des tapis de luxe : il réservait pour une exposition future la récompense du premier ordre, en invitant les manufacturiers qui désiraient cet honneur à simplifier leur main-d'œuvre, à faire plus rapidement et plus écono-miquement des décorations qu'avouât le goût, afin de satisfaire une plus grande partie de la société.

Cet appel n'a pas été vain. Dès 1823, les efforts étaient visibles, et les succès remarquables; le nombre des fabricants de tapis destinés à l'usage de la moyenne propriété s'était beaucoup accru; les prix étaient abaissés.

Alors, MM. Roze-Abraham frères, de Tours, exposaient des tapis *haute-laine* fabriqués à l'imitation des tapis anglais : ils obtenaient pour ce produit la médaille de bronze. M. Armonville obtenait la même distinction pour ses tapis à bas prix, fabriqués avec des déchets de châles.

Alors, encore, MM. Brunet frères exposaient des tapis et des couvertures faits en poil de bœuf, à dessins agréables, et d'un effet satisfaisant.

A la même époque, un grand pas est fait par MM. Chenavard pour confectionner en France les divers genres de tapis économiques inventés par les Anglais. Ils obtiennent la médaille d'or offerte dès 1819, en produisant : des tapisseries et des tentures en feutre, décorées par des ornements de soie et de laine, offrant l'aspect de riches broderies : ils établissent ces tissus à raison de quatre francs le mètre carré ; d'autres tapis et tentures de feutre verni sont mis à l'abri de l'humidité par un enduit bitumineux, peuvent recevoir des ornements très-agréables, et servir pour les salles de bains, les salles à manger, etc.; des tapis plus économiques encore, faits en toile vernie, suivant l'usage d'Angleterre ; des tapis de table, du même genre que ceux qu'on vient d'énumérer, mais plus finis, d'un dessin plus délicat, d'un vernis plus souple, etc. On doit encore à MM. Chenavard, pour les classes peu riches, des tapis en poil de vache, au prix de 3 fr. à 5 fr. 50 c. le mètre carré ; enfin, pour les classes opulentes, des tapis en velours, très-épais, très-moelleux et d'un goût élégant.

On s'est occupé beaucoup de fabriquer des tapis de pied pour devants de lit, de foyer, de fauteuils, de chaises, etc., afin de satisfaire les personnes qui ne pourraient pas acheter des tapis qui couvrissent tout un appartement.

En 1827, MM. Jobert Lucas et Louis Ternaux ont obtenu la médaille d'argent pour des tapis à points noués et des moquettes. Les tapis à points noués étaient alors une fabrication nouvelle ; la moquette est ancienne, quant aux procédés de filage, mais rajeunie par le goût et la variété des dessins et des couleurs.

RÉCOMPENSES ACCORDÉES AUX FABRICANTS DE TAPIS ET DE TAPISSERIES.

ANNÉES.	MÉDAILLES d'or.	MÉDAILLES d'argent.	MÉDAILLES de bronze.	MENTIONS honorables	TOTAUX.
1819........	"	2	2	"	4
1823........	1	2	9	4	16
1827........	"	7	6	4	17
1834........	2	8	11	11	32

On fabrique aujourd'hui des tapis de fourrure, à nuances variées, comme une marqueterie. On prépare, pour les devants de lits, de bureaux et de canapés, des peaux de lion, de tigre, de léopard, ou d'animaux européens, l'ours, le renard, etc.

Après le luxe des tapis vient immédiatement celui des tentures qui servent à décorer les parois des appartements.

En 1784, on trouvait encore, dans beaucoup de riches maisons, des tapisseries de laine à personnages grossièrement représentés : ces tapisseries, très-sombres en général, n'avaient qu'un avantage, celui de conserver en hiver la chaleur des appartements : avantage précieux surtout à l'époque où l'on ignorait l'art de bien chauffer les intérieurs.

On a généralement abandonné ce genre de tentures dans les simples maisons des particuliers. On réserve pour les palais et pour les temples des tentures de haute lisse, telles qu'on en fabrique aux *Gobelins* : admirable manufacture, où Berthollet, nommé commissaire des teintures avant 1789, prépara l'ouvrage si remarquable qui soumit à la chimie cette importante partie des arts industriels. Chaptal restaura, sous le consulat, les Gobelins tombés en décadence pendant la révolution.

Dans ces derniers temps on a fait des tissus fort élégants pour tentures des appartements : ce sont les tissus de laine lustrée, à fonds unis, moirés ou damassés ; elles ont de l'éclat et sont économiques.

Les tentures dont les riches particuliers et les souverains font usage sont les tentures de soie, unie, brochée, ou mélangée d'or et d'argent.

Cette magnifique industrie avait été complétement anéantie par la révolution ; elle se releva bientôt après, grâces aux encouragements du premier consul, l'immortel bienfaiteur de Lyon.

Sous la restauration, une liste civile magnifiquement dotée, le haut clergé dans l'opulence et les églises comblées de dons offrirent des travaux considérables aux fabriques de soierie et de brocart, pour les tentures des édifices royaux ou religieux.

Des tentures en soierie, moins somptueuses et pourtant riches encore, concoururent à l'ornement des hôtels de la grande propriété : la moire, le damas, le lampas, le satin, les tissus brochés servirent pour les tentures, les rideaux et les meubles de la société la plus élégante.

La perfection de l'art de la teinture, pour les étoffes en soie, permit d'obtenir avec une égalité parfaite, des couleurs vives ou tendres dans tout leur éclat ou leur douceur, depuis le bleu lapis jusqu'au bleu de ciel, depuis l'écarlate et le pourpre jusqu'au rose le plus délicat. En même temps l'art du dessin et celui du tissage rivalisaient d'efforts pour embellir les tentures avec des sujets d'un goût pur et d'une exécution délicieuse...

Tels sont les progrès d'un genre d'industrie qu'on regardait comme ayant atteint le plus haut degré de perfection avant la révolution française.

Si les tentures en soie conviennent à l'opulence, les tentures en coton conviennent à la moyenne propriété.

C'est de l'Inde que nous est venu l'usage des tissus de coton; non-seulement pour les habits propres aux deux sexes, mais pour tapisser les appartements, et couvrir les meubles.

La fabrication de ces tentures a commencé d'exister en France quelque temps avant l'époque dont nous étudions les progrès.

On doit à M. Oberkamff d'avoir établi les premières fabriques de toiles peintes : celles de Jouy. Il obtint la médaille d'or en 1806; alors l'Alsace était encore au second rang.

Quelques années après Jouy, s'est développée la puissante fabrique de Mulhausen.

On imprime aujourd'hui, sur les toiles de coton, les dessins les plus riches, les plus variés, les plus délicats; on combine jusqu'à trois et quatre couleurs, offrant des nuances diversifiées avec finesse.

L'exportation des toiles peintes est devenue pour la France l'objet d'un commerce considérable. La totalité des cotons peints ou non, que nous vendons à l'étranger, surpasse actuellement cinquante-trois millions par année.

Ces tissus ont l'avantage de servir pour les tentures, pour les rideaux, les draperies, les divans, les fauteuils, etc. Les tissus blancs, les mousselines unies ou brodées servent aussi de rideaux

et de tentures élégantes, pour les lits, les boudoirs, etc.

Un beau luxe consiste à draper devant les
mêmes fenêtres, d'un côté le rideau de mousseline, simple ou brodé, de l'autre le rideau de
soie. On emploie quelquefois, pour draper la
même ouverture avec encore plus de richesse,
deux rideaux de soie à franges d'or, et deux rideaux en mousseline, bordés de larges dentelles.
Des draperies somptueuses servent de portières,
dans les intérieurs les plus soignés.

Une application charmante de l'impression, sur
les tissus de coton et de soie, est celle des stores
transparents. En 1827, MM. Atramblé, Briot et
compagnie, successeurs de M. Chenavard pour la
fabrication des tapisseries et des tapis cirés, ont
fait voir des stores transparents qui représentaient
des vitraux gothiques et des paysages ; l'exposition
de 1834 a signalé des progrès remarquables, au
delà de ce premier essai.

Un autre genre de tenture a reçu, depuis la
révolution, les perfectionnements les plus marqués : c'est celui des *papiers peints.*

On a tellement varié les genres de papiers
peints, qu'on peut s'en servir pour orner avec magnificence de très-beaux appartements et pour

décorer avec agrément, à très-peu de frais, les habitations les plus modestes.

On a trouvé le secret de donner au papier l'aspect même des étoffes qui séduisent le plus la vue; le moelleux du tissu de laine, le mat brillant du coton, le velouté, le satiné, le moiré de la soie, la délicatesse et la légèreté de la broderie. Au lieu de papiers tendus simplement en surfaces lisses et planes, on les drape en plis harmonieux, qui complètent l'illusion des tissus imités.

Par un autre genre de luxe, on dore, on argente les papiers; on reproduit ainsi des ornements arabesques ou d'autres genres pour de riches appartements. Ces décorations s'allient bien avec les belles imitations sur papier peint, des ornements d'architecture, en pilastres, en corniches; elles vont jusqu'à produire l'illusion du relief.

La peinture sur papier, pour représenter les paysages, les scènes familières et les sujets historiques, s'est également perfectionnée.

La chimie a puissamment secondé l'art d'imprimer sur le papier, en préparant de nouvelles couleurs qui réunissent l'éclat à la fixité, en perfectionnant les procédés de l'impression; les traits, les teintes, les nuances sont reproduits avec délicatesse et pureté par les fabricants les plus habiles.

On est surpris en voyant à quel degré de bon marché l'on peut obtenir des papiers peints pour l'usage des classes les moins aisées.

CHAUFFAGE.

Déjà nous avons indiqué tous les progrès de l'industrie qui s'applique à conserver la chaleur des appartements par des parois que recouvrent des lambris, ou des tentures, ou des tissus peu conducteurs de la chaleur. Il faut maintenant décrire les perfectionnements du chauffage même, et ceux de l'éclairage des appartements.

Les anciennes cheminées étaient immenses de hauteur et de profondeur; elles formaient, pour ainsi dire, au milieu des vastes salles un petit cabinet, où, dans l'hiver, on se mettait des deux côtés sous le manteau de la cheminée.

On jetait des arbres entiers dans le foyer; la consommation du combustible était excessive, mais sans inconvénient trop grave, lorsque la majeure partie du sol était couverte de forêts.

Les défrichements progressifs et la multiplication des familles ont obligé d'économiser propoŕtionnellement la dépense du chauffage. Il a fallu par degrés rétrécir les cheminées et les rendre moins profondes; ce qui d'ailleurs avait peu d'inconvénients avec des appartements auxquels ou donnait aussi de moindres dimensions.

En continuant toujours en ce sens, on est parvenu, dans les villes et surtout à Paris, à construire des cheminées dont le fond n'a pas de largeur un demi-mètre; des parois verticales, qui s'écartent l'une de l'autre en avançant vers le milieu de la chambre, permettent à la chaleur rayonnante de se propager de manière à remplir directement une grande partie de l'appartement; ces parois en matières polies; souvent en faïence à couverte blanche et brillante, d'autres fois en fer ou en cuivre polis, réfléchissent encore la lumière et la chaleur qui frappent sur leur surface. L'orifice réservé pour l'issue de la fumée est réduit aux moindres dimensions afin que le tirage de l'air soit plus actif et la perte de la chaleur moindre par cet endroit.

On a poussé plus loin l'économie. On a construit des foyers à tiroir qui peuvent se mouvoir horizontalement dans une coulisse, pour présenter leur foyer tout à fait dans l'appartement et donner, à peu de chose près, autant de chaleur qu'un poêle, sans nous priver du plaisir que procure la vue de la flamme.

Pour accélérer le tirage du feu, l'on a conçu les ventouses qui prennent l'air du dehors, et l'apportent au foyer qu'elles alimentent sans consommer l'air échauffé de la chambre.

Il y a des foyers où le combustible pose sur des tuyaux de chaleur par lesquels circule un courant d'air échauffé, qui débouche dans l'appartement même ou dans une pièce contigue.

On a cherché le moyen de condenser en quelque sorte la flamme produite par la combustion ordinaire, de manière à la rendre assez vive pour suffire à l'éclairage d'un appartement, d'un vestibule ou d'un escalier : tel est le principe du thermolampe, invention remarquable de M. Lebon qui, dès l'exposition de l'an IX, reçut la médaille d'or.

Lebon pratiquait à sa manière l'éclairage obtenu par la combustion du gaz hydrogène carboné, éclairage employé plus tard sur la voie publique, et dont nous parlerons bientôt.

Par un système opposé, l'on a cherché le moyen d'échauffer les appartements en dérobant à la vue la flamme, le foyer et la fumée : c'est à quoi l'on est parvenu par l'emploi des *calorifères*, mot qui veut dire porte-chaleur.

Dans la partie inférieure de l'édifice on construit un fourneau qui contient des tuyaux de fer, recevant d'un côté de l'air ordinaire. Cet air en s'échauffant tend à s'élever; il monte dans des tuyaux artistement dirigés vers tous les points où l'on veut porter la chaleur; des tiroirs mobiles ouvrent et ferment à volonté la bouche de ces tuyaux, afin d'introduire ou d'intercepter la chaleur.

En employant le même système, mais en faisant passer dans les tuyaux, de la vapeur d'eau dont la température soit élevée suffisamment, on obtient un chauffage qui n'est pas desséchant comme celui de l'air seul.

L'usage des calorifères est d'un extrême avantage pour chauffer les grands édifices, les palais, les ministères, les salles de spectacle, les amphithéâtres, etc.

Les calorifères sont encore très-utilement employés à maintenir une température déterminée dans les serres chaudes propres à la végétation des plantes méridionales, ou destinées à produire, dans la saison froide, les fruits que la nature n'amène à la maturité que dans les saisons chaudes et tempérées.

On a reconnu l'avantage de chauffer, non pas avec de l'air ou de la vapeur d'eau, mais avec l'eau même échauffée par un fourneau et conduite par un tuyau développé dans toute la longueur de la serre. On concentre de la sorte une beaucoup plus grande quantité de chaleur, et la serre mettrait bien plus de temps à se refroidir si, par accident ou par négligence, le feu n'était plus entretenu, même pendant toute une nuit.

Le chauffage des serres chaudes se combinant avec celui des appartements permet de les unir en quelque sorte avec les salons de compagnie, comme des vestibules où sont établis en hiver tous les trésors du printemps et de l'été. On peut citer, comme un des plus brillants exemples de ce luxe ingénieux, l'hôtel de l'ambassadeur d'Angleterre, à Paris. Trois ailes d'équerre enclavant un jardin, offrent au rez de chaussée un portique claustral, à trois côtés de même étendue, et complétement vitré. Ce triple portique, échauffé par le calorifère de l'hôtel, communique aux appartements par des portes ouvertes sur les salles de réception, de bal et de festin; tandis que le parterre, de trois côtés entouré par les portiques

et pareillement éclairé lors des grandes fêtes,
montre à travers les vitrages, un gazon toujours
frais et des arbres toujours verts.

ÉCLAIRAGE.

Jusqu'à la fin du siècle dernier le seul éclairage
qui n'offensât point les sens par une odeur nauséabonde et qui n'enfumât point les appartements
était celui de la bougie; mais son prix élevé
n'était à la portée que des classes les plus riches.
La science vint au secours des moindres fortunes
en rendant la combustion de l'huile et du suif,
convenablement préparés, aussi parfaite que celle
de la bougie.

La chimie pneumatique, en faisant connaitre
la composition de l'air et de l'eau, et la nature
synthétique de la combustion, devait avancer les
découvertes les plus utiles aux arts domiciliaires.

Le gaz hydrogène est éminemment combustible lorsqu'on le met en contact, soit avec l'oxygène, soit simplement avec l'air atmosphérique,
et qu'on dirige une flamme au point de ce contact; alors il produit la lumière la plus pure et la
plus éclatante.

L'huile est un composé dans lequel dominent l'hydrogène et le carbone; lorsqu'elle brûle, le gaz hydrogène produit la flamme en absorbant les $\frac{11}{11}$ de son poids d'oxygène atmosphérique. Le carbone se brûle en partie, mais, moins rapidement combustible que l'oxygène lorsque la combustion n'est pas très-intense; en se vaporisant pour s'élever avec l'air échauffé par la combustion, il retombe bientôt et se dépose en noir de fumée sur tous les objets qu'il atteint.

Tel était l'inconvénient des lampes anciennes, indépendamment de l'odeur qui résultait de la combustion imparfaite de l'huile impure qui les alimentait.

Avant 1789, Argant eut l'idée très-heureuse de former des mèches cylindriques, vers le haut desquelles on élèverait l'huile par l'effet d'un siphon ou seulement par la capillarité de la mèche; de plus l'air atmosphérique pouvait s'élever sans cesse le long de la mèche, par deux courants, l'un intérieur et l'autre extérieur; enfin, les deux courants étaient rendus beaucoup plus rapides par une cheminée de verre dont le cylindre entoure concentriquement la mèche.

Un ouvrier d'Argant, le nommé Quinquet, déroba la découverte de son maître, et le frivole public honora du nom de *quinquet* le vol scandaleux de la découverte d'Argant.

Un dernier perfectionnement restait à produire ; c'était d'épargner à la main de l'homme le soin fastidieux d'amener fréquemment à la hauteur convenable en pompant l'huile qui doit alimenter la lampe ; Carcel y parvint au moyen d'un mouvement d'horlogerie caché dans l'intérieur de la lampe.

En 1803, en 1806, Carcel obtint seulement la médaille de bronze pour sa précieuse invention.

Les frères Girard arrivèrent au même résultat que Carcel, par une application ingénieuse de la fontaine hydrostatique : ils eurent l'art de donner à leurs lampes les formes les plus élégantes.

Depuis 1806 jusqu'à nos jours un grand nombre de perfectionnements ont eu pour but de simplifier le mécanisme des lampes, de les faire éclairer en tout sens, et d'en diminuer le prix sans rien ôter à leur élégance.

La lumière d'une lampe de Carcel ou de Girard est si vive que l'œil ne pourrait la fixer impunément. On l'a d'abord environnée d'un globe ou d'un cylindre de gaze distendu par des fils de fer intérieurs. Ensuite on a remplacé ce garde-vue par un globe en verre dépoli.

Plus tard encore on a remplacé ce globe par une enveloppe cylindrique ou prismatique de porcelaine, dans laquelle on a fait des empreintes de bas-reliefs en creux. La lumière qui traverse la porcelaine, plus vive dans les parties minces, et moins intense dans les parties épaisses, produit des ombres harmonieuses comparables à celles d'une gravure à la manière anglaise.

Après avoir exécuté des lampes isolées, à double courant d'air, on les a groupées pour en former des lustres, puissants d'éclairage. On est parvenu de la sorte, avec une moindre dépense, à beaucoup plus éclairer les vastes appartements qu'avec des masses de bougies.

La chimie a fourni le moyen d'extraire, du blanc de baleine et des suifs les plus communs, l'acide margarique, principe de la cire à brûler, et de rivaliser avec ce produit des abeilles pour la beauté de l'éclairage, sous forme de bougie. Il ne reste plus qu'à simplifier assez les procédés pour abaisser beaucoup les prix de ces nouveaux produits.

Dès la fin du siècle dernier, les Anglais mettaient en usage, uniquement pour l'éclairage, la combustion du gaz hydrogène carboné, dégagé de la houille réduite en coke. Plusieurs années après, ils imaginèrent de produire en grand ce gaz hydrogène, en faisant passer de la vapeur d'eau par des tubes de fonte incandescents, sur du coke enflammé qui s'emparait de l'oxygène contenu dans la vapeur d'eau, et laissait libre le gaz hydrogène imprégné d'un peu de principe carbonique.

On reçoit ce gaz dans d'immenses cylindres verticaux, construits en feuilles de tôle, fermés à leur base supérieure, et plongeant dans l'eau par leur base inférieure, de manière que l'air atmosphérique n'y puisse pas pénétrer, de peur des explosions : tels sont les gazomètres.

Londres, Glascow, Liverpool, Birmingham et dix autres cités britanniques étaient éclairées par le gaz, avant qu'on tentât d'atteindre le même but, en France, pour quelques rues et quelques maisons de la capitale. Aujourd'hui même, ce grand résultat n'est obtenu que pour la moindre partie de Paris; mais Lyon tout entier pourra bientôt jouir de ce bienfait de la chimie.

On a produit du gaz, soit avec des fruits oléagineux, soit avec de l'huile; ces gaz seront préférables seulement dans les endroits où l'huile est à bas prix et la houille dispendieuse.

L'éclairage par le gaz est d'un extrême avantage pour les magasins et les boutiques dont les produits remarquables ont besoin d'attirer les regards du spectateur, afin qu'il en apprécie l'éclat, la délicatesse et la beauté. C'est une clarté voisine de la clarté du jour; elle est seule assez puissante pour bien éclairer de nuit les grandes places publiques. On s'en sert afin de rendre visible le cadran des horloges monumentales, dont on double par là l'utilité populaire. Pour les plus beaux produits d'industrie, des réflecteurs dérobent aux passants la lumière directe du gaz, et montrent avec splendeur l'étalage des magasins opulents.

On a remarqué qu'à Londres et dans les autres grandes cités, lorsque l'éclairage au gaz est devenu général, il a sensiblement diminué le nombre des vols et des attentats nocturnes : cette considération seule doit suffire à stimuler les administrations françaises, pour accélérer l'adoption d'un tel système.

Après l'art de produire la lumière nécessaire au domicile de l'homme viennent immédiatement les arts qui transmettent, qui modifient, qui réfléchissent, ou qui réfractent la lumière pour tous les besoins et les plaisirs de l'habitation.

En signalant les progrès de l'architecture, nous avons déjà fait remarquer l'agrandissement progressif des ouvertures destinées à donner passage à la lumière du jour, en même temps qu'on diminuait la grandeur des appartements.

On s'est proposé pour problème de réduire aux moindres largeurs les séparations opaques, de bois ou de métal, qui contiennent les vitraux, lesquels ont été de plus en plus agrandis.

Dans les maisons opulentes, pour que rien n'arrête les regards par une ouverture d'où l'on découvre un point de vue attrayant, une glace diaphane, d'une seule pièce, est substituée aux compartiments de vitraux.

Le même luxe est adopté pour unir, par la vue, des appartements contigus, au moyen de glaces transparentes, ou fixes ou mobiles.

Parmi les arts qu'on a perfectionnés, citons la fabrication d'un verre blanc, de plus en plus transparent, solide, égal et durable.

Nous imitons très-bien le verre blanc de la Bohême ; le prix seul du combustible est un obstacle à ce que nous puissions le fabriquer au même prix que les nations les plus industrieuses.

Tandis que notre luxe jouit des produits les plus somptueux que l'industrie prépare, nous ignorons que, trop souvent, les arts sont obligés d'exposer la vie des hommes pour accomplir des travaux qui détruisent leurs forces et leur santé.

Tel était le soufflage du verre, qui ruinait avec rapidité les poitrines les plus robustes. Un verrier de Baccarat, M. Robinet a conçu l'heureuse idée de remplacer par une machine soufflante le souffle des poumons humains : le succès a couronné ses efforts. L'Académie des sciences a récompensé l'auteur en lui décernant le prix fondé par le sage et bienfaisant Monthyon.

Au lieu de transmettre la lumière de manière à rendre les objets extérieurs parfaitement visibles, on a quelquefois besoin de dérober à la vue certaines localités, soit qu'on en reçoive la lumière, soit qu'elle doive y pénétrer. On y parvient en employant ce qu'on appelle du *verre dépoli*.

L'un des plus beaux usages du verre est celui de servir à réfléchir l'image fidèle des objets, par l'application d'une feuille métallique sur une de ses surfaces.

Cet art a commencé par la fabrication des petits miroirs, qu'on faisait surtout à Venise, et qu'on fabrique encore avec beaucoup de succès à Nuremberg. Cette ville nous en vend, chaque année, pour près de quatre cent mille francs.

Colbert a créé la fabrication des grandes glaces en France, et bientôt, pour cette riche industrie, la manufacture de Paris n'a plus connu de rivaux.

Depuis un demi-siècle, on a graduellement amélioré la composition qui produit ce genre de vitrification : au lieu d'acheter à l'étranger la soude qu'elle exige, les arts chimiques nous ont fourni cet alcali. Les mêmes arts ont permis de combiner leurs exploitations variées et fructueuses, avec la confection des glaces et des cristaux, confection qu'ils ont rendue plus économique.

On a perfectionné le polissage, pour obtenir des surfaces rigoureusement planes et parfaitement parallèles : seul moyen de présenter des glaces qui réfléchissent les objets sans les déformer.

Dès 1806, la manufacture de Paris obtenait la médaille d'or, pour la beauté de ses produits.

On n'a pas moins perfectionné l'étamage. On parvient à laminer l'étain de manière à fournir des feuilles aussi longues, aussi larges que les glaces des plus grandes dimensions.

M. Lefebvre, miroitier de Paris, a trouvé le moyen d'étamer des glaces avec plusieurs feuilles métalliques; il a l'art de réparer un étamage, aussi dégradé qu'on puisse le supposer, sans que l'œil puisse reconnaître les points de suture du côté d'où la lumière est réfléchie.

Nous sommes bien loin d'avoir indiqué tous les usages du verre et du cristal.

Les fabriques de cristaux n'existent en France que depuis un demi-siècle. C'est vers 1784 qu'on établit la première et longtemps la plus considérable, au Creuzot, près Mont-Cenis. Ses produits figuraient presque seuls à l'exposition de l'an VI (1798), et n'obtenaient aucune distinction. Mais dès l'an IX, les grandes dimensions, le bon goût des vitraux, la belle forme des vases exposés et la pureté de la matière méritaient la récompense du second ordre; récompense qu'en l'an X elle partageait avec la cristallerie de Saint-Louis, dans la Moselle. En 1806, le Creuzot, supérieur à lui-même, obtient enfin la médaille d'or pour ses cristaux embellis par la taille à diamant. Le jury déclarait alors que ces produits nationaux obtenaient chez l'étranger la préférence sur les cristaux de l'Angleterre.

Les usages du verre et du cristal, dans les arts domiciliaires, sont infinis. On les emploie sous toutes les formes régulières, en cône, en cylindre, en sphères, en surfaces de révolution, elliposoïdales, etc.

Il faut passer de 1806 à 1834 pour avoir à signaler un dernier progrès dans la cristallerie : c'est la perfection des cristaux à vives arêtes, obtenus par un moulage à forte pression, infiniment moins long et moins coûteux que la taille. (Voyez tome III, chap. XXXV, page 390 de ce Rapport.)

On a trouvé le moyen d'incruster des représentations d'ornement et de sculpture dans l'intérieur des cristaux. On pourra conserver ainsi, durant des siècles, sans altération possible, les empreintes et les portraits les plus précieux.

Dès 1806, la manufacture de Paris exposait des glaces faites avec de la soude extraite du sel marin par l'industrie française.

La matière vitreuse n'est pas seulement employée pour laisser passer la lumière, mais pour la réfléchir ou la réfracter en jets éclatants : tel est l'objet des cristaux taillés et suspendus avec art aux lustres, aux girandoles.

Autrefois on se contentait de travailler, pour cet usage, de grandes plaques de cristaux à forme allongée, avec peu de facettes : on a varié beaucoup cette forme.

C'est surtout pour embellir le service de la table qu'on a tiré parti des précieuses qualités du cristal. Les fruits, les sucreries, les fleurs, les liqueurs, les vins, l'eau pure, tous les objets qui doivent à leurs fraîches couleurs ou seulement à leur transparence une partie de leur attrait, sont posés avec symétrie dans des flacons, des coupes, des vases en cristal, dont les tailles variées font scintiller la lumière à travers les images des mets les plus savoureux et des liquides les plus exquis.

Autrefois les verres à boire, comme leur nom l'indique, étaient composés de la vitrification la plus commune. Aujourd'hui, sur des tables très-modestes, figurent les verres, les salières et les huiliers en cristal : tant ces objets sont donnés à bon marché.

Les produits les plus minimes en apparence deviennent importants par leur multiplication; tels sont les verres de montre. Croira-t-on qu'une seule fabrique française en produit quarante mille par jour? Nous les tirions de Suisse et d'Angleterre, quand ils coûtaient deux francs la pièce; nous les vendons à l'étranger depuis que nous avons l'art de les fabriquer pour *le sixième* de ce prix.

Les vins français viennent au secours de notre verrerie commune; ils nous font vendre par an huit millions de bouteilles pleines, et nous n'en vendons pas deux millions de vides.

Autant il faut de talent pour obtenir des verres et des cristaux privés de toute couleur et qui transmettent sans décomposition la lumière blanche, autant il a fallu de science et d'industrie pour régénérer l'art de produire les verres et les cristaux diversement colorés.

Les vitraux du moyen âge sont admirables pour la beauté de leurs couleurs ; les procédés employés à les produire tombèrent en désuétude, et furent non pas perdus mais oubliés.

On obtient des verres colorés dans leur masse par des combinaisons chimiques, lors de la fusion de la matière : on se procure aisément les teintes bleues, violettes et jaunes. Le beau rouge purpurin est beaucoup plus difficile à produire ; il est aujourd'hui la seule couleur que ne fassent pas toutes les verreries de France qui savent imiter les autres nuances. Ce rouge ne colore qu'une couche fort mince d'un seul côté du verre dont l'autre reste sans couleur. L'opération très-délicate de la coloration partielle en rouge, produite chimiquement, exige une rare dextérité, même alors qu'on connaît parfaitement le procédé.

Autrefois on peignait au pinceau les ombres sur chaque verre coloré ; des plombs jointifs, dirigés suivant les principaux contours, servaient à l'assemblage des verres à fond différent.

Dans les peintures du moyen âge les plus admirées, on ne trouve aucune carnation, pas un fruit, pas un groupe de fleurs : objets qui, tous, auraient exigé le travail du pinceau, avec ses nuances, ses effets et ses délicatesses. Enfin les têtes et les figures étaient toujours d'une couleur terne, roussâtre ou camayeux; parce qu'alors on ne savait pas se procurer d'autres teintes. Aujourd'hui l'art y parvient complétement.

Une industrie à peine connue des anciens et du moyen âge, c'est la véritable peinture sur verre, perfectionnée par la chimie.

On peint sur du verre blanc les ornements, les fleurs, les figures, au moyen d'oxydes métalliques, vitrifiables comme les couleurs de l'émail et de la porcelaine, et s'incorporant avec le verre par l'action d'une chaleur incandescente, comme la peinture sur porcelaine.

C'est surtout à la manufacture royale de Sèvres, sous la savante direction de M. Brongniard, qu'on a perfectionné cette nouvelle peinture dont les effets sont combinés avec le système de verres rajustés au moyen de plombs pour certains accessoires, à la manière de la renaissance.

On doit à M. Dihl, célèbre fabricant de porcelaine, les moyens de vaincre les difficultés spéciales de cuire et de préserver des couleurs appropriées à la peinture sur des glaces dont la longueur et la largeur va jusqu'à 18 décimètres : il fallait pour cela des procédés particuliers d'application. L'artiste peint le même objet sur deux glaces, de telle sorte qu'en les juxtaposant les deux peintures se couvrent mutuellement ; elles doublent ainsi la vigueur de leurs contours et la force de leurs teintes. Le premier tableau de ce genre date de 1800 ; il a réveillé l'attention des Français sur cette ingénieuse industrie. Aussitôt après, M. Brongniard en a fait l'objet de ses recherches et de ses essais à Sèvres.

M. Mortelèque a cultivé l'industrie de la peinture sur verre : il a fait paraître ses produits de 1809 à 1823, aux expositions des manufactures royales.

M. Robert et M. Constantin ont uni leurs talents afin de produire une copie sur verre de la vierge de Solario : morceau d'une parfaite exécution.

Les vitraux peints à Sèvres, et destinés à la nouvelle église de Notre-Dame-de-Lorette, ne sont pas moins remarquables.

Nous n'omettrons pas de citer les peintures sur verre dues à M. Bontemps, de Choisy.

Jusqu'à ce jour, le grand obstacle au développement de ce genre de travaux s'est trouvé dans la dépense qu'il exige et le défaut de commandes.

Mais il n'en est pas de même pour l'emploi des

verres colorés sans nuances ni peintures, afin d'é-
clairer avec ces teintes des parties d'appartement.
Cette décoration, facile et peu coûteuse, peut
produire encore des effets élégants et variés, pour
des escaliers, des boudoirs, des belvéderes, des
salles historiques, etc.

Après le cristal et le verre, la composition vi-
trifiable la plus élégante, la plus précieuse et la
plus généralement adoptée est celle de la porcelaine, qu'il faut également distinguer en porcelaine
translucide et porcelaine colorée ou peinte. Ces
magnifiques produits appartiennent à la catégorie
suivante.

ARTS CÉRAMIQUES.

Il n'est pas un peuple, présent ou passé, qui ne
pratique ou n'ait pratiqué quelques-uns des arts
céramiques par lesquels l'industrie donne à des
mélanges dont la base est terreuse, une cohésion,
une dureté, une légèreté qui les rendent précieux
pour une foule d'usages sociaux. Aussi, dans les
contrées ayant la moindre industrie, il n'est pas
un ménage qui n'emploie quelque produit céramique, soit pour les constructions, tels que la

brique, les tuiles, etc., soit pour ses usages domestiques : les vases, les pots, etc., d'où le nom commun de *poterie*.

Mais, quoique l'emploi de ces objets soit uniforme et général, la variété des fabrications est immense, par la diversité des matières, la combinaison des formes et la spécialité du travail.

On a conçu la pensée de réunir dans un Musée les échantillons de tous les genres de produits céramiques, préparés chez les peuples anciens et les peuples modernes. *Le Musée céramique*, dont les œuvres réunies embrassent un espace d'au moins quarante siècles, est le plus bel ornement de la manufacture royale de Sèvres. C'est depuis 1800 que le directeur actuel de l'établissement en a préparé, poursuivi, accompli la riche collection. Un demi-siècle sur quarante, un peuple sur cent, rentraient dans notre cadre, et l'on va voir combien il embrasse de progrès.

Rapprochement digne d'une époque à jamais mémorable! Brongniard et Cuvier placés par Napoléon, celui-là dans l'enseignement minéralogique, celui-ci dans l'enseignement anatomique, alliés pour explorer les couches à détritus séculaires du bassin de la Seine, et pour en déduire de grandes lois sur les révolutions du globe, créent à l'envi l'un de l'autre : le premier, un muséum d'histoire naturelle où les espèces animales disparues sont recomposées par son génie et mises en parallèle avec les espèces vivantes; le second, un musée d'histoire industrielle où l'observateur peut lire et comparer les progrès de l'industrie *géurgique* des nations qui ne sont plus et des nations vivantes.

Une routine vulgaire suffisait pour amalgamer et cuire les terres dont se composent les poteries les plus grossières; mais, à mesure qu'on a demandé des propriétés nouvelles à la matière et des formes plus rigoureuses, plus variées, plus élégantes aux produits, il a fallu que la théorie multipliât les secours qu'elle procure à la pratique.

En effet, les arts céramiques n'ont pu parvenir au degré de perfection qu'ils ont atteint aujourd'hui, que par le secours d'un grand nombre de sciences. La minéralogie a servi, pour rechercher, pour indiquer de nombreux matériaux, terres, pierres, alcalis, sels, oxydes et métaux, dont ces arts font usage; la chimie, pour analyser les mêmes substances, préparer des fondants, des vernis, des couvertes et des couleurs; la physique, pour appliquer les théories de la chaleur, de la py-

rométrie et de la pyroscopie, celles de la dilata-
bilité, du retrait, de la densité, de la ténacité,
de la dureté, de la fragilité, de l'hygrométrie des
pâtes ; la géométrie et la mécanique, pour le ca-
sement ou l'encastage, dans un espace donné, du
plus grand nombre d'objets à cuire dont la surface doive rester en contact avec l'air et la chaleur ;
pour le support de pièces amollissables par le feu
et dont il faut conserver les formes précises ; pour
le broiement des matières, le tournage, le moulage et le coulage des pâtes ; enfin pour l'assemblage des parties, dans les compositions plus ou
moins compliquées.

La préparation la plus simple, celle des briques et des tuiles plates ou cintrées, a dans ces
derniers temps fait usage de moyens mécaniques,
afin de façonner ces produits avec la presse et non
plus à la main. On a commencé d'introduire, dans
le centre de la France, la cuisson par des résidus
de fourneaux à la houille ou à la tourbe, éparpillée
entre les briques, les carreaux, etc, qui sont
empilés de manière à se servir de fourneaux.

On trouvera dans le rapport, IIe partie p. 369,
l'indication de nouveaux perfectionnements pour
des produits à formes précises et recherchées.

Le plus grand ouvrage en terre cuite, façonnée

à la manière de la plastique grecque et romaine, est la lanterne de Démosthène, rotonde corinthienne, élégante et légère, qui figurait à l'exposition de 1802, et qui fut placée, quelque temps après, dans le jardin de Saint-Cloud.

Poterie proprement dite, à pâte homogène et tendre, à cassure terreuse, à texture poreuse, recouverte d'un vernis plombifère et translucide.

Tel est le bon marché de cette poterie, qu'on la produit en France, à raison de 1 fr. 50 c. et même 1 fr. 20 c. la douzaine d'assiettes.

Vers la fin du siècle dernier, Fourmy, potier très-habile, s'est efforcé de perfectionner cette poterie en obtenant un tissu moins poreux, un vernis entièrement terreux, et fusible comme s'il était plombifère. Il a réussi quant aux qualités, mais en élevant les prix; cela seul n'a pas permis que les produits de sa nouvelle industrie devinssent populaires.

On fabrique, pour la lessive, de grandes jarres très-remarquables, à Magnac, à Laval (Haute-Vienne), qui résistent bien à la chaleur; leur vernis est produit par de la fumée de bois vert, quand la cuisson est presque achevée : au sortir du four, la poterie est d'un noir mat, qui devient brillant lorsqu'on la frotte simplement avec une poignée de foin.

Qui croirait que les beaux *vases grecs*, improprement appelés *étrusques*, à formes élégantes, à charmantes figures en rouge, réservées sur un fond noir appliqué sur le vernis, ne sont qu'une poterie de ce genre, avec la pâte un peu plus fine et le vernis un peu plus soigné? Quant à l'industrie antique, c'est quelquefois l'enfance de l'art, mais toujours ennoblie par l'audace du dessin et souvent par le génie de la composition; ses poteries remontent jusqu'à vingt-cinq siècles.

Nous savons aujourd'hui reproduire complétement des vases à la manière étrusque; nous savons même leur donner cet air de vétusté qui les rend antiques, au temps près.

La faïence commune des Français est principalement fabriquée à Nevers, à Rouen, à Lunéville, à Fécamp; elle disparaît rapidement des ateliers parisiens. Il y a maintenant quatre à cinq fois moins de manufactures de faïence à Paris qu'en 1784. La main-d'œuvre et le combustible, trop chers dans la capitale pour des travaux de ce genre, sont réservés pour des industries plus délicates.

Nevers, duché d'une famille florentine, a la

première en France, pratiqué l'industrie italienne de Faënze. Sceaux, fabrique récente établie sous Louis XV, s'est efforcée de l'emporter par la beauté des produits.

La faïence épaisse, à blanc de lait, couverte d'un superbe émail et décorée de fleurs délicates à couleurs éclatantes, donnait beaucoup de prix aux fabrications de Sceaux, il y a cinquante ans.

Une faïence à pâte plus fine est vulgairement connue sous le nom de *terre de pipe :* elle fut apportée en France immédiatement après la paix d'Amérique. La première manufacture qui la fabriqua fut celle de Montereau, créée par l'Anglais Hall. Celui-ci reçut, à l'exposition de l'an VI, une des douze récompenses du premier ordre décernées aux grands progrès de l'industrie nationale. Des fabriques analogues s'établirent successivement à Paris, à Choisy, à Chantilly, à Creil. Elles tirent en général de Montereau l'argile plastique qu'on y trouve : il est moins bon que celui d'Angleterre.

Toulouse et Sarguemines ont eu l'avantage de trouver une matière première plus rapprochée de celle du Staffordshire.

La terre de pipe a fait promptement abandonner l'ancienne faïence commune. Mais la nouvelle faïence, de plus en plus négligée dans sa fabrication, de moins en moins cuite pour épargner le combustible, est devenue honteusement médiocre, sale, jaunissante à l'user, fendante à la moindre chaleur, avec un vernis à gerçures, etc.

La fabrique de Sarguemines n'est pas tombée dans ce défaut de nos faïenceries centrales : elle a recouvert le biscuit de sa terre de pipe avec l'émail stamifère très-dur qu'on employait pour la faïence ordinaire. On doit bien d'autres perfectionnements à MM. Utzschneider et Fabry, de Sarguemines, industriels éminents, que nous ne craindrons pas d'appeler les Wedgwood français : tant ils ont heureusement imité le grand artiste d'Angleterre.

Leurs grès cérames, ou poteries de grès, sont extrêmement remarquables : c'est de l'argile plastique dégraissée sur du sable, du silex ou du ciment de grès, avec une couverte vitreuse. Pour cuire ces poteries, une haute température est nécessaire.

Les grès fins ordinaires de M. Utzschneider ressemblent à ceux de la Chine et du Japon ; ils sont adaptés à tous les usages domestiques et d'un prix médiocre.

D'autres grès fins produits par ce manufacturier peuvent recevoir et reçoivent le superbe poli des jaspes et des porphyres ; ils en ont la dureté ; l'acier même ne les raie pas : enfin ils font feu, comme un silex naturel, sous l'action du briquet.

Nous avons tous admiré, pour leur grandeur, pour l'élégance des formes et la beauté de la matière, les candelabres imitant ainsi le porphyre, et rehaussés par des bronzes dorés, qui figuraient aux expositions en 1819, 1823 et 1827. C'était un luxe digne des palais et des temples.

Dans les fabriques les plus importantes, on trouve un avantage remarquable à fabriquer diverses natures de faïence, depuis les grès fins et les porcelaines dures qui demandent une haute température, jusqu'aux faïences les moins denses auxquelles un moindre feu suffit. On fait des fours à trois étages en réservant le plus bas pour la faïence de première espèce et le plus haut pour la dernière : le superflu de la chaleur émanée du premier étage ajoute au chauffage du second, dont le superflu contribue au chauffage du troisième. Ainsi la chaleur de chacun de ces fours active le tirage des deux autres.

Des fours de ce genre existent dans les faïenceries de Toulouse, dont nous expliquons les progrès récents, dans le corps du Rapport, IIe partie, p. 376.

La France a l'honneur d'avoir offert à l'imita-

tion de l'Angleterre les fours dits *à Alandiers,* pour
cuire la faïence fine; ils nous servaient d'abord
uniquement pour la porcelaine. Nous les em-
ployons maintenant pour nos grès et nos faïences
avec la combinaison de chauffage que nous venons d'expliquer.

Les Anglais cuisent à la houille, et nous presque
partout au bois; ils ont ainsi la supériorité du bon
marché. La faïencerie d'Arboras, établie au voisi-
nage des houillères de Rive-de-Gier, jouit du même
avantage que nos rivaux; aussi ne redoute-t-elle
nullement le bas prix des poteries britanniques.

La fabrication de la faïence perfectionnée dite
demi-porcelaine, appartenant à l'exposition de
1834, sa nature et ses avantages seront décrits
dans la II° partie du Rapport, p. 378.

La France a conquis une juste renommée industrielle pour la fabrication de ses porcelaines.

Elle a commencé dès 1695 à produire la *porcelaine tendre,* qu'elle a poussée jusqu'à la perfection dans la dernière moitié du siècle dernier, grâce
aux savantes investigations du chimiste Macquer
et de Lauraguais. Suivant l'opinion judicieuse de
M. Brongniard, il a fallu plus de recherches, et
même plus de génie, pour composer cette porcelaine artificielle, par des moyens compliqués et

délicats, que pour obtenir la *porcelaine dure,* laquelle résulte du simple mélange de deux matières naturelles, le kaolin et le feldspath.

Dans la porcelaine tendre on fait entrer comme matière première le nitre fondu, le sel marin, l'alun, la soude, le gypse et le sable, mêlés et frittés au four, puis combinés avec de la pierre et de la marne calcaire. La couverte au vernis se composait de litharge, de silex et de sous-carbonates de potasse et de soude, mêlés, broyés, fondus; puis pilés, broyés et fondus de rechef. Ces diverses substances sont combinées en proportions définies.

Vers 1780, toutes les fabriques françaises de porcelaine tendre se trouvaient tellement inférieures à Sèvres, devenue manufacture royale depuis 1760, qu'elles cessèrent leurs travaux ou s'adonnèrent à produire de la porcelaine dure. Il faut excepter cependant Tournay, Arras et Saint-Amand-les-Eaux, dont les produits, beaucoup moins coûteux, sont doués d'une ténacité remarquable, qui les empêche de casser, même par l'effet de chocs assez violents.

Les parties alcalines et salines de la porcelaine tendre lui donnent une translucidité presque vitreuse et beaucoup d'éclat, soit en vernis blanc, soit en couleur ; ses bleus appliqués sur le biscuit et recouverts d'un vernis, sont magnifiques. Cet éclat séduit la vue du consommateur ordinaire.

On recherche aujourd'hui les porcelaines tendres du temps de Louis XV, un peu pour la beauté de leurs couleurs, et beaucoup pour le mauvais goût de leurs formes.

Les défauts de cette porcelaine sont d'offrir une pâte fusible sous une haute température, un vernis tendre et par là rayable à l'user, etc.

Dès 1761, Sèvres connaissait l'art de fabriquer la porcelaine dure; mais le kaolin nous manquait. Ce fut plus tard qu'on en découvrit d'une qualité parfaite à Saint-Yrieix auprès de Limoges. Macquer en constata la nature et bientôt il établit à Sèvres la fabrication de la porcelaine dure. De là, vers le commencement de la période dont nous écrivons l'histoire, sont partis les industriels qui fondèrent, en beaucoup de lieux de la France, des fabriques particulières de porcelaine dure.

Tels ont été les progrès de la fabrication, qu'il y a quarante ans, la douzaine d'assiettes blanches qui coûtait 24 francs, malgré le renchérissement de la main-d'œuvre et du combustible, ne coûte plus que 12 francs à qualités égales, et que 9 si l'on néglige quelques-unes de ces qualités.

L'on a poli les grains saillants qui font défaut, de manière à les faire disparaître : par là des pièces qui tombaient au troisième choix ont été rendues au premier, dont le prix a diminué d'autant.

Pour remédier au renchérissement du combustible, on a perfectionné les fours en les agrandissant au delà des limites jadis crues possibles; on a trouvé le moyen de les chauffer avec moins de combustible proportionnellement à leur capacité; puis de faire tenir plus d'objets dans un même espace, par une admirable intelligence de l'encastage, et surtout par l'usage introduit, dès 1808, des étuis ou cazettes à cul-de-lampe.

Les Anglais obtiennent des succès remarquables en produisant la porcelaine tendre. Mais, comme ils cuisent avec la houille, il leur serait très-difficile de fabriquer parfaitement la porcelaine dure : ils ne cherchent pas à nous disputer la supériorité pour ce dernier genre de produits céramiques.

En 1804, la porcelaine tendre, qui brilla d'un si vif éclat et qui n'était plus fabriquée qu'à Sèvres, y fut tout à fait abandonnée. Le nouveau directeur de l'établissement s'occupa surtout à perfectionner les pâtes de la porcelaine dure, en leur procurant une finesse, une blancheur qui ne laissent aujourd'hui rien à désirer.

M. Langlois, établi près de Bayeux, a fabriqué de la porcelaine peu brillante, mais très-dure et très-résistante au feu : il se sert du kaolin des Pieux, près de Cherbourg.

Depuis 1822, la fabrique de Sèvres a fait des recherches pour introduire et perfectionner le coulage des tubes, des cornues, des bustes, des colonnes, et des plaques destinées à la peinture.

Le coulage donne en général des pièces plus légères, plus égales d'épaisseur, et, par là, d'un succès plus certain, avec une économie des neuf dixièmes sur le prix de la fabrication.

Pour opérer le coulage des colonnes, la pâte, au lieu d'être versée directement et de haut en bas, descend par un syphon sous la base de la colonne, d'où elle remonte graduellement vers le chapiteau : l'on évite par là les inégalités, les boursouflures, etc.

Au lieu du procédé très-imparfait de la préparation par le rouleau, l'on coule aujourd'hui les grandes plaques destinées à la peinture, à l'aide d'un mécanisme ingénieux et simple. On produit de la sorte une surface exactement plane du côté sur lequel devront être appliquées les couleurs : ce beau succès appartient à M. Régnier, chef des travaux de la manufacture royale de Sèvres.

L'industrie particulière, entre les mains des Chalot, des Discry, etc., a trouvé le moyen d'accélérer les préparations et de multiplier les procédés expéditifs propres à broyer, mouler, tourner, guillocher, gaudronner, décorer à la molette, etc.; en même temps, une habitude raisonnée a rendu la main-d'œuvre plus intelligente et plus rapide.

L'art de produire la plus belle porcelaine blanche ne présente qu'une partie de cette riche industrie.

On a trouvé le moyen d'imprimer sur porcelaine avec des couleurs variées, avec de l'or, etc.

Gonord a découvert un procédé mécanique pour transporter sur la porcelaine des gravures en taille-douce, soit dans le sens de l'estampe, soit dans le sens de la planche.

Le même artiste a trouvé le moyen, avec des gravures d'une grandeur déterminée, de produire, par voie d'empreinte, une copie parfaitement semblable, mais à volonté plus grande ou plus petite, dans une proportion quelconque, sur la porcelaine ou tout autre produit céramique. Un tissu gélatineux susceptible de recevoir l'empreinte du dessin, puis de s'étendre ou de se resserrer, également dans tous les sens, procure ce résultat extraordinaire.

Par l'emploi des estampes sur gélatine, on obtient des dorures à larges parties appliquées sur la porcelaine, au lieu des maigres dorures produites par l'emploi des impressions avec estampes en papier. C'est à M. Legros d'Anisy, qu'appartient ce moyen d'appliquer l'or.

On doit à M. Robert, de Sèvres, un autre perfectionnement de l'emploi de l'or pour décorer les poteries; son procédé simple, mais d'une grande efficacité, procure, sur ce qu'on nomme le biscuit, des dorures mates, plus belles même que les dorures appliquées sur les bronzes.

On a trouvé le moyen d'employer le platine pour donner à la porcelaine, soit en fond, soit en ornement, une décoration inaltérable et riche.

En 1 8 0 6, la porcelaine de Sèvres était embellie par le superbe vert de chrôme, métal que Vauquelin découvrit vers la fin du siècle dernier.

Dès 1798, l'un de nos plus habiles fabricants de porcelaine, M. Dilh, obtenait l'une des douze récompenses du premier ordre, pour des tableaux de porcelaine peints avec des couleurs qu'il avait composées, et qui n'éprouvaient aucun changement par la cuisson. En 1 8 0 6, la beauté de ses porcelaines et le bon goût de leurs formes lui firent décerner la médaille d'or.

M. Sauvage s'est distingué dans ce genre de peinture que, sept ans plus tard, M. Dégaud a portée jusqu'à la perfection.

A la même époque, on commençait à voir des carrés en pâte de porcelaine, très-bien exécutés.

En 1811, M. Van-Os, appelé en France pour peindre les fleurs sur porcelaine, fit faire les plus grands progrès à cette partie, par la beauté de ses couleurs et la richesse des nuances.

C'est seulement depuis le consulat que l'on commence à peindre de vrais sujets d'histoire sur porcelaine, et d'orner ainsi les grands vases faits avec cette matière.

Parmi les artistes qui successivement ont poussé ce genre au plus haut degré qu'il semble pouvoir atteindre, il faut citer George, Constantin et surtout Mme Jaquotot. Rien n'est plus admirable que la vigueur des tons, la délicatesse des nuances et la fidélité, je dirais presque religieuse, des copies que cette célèbre artiste a faites de la Vierge au voile et de la Sainte-Famille de Raphaël. On voit le sang circuler dans les derniers rameaux des veines du visage, des mains de son Anne de Bolein, sous la peau la plus virginale et la plus vivante. Copier ainsi c'est créer.

Avec la peinture sur porcelaine telle qu'on l'a

perfectionnée de nos jours, on peut désormais traduire en pages inaltérables, et dans toute leur beauté, les tableaux des grands maîtres : tableaux, qui dépérissent en peu de siècles lorsqu'ils sont peints sur le bois ou sur la toile. C'est à l'alliance de la minéralogie, de la chimie et des beaux-arts, qu'on doit ce précieux résultat d'un genre incomparablement moins dispendieux, plus fidèle et plus délicat que les imitations de la mosaïque.

V. ARTS LOCOMOTIFS.

Les arts locomotifs ont pour but le transport de l'homme et des objets nécessaires à ses besoins comme à ses plaisirs, par terre, par eau, par air. Ces arts concourent puissamment au bien-être de la vie; ils sont essentiels à l'industrie productive, pour ses approvisionnements ; ils sont indispensables au commerce, qui vit de transports et d'échanges.

TRANSPORTS PAR TERRE.

APPLICATION DES ANIMAUX AU ROULAGE.

Les transports par terre, qui s'opéraient surtout, dans l'enfance de l'industrie, au moyen des bêtes de somme ou de selle, s'effectuent dans une proportion de plus en plus considérable par voie de roulage.

Jusqu'au siècle de Louis XIV, les rois mêmes faisaient à cheval de très-longues routes militaires; à peine maintenant trouve-t-on quelques colonels qui ne les fassent pas en voiture. Croira-t-on qu'aujourd'hui, pour toute la France, le nombre de chevaux de selle exclusivement destinés aux plaisirs du luxe ne dépasse pas six mille.

A mesure que les routes départementales et les chemins de grande vicinalité se complètent, les voyages à cheval diminuent d'un arrondissement à l'autre. Il ne reste plus guère que les gros fermiers, les facteurs d'exploitations et les médecins de campagne, qui, fréquemment appelés à parcourir des chemins vicinaux très-imparfaits, soient obligés de monter à cheval pour remplir les devoirs de leur état.

Signalons maintenant les progrès de la circulation des voitures. On peut juger de ce progrès, depuis la paix générale, par le tableau suivant du produit des contributions établies sur les voitures publiques :

ANNÉES.	PRODUITS.
1816	2,379,479f
1820	3,067,180
1826	5,370,140
1828	5,497,462
1835	6,100,000

De 1816 à 1835, l'accroissement moyen *annuel* de cette espèce de contributions a surpassé cinq pour cent : progression dont la grandeur frappera les hommes habitués à mesurer les éléments numériques de la richesse nationale.

A ce compte, en un demi-siècle, le roulage de la France par les voitures publiques, s'il avait suivi constamment le même accroissement moyen, se serait augmenté dans le rapport *d'un à douze.*

Par une concordance remarquable, le transport des voyageurs est devenu simultanément plus rapide, plus économique et plus fréquent : chacun de ces trois genres de progrès a favorisé les deux autres.

En 1783, le transport des voyageurs par ce qu'on appelait alors *la Diligence* ne surpassait pas en rapidité notre transport actuel par roulage accéléré des gros bagages et des effets de commerce. Les anciens carrosses allaient beaucoup plus lentement ; enfin, rien n'était plus barbare que les *grosses diligences* appelées du nom pompeux de *messageries royales.*

Le tableau qui suit montrera quels ont été les progrès de la vitesse, pour le transport des voyageurs, depuis un demi-siècle.

TEMPS EMPLOYÉ POUR LE PARCOURS
DE QUELQUE GRANDES LIGNES.

LIGNES.	VOITURES.		DISTANCES en lieues.	DURÉE du voyage en 1785.	DURÉE du voyage en 1835.
				heures.	heures.
Paris à Bordeaux.	Diligence.........			132	60
	Fourgon..	aller..	155	336	
		retour.		384	
Paris à Bourges..	Carrosse.........		59	144	24
Paris à Lyon....	Diligence.	été....		120	65
		hiver..	119	144	72
	Carrosse.........			240	
Paris à Toulouse.	Diligence.........		182	192	96
	Carrosse.........			240	
Paris à Strasbourg	Diligence.........		120	132	66
	Carrosse.........			288	

PRIX DES MESSAGERIES ROYALES.

VOITURES.	1785.	1835.
Diligence............	80^c par lieue.	50^c coupé. 45^c intérieur. 40^c rotonde. 35 à 30^c impériale.
Carrosse.............	50^c idem.	
Fourgons et chariots....	30^c idem.	

15

TRANSPORT DES BAGAGES PAR LA DILIGENCE.

—

Année 1785. — 25 centimes par lieue pour 100 livres.
——— 1835. — 15 à 20 centimes pour 50 kilogrammes.

TRANSPORT PAR LE ROULAGE.

GENRE DE ROULAGE.	ANNÉES	DURÉE DES VOYAGES.	PRIX PAR LIEUE.
Fourgons , voit. pub.	1785	2^h 1/4 par lieue .	25° pour 100 liv.
Roulage accéléré...	1835	1^h 1/2 par lieue.	6° pour 50 kil.
Roulage ordinaire..	1835	3^h par lieue	4° pour 50 kil.

Chose remarquable, en 1785, pour voyager avec une lenteur moyenne *au-dessous d'une lieue par heure,* il en coûtait dans les diligences 80°; maintenant, pour voyager dans la malle-poste, avec une vitesse moyenne de *trois lieues par heure,* il en coûte seulement 75° par personne et par lieue. Le perfectionnement des moyens de transport correspond à ces progrès.

On a successivement agrandi les voitures de roulage et multiplié les chevaux attelés à chacune d'elles; élargi les jantes, afin de ménager les routes et de les améliorer par la pression, au lieu de les ruiner en les sillonnant; appliqué des freins mécaniques aux roues, afin de retenir les voitures dans les descentes ; mieux raisonné les constructions et les harnais, en cherchant les moyens d'allégement sans nuire à la solidité.

Pour les voitures suspendues, on a subdivisé les caisses des voitures en compartiments, afin de proportionner la dépense aux divers degrés de fortune. Dans les diligences, on a remplacé les ressorts en fer par des ressorts en métal, plus durables, plus forts, et demandant un moindre espace que les ressorts à soupentes. On a donné des boîtes en cuivre aux moyeux des roues pour avoir moins de frottement contre les essieux en fer.

Le perfectionnement de l'intérieur du moyeu des roues, est une des améliorations principales dues au système des diligences accélérées, connues sous les noms de *célérifères*, *vélocifères*, etc.

Pour ralentir commodément la marche des diligences, dans les descentes rapides, on a disposé des freins qui, par une pression communiquée de l'intérieur, permettent, sans arrêter les chevaux, d'augmenter plus ou moins la résistance des roues contre le sol, suivant qu'on parcourt des pentes plus ou moins rapides.

Par une double innovation qui correspond à deux progrès de nos mœurs domestiques, on donne aux valets de pied un siège suspendu derrière les carrosses, afin qu'ils ne soient plus debout dans une position fatigante; en même temps on adopte des cabriolets ayant pour le cocher un siège isolé, afin qu'il ne soit plus assis à côté du maître.

Quoique chaque année la France exporte *pour un million* de francs soit en voitures soit en objets de sellerie, nous avons encore de grandes améliorations à produire dans la confection de semblables produits, surtout à l'égard de nos voitures publiques. On admire à juste titre, chez les Anglais, la légèreté, l'élégance de la construction, l'éclat de la peinture, la pureté du vernis, et surtout l'exquise propreté de ces voitures, la beauté des chevaux et la perfection des harnais. On éprouve, en France, un sentiment opposé, lorsqu'on examine les voitures si lourdes, si mal tenues et si mal traînées, dans lesquelles nos voyageurs parcourent à peine deux lieues par heure; tandis que, dans le même temps, les *stage-coach* de l'Angleterre parcourent de trois lieues et demie à quatre lieues. Le funeste monopole de quelques grandes associations contribue principalement à cet état d'infériorité dont il importe d'affranchir le transport de nos voyageurs.

On a vu d'opulentes compagnies consacrer leur richesse à la ruine des modestes concurrents, par le bas prix momentané et la célérité trompeuse des voyages ; puis , à l'instant même où la ruine des rivaux était accomplie, hausser les prix et ralentir la vitesse.....

Résumons en un mot les avantages et es inconvénients des deux systèmes mis en présence. Pour les transports opérés par la diligence , en Angleterre, le voyageur est l'objet principal et les bagages l'accessoire ; en France, *le voyageur est bagage*, et bagage accessoire. Voilà ce qu'il faut changer, dans l'intérêt du commerce et de la vie civile.

Par un remarquable contraste avec l'industrie privée, l'administration royale des postes, tout en obtenant sur le convoi des dépêches des économies graduelles fort importantes, a transporté, dans des voitures de plus en plus commodes, et lettres et voyageurs, avec une vitesse qui s'est accrue d'abord de deux lieues à deux lieues et demie, et qui maintenant s'élève à trois lieues par heure..

Ainsi nous voyons, en France, l'administration royale des postes devancer toujours de vitesse les transports de l'industrie particulière. Dans la Grande-Bretagne, c'est au contraire le service du commerce qui devance et stimule la lenteur comparative des transports opérés par les malles-postes royales.

APPLICATION DE LA VAPEUR AU ROULAGE.

VOITURES A VAPEUR, DITES LOCOMOTIVES.

Ces voitures offrent une innovation qui, dans peu d'années, aura, sans aucun doute, produit des résulats de la plus haute importance, et qui pourtant s'est jusqu'ici peu propagée dans notre patrie, où leur système a pris naissance.

C'est en France qu'ont été, pour la première fois, imaginées et construites de semblables voitures, il y a plus d'un demi-siècle.

En 1770, Cugnot, ingénieur militaire, exécuta dans l'arsenal de Paris une voiture à vapeur sur de grandes dimensions. Le succès même de l'épreuve fit abandonner cette belle invention. La voiture mise en mouvement dans l'arsenal prit une accélération si rapide, qu'elle alla frapper un mur de clôture, avec une force assez grande pour le renverser. Quelques améliorations secondaires auraient suffi pour atténuer et maîtriser la force matrice, au gré du machiniste, afin de produire les effets les plus importants.

Il fallut un demi-siècle d'efforts et de tentatives,

soit en Angleterre, soit aux États-Unis, avant
d'obtenir des résultats avantageusement applicables aux besoins du commerce.

C'est surtout à la combinaison des machines
locomotives avec les routes à ornières en fer,
qu'on doit leur succès extraordinaire. On a trouvé,
de la sorte, le moyen d'allier une très - grande
puissance motrice, avec la moindre résistance
possible des ornières contre les roues.

Nous entrerons à cet égard dans de plus am-
ples détails, lorsque nous donnerons l'historique
des voies de communication (*Arts sociaux*).

C'est à M. Séguin d'Annonay, le même ingénieur auquel nous devons nos premiers ponts
suspendus, qu'appartient l'heureux emploi d'une
chaudière à tubes multipliés, seule combinaison qui
peut donner aux voitures locomotives la grande
force de traction qui les caractérise. Le brevet
de M. Séguin date de février 1828, et c'est seulement en 1829 que la compagnie du chemin
de fer entre Manchester et Liverpool a dirigé
l'attention des mécaniciens anglais vers la construction de ces voitures.

Citons, comme un fait honorable à la fois pour
la France et pour l'Angleterre, les facilités éclairées et généreuses données par cette même com-

pagnie à M. le chevalier de Pambour, ancien élève de l'école polytechnique, lequel voulait étudier les lois mathématiques du jeu des voitures locomotives sur les chemins de fer. Ces expériences, qu'a faites un Français sur le plus riche matériel dont l'Angleterre dispose, ont avancé beaucoup les connaissances nécessaires au progrès d'un genre de transports encore si voisin de son origine. Les avantages que l'association du chemin de fer entre Liverpool et Manchester a retirés des expériences de M. de Pambour ont, d'ailleurs, amplement compensé les frais de ces expériences dont la publication profite à toutes les entreprises du même genre.

On doit à M. le chevalier d'Asda de louables tentatives pour mettre en circulation les voitures à vapeur sur des voies ordinaires, telles que les boulevarts de Paris et les routes contiguës à la capitale. Il ne paraît pas que le succès économique ait encouragé la poursuite de ces essais.

TRANSPORTS EFFECTUÉS DANS L'INTÉRIEUR DES VILLES.

Avant la révolution, presque toute l'eau nécessaire aux usages domestiques était portée dans des seaux; une autre partie était traînée dans des tonneaux, à force de bras. Aujourd'hui les porteurs d'eau ont presque disparu de la capitale. Près de la moitié des eaux qu'exige la consommation des habitants leur arrive par des tuyaux de conduite; le reste continue d'être amené dans des tonneaux, qui sont tirés par des chevaux, au lieu de l'être par des hommes.

On a pareillement abandonné le transport à dos, ou par des charrettes que des hommes traînaient péniblement, pour une foule d'objets pesants. On préfère des voitures tirées par des chevaux, et suspendues avec des ressorts; ce qui rend les mouvements plus doux, et diminue les résistances.

C'est ainsi que l'on construit, depuis peu d'années, les voitures légères qui servent au transport des glaces, des meubles et de tous les objets fragiles, les immenses voitures consacrées aux déménagements, etc.

Ces moyens ont rendu le transport des fardeaux, dans l'enceinte des villes, plus économique pour le consommateur, et moins accablant pour les hommes de peine.

Le transport des hommes offre des perfectionnements non moins remarquables, au sein de nos cités.

Personne aujourd'hui ne voudrait monter dans ces voitures de 1789, si sales, si délabrées et si mal conduites par les cochers dégoûtants et grossiers qui rendirent le nom de *fiacre* une injure et pour les voitures et pour les hommes auxquels on l'appliquait par allusion.

Il y a maintenant des voitures de place à quatre roues tirées par un seul cheval, qui réunissent l'économie à la commodité.

On trouve des fiacres et des cabriolets qui conduisent à l'heure, à la demi-heure, à la course, avec des prix de rabais.

Une innovation plus grande encore et plus populaire est celle des *Omnibus*. Pour 30 centimes, on est transporté, du centre à la circonférence de nos grandes cités, dans une voiture de seize à vingt places, tirée par deux chevaux. Cet avantage est si grand que le simple ouvrier, lorsqu'il sait calculer la valeur de ses forces, de son temps, de sa chaussure et de ses vêtements, trouve une économie réelle à prendre l'omnibus, dès que sa course est un peu longue.

Un tel système de transports franchit les barrières des villes et se propage dans toutes les directions, vers les localités circonvoisines, qu'il rapproche en quelque sorte du centre de la cité. Il en résulte une plus-value remarquable des maisons de campagne, des exploitations et des fabriques extérieures, dans un rayon qui s'accroît sans cesse. C'est une augmentation de richesse nationale dont l'influence atteint, par le confort personnel ou la propriété, toutes les classes de citoyens.

Les voitures de maitres et les voitures de remise sont aujourd'hui plus soignées dans leur construction, leur décoration et leur structure; mais elles n'offrent pas de changements de système qu'on puisse signaler comme un progrès très-remarquable opéré depuis 1783. Disons seulement que notre charronnerie et notre carrosserie, après avoir été longtemps très-inférieures à celles de la Belgique et de l'Angleterre, peuvent aujourd'hui soutenir la concurrence pour la perfection du travail et la solidité des ouvrages. Le plus grand progrès qu'elles aient à faire est celui du bon marché.

TRANSPORT DES MALADES ET DES BLESSÉS.

On a varié les moyens de rendre facile et doux, dans nos villes et dans nos hôpitaux, le transport des malades et des blessés. Le transport à bras, sur des brancards, est évidemment le plus simple et le plus avantageux, vu le pavé cahotant de nos rues. A Paris, ces brancards sont recouverts d'un entourage de toile, qui préserve les malades contre les atteintes de l'air extérieur et d'une trop vive lumière.

Il y avait bien d'autres difficultés à vaincre pour effectuer le transport des blessés dans les armées et sur les champs de bataille. Il est beau que ce soit au moment de notre plus grande gloire militaire que ces difficultés aient été surmontées avec le plus de succès : par là, les victoires de l'humanité s'ajoutaient à celles du patriotisme et de la vaillance.

Deux chirurgiens militaires d'un grand courage et d'un beau talent, les barons Percy et Larrey, ont illustré leur carrière par le système d'ambulances qu'ils ont créé, l'un pour l'armée du Nord, l'autre pour l'armée d'Italie. L'académie des sciences, jalouse d'honorer les grands services rendus à l'humanité au milieu des périls les plus redoutables, a successivement admis dans son sein les deux créateurs de ce système. Nous décrirons en particulier celui du baron Larrey.

Dès 1792, l'intrépide chirurgien-major fit adopter deux innovations importantes pour l'armée de Custine. Ce fut d'abord de panser sur le champ de bataille, au milieu de l'action et sous le feu de l'ennemi, les militaires blessés; ce fut ensuite de les transporter sans délai par une ambulance rapide, servie d'abord avec des chevaux garnis de bâts et de longs paniers convenablement disposés. Tout informe qu'était ce premier dispositif, il produisit la plus vive sensation sur les soldats, lesquels cessèrent de regarder comme le gage d'une mort presque inévitable toute blessure plus ou moins grave qui les faisait tomber dans un combat. Leur imagination fut calmée par la certitude d'être sur-le-champ secourus et transportés avec rapidité jusqu'à l'hôpital de l'armée.

C'est dans la campagne de l'an v (1797), sous les ordres du plus illustre des généraux français, que M. Larrey rendit complète et parfaite l'organisation de son service d'*ambulance volante*; ainsi nommée, comme à cette époque l'était l'*artillerie volante* ou *légère,* parce qu'elle en avait la locomobilité et la rapidité.

Cette ambulance formait une légion composée de trois divisions, ayant chacune douze voitures légères à deux chevaux et quatre voitures à quatre chevaux, avec un nombre suffisant d'officiers de santé, de sous-officiers, d'infirmiers à cheval, d'infirmiers à pied et de conducteurs du train. Le porte-manteau et les fontes des officiers, des sous-officiers et des infirmiers montés, ainsi que le sac des infirmiers à pied, contenaient ou des instruments de chirurgie ou des effets de pansement.

Les voitures légères étaient à deux roues, les voitures pesantes étaient à quatre roues; les unes servaient pour les pays plats, les autres pour les pays de montagnes.

Sur chaque voiture légère, dans une caisse allongée, prismatique et portée par quatre ressorts, deux blessés pouvaient être commodément étendus sur un cadre garni d'un traversin et d'un matelas de crin recouvert en cuir. Le cadre était glissé sur des roulettes, de l'arrière à l'avant, pour introduire les blessés, et dans le sens opposé pour les retirer.

Chaque voiture à quatre roues avait une caisse analogue, mais plus large et plus longue, également portée sur des ressorts, et qui s'ouvrait par le côté, pour recevoir quatre blessés entre-croisés de la longueur de leurs jambes, deux la tête en avant et deux la tête en arrière.

Les mêmes voitures servaient, au besoin, de corbillard pour l'enlèvement des morts.

Des chariots d'équipage à quatre roues, semblables aux fourgons employés d'ordinaire à la suite de l'armée, servaient à porter le gros des bagages nécessaires à la légion sanitaire.

Un tel système d'ambulances volantes avait l'avantage de suivre les mouvements les plus rapides des avant-gardes; il pouvait satisfaire aux besoins les plus variés des expéditions militaires et des détachements, en le fractionnant par subdivisions égales en nombre à celui des officiers attachés à ce nouveau service.

Grâce aux moyens que nous venons d'indiquer, la chirurgie militaire a sauvé la vie d'une foule de blessés, dans beaucoup de cas où la mort eût été la suite inévitable, soit de l'abandon, soit de retards prolongés; elle a rendu plus périlleux, mais par là plus honorable et plus précieux, le service des chirurgiens aux armées.

Lorsque le général Bonaparte entreprit l'expédition de Syrie, une ambulance fut organisée avec des chameaux, dont chacun dut porter deux paniers en forme de berceau; ces paniers avaient assez d'étendue, au moyen d'un prolongement à bascule pour recevoir un blessé couché dans toute sa longueur.

Les nations étrangères, si jalouses d'imiter nos institutions militaires, et qui se sont formées dans

l'art de vaincre à l'école de nos armées et de nos
généraux, ont fait un autre apprentissage, en
adoptant les ambulances volantes que nous avons
les premiers établies pour le service de nos campagnes d'Europe.

TRANSPORTS FUNÈBRES.

La révolution française, en suspendant avec
violence l'exercice de tous les cultes, avait aboli
les cérémonies extérieures du culte des morts.
Dans nos grandes cités, à Paris surtout, le dernier des devoirs était rendu, sans respect et sans
décence, à la dépouille mortelle des citoyens.

Un gouvernement réparateur voulut restituer
à la morale publique la piété des funérailles et la
moralité des pompes funèbres. Des chars à quatre
roues, d'une forme grave et convenable, simples
pour le pauvre et somptueux pour le riche, furent préparés d'après le projet d'une commission
mixte de l'institut, classes des sciences et des
beaux-arts. Des officiers publics veillèrent au
convoi des morts, jusqu'*au champ du repos*, nom
par lequel la révolution avait remplacé celui des
cimetières ou lieux du sommeil commun.

La charité municipale alla plus loin; elle voulut que les restes du pauvre fussent ensevelis aux frais de la cité, qui paya pour lui le linceul, la bière et le char funèbre, d'après un certificat d'indigence obtenu par les successeurs du décédé.

Cette générosité même, et celle des hôpitaux, sont devenues la cause d'un immense abus. A Paris, dans cette opulente cité, qui dépense par année un milliard de francs pour le luxe, l'aisance et les nécessités de près d'un million d'habitants, lorsque cent mille individus terminent leur carrière, trente mille vont mourir à l'hôpital : ils y meurent par l'abus des plaisirs sensitifs et surtout de la boisson. Là ne s'arrête pas la mesure de la misère et de la dégradation.

Parmi les cent mille individus décédés à Paris, cinquante mille seulement laissent après eux des parents qui daignent payer leur enterrement et fournir à leur proche un simple drap mortuaire; vingt-quatre mille sont ensevelis et portés en terre aux frais de la ville, et vingt-six mille aux frais des hôpitaux.

On voit ici trois choses également affligeantes; c'est d'abord un effet des misères inévitables dans toute vaste cité; c'est ensuite la déplorable facilité qu'ont les officiers municipaux à délivrer des

certificats d'indigence, pour affranchir du dernier
et plus pieux des devoirs une énorme partie de
la population, que des maires et des adjoints bons,
mais imprudents, *démoralisent par charité*. C'est
enfin la dépravation où tombent une foule d'individus, dont les uns, sans éprouver de besoins abso-
lus, sont assez lâches pour demander cette aumône
dégradante, et dont les autres, menant une vie de
débauche, ont bu jusqu'au dernier centime avec
lequel ils pouvaient couvrir d'un drap funéraire le
corps de leur père, de leur mère ou de leur épouse.

Préfets et maires de Paris, ordonnez seulement
qu'on mettra sur le livret des individus qui récla-
meront de pareilles exemptions : « N'a pas payé le
cercueil de son père et de sa mère », et vous verrez
qu'il ne s'en offrira pas un sur mille qui ne retranche
sur ses propres excès de quoi ne pas rougir toute
sa vie. Par là, vous aurez servi la dignité nationale,
et la morale, et la santé de la classe ouvrière

TRANSPORT PAR EAU (INTÉRIEUR).

Les transports par eau, sur la plupart de nos
rivières, sont à peu de choses près dans le même

état d'imperfection qu'en 1783, pour les bateaux mus par la force de l'homme, des chevaux ou du vent. Nous n'avons pas encore introduit sur nos canaux l'admirable découverte faite en Écosse, il y a quelques années, de la résistance très-faible qu'éprouvent les bateaux à fonds plats, tirés avec une extrême vitesse: ils émergent et glissent sur le fluide avec une pression diminuée en raison de cette vitesse accélérée. C'est ainsi qu'aujourd'hui, sur les grands canaux de l'Écosse, on transporte les voyageurs avec des bateaux que des chevaux traînent au grand trot, à raison de quatre lieues à l'heure.

Depuis dix à douze années, nous avons commencé de naviguer sur nos principales rivières avec des bateaux à vapeur : d'abord dans les parties les plus voisines de la mer, puis en remontant à des distances de plus en plus considérables.

Déjà nos bateaux à vapeur remontent la Seine jusqu'à Montereau; la Loire jusqu'à Orléans; le Rhône jusqu'à Lyon; la Saône jusqu'à Mâcon; le Rhin, jusqu'à Bâle; la Gironde jusqu'à Langon; la Dordogne jusqu'à Libourne, etc.

Pour ces bateaux à vapeur, on a fait le plus souvent, en France, usage du système de Watt, à basse pression, quelquefois du système de Wooll à moyenne pression, plus rarement du système d'Evans à haute pression.

MM. Manby et Wilson à Charenton, Hallette à Arras, et Cavé à Paris, se sont le plus distingués dans ce genre de travaux. Les premiers ont introduit en France, il y a quinze années, la construction des bateaux en fer, qui réunit les avantages de légèreté, de durée et de solidité.

La vitesse moyenne de nos meilleurs bateaux à vapeur, sur une eau supposée tranquille (moyenne des descentes et des remontes), ne dépasse pas encore trois lieues par heure.

La comparaison des droits de navigation perçus de 1816 à 1836 présente un accroissement moyen annuel de $2\frac{1}{5}$ pour cent; c'est-à-dire très-peu plus que la moitié des droits sur les transports par terre. Ce seul fait nous révèle combien de progrès restent encore à produire, si nous voulons donner à nos transports par eau l'extension qu'ils sont susceptibles de recevoir.

Pour les transports effectués sur mer, nous renvoyons à l'historique des progrès de la force navale, section des arts sociaux.

TRANSPORTS PAR AIR.

Dans l'année même où commence l'époque dont nous écrivons l'histoire industrielle, en 1783, le 5 juin, Joseph Montgolfier accomplissait dans la ville d'Annonay, en présence des États du Vivarais, une expérience qui ouvrait à l'homme la carrière des airs, pour opérer des transports, des observations et des expériences d'un ordre nouveau.

Un *aérostat,* globe de toile et de papier, pouvant contenir 1,200 mètres cubes d'un air raréfié par l'action du feu, s'était élevé dans l'air à deux mille mètres de hauteur, avec une force initiale de 250 kilogr.; en dix minutes ce globe avait parcouru la distance horizontale d'une demi-lieue.

Le récit de cette expérience frappa de surprise et d'admiration non-seulement le vulgaire, mais les savants et les hommes de génie. L'académie des sciences de Paris résolut de répéter à ses frais, et sur des dimensions plus grandes encore, les belles expériences d'Annonay ; elle s'empressa de choisir d'illustres commissaires pour apprécier le mérite et les conséquences possibles de cette étonnante invention ; elle chargea Meusnier, ingénieur et géomètre célèbre, de soumettre au calcul les plus difficiles problèmes qui s'offraient à résoudre sur cette matière nouvelle.

D'un autre côté, d'innombrables souscripteurs s'étaient réunis pour construire, avec tous les perfectionnements possibles, un très-grand aérostat. Sous la direction de Faujas Saint-Fonds, ils confièrent l'exécution de ce dessein au plus célèbre professeur de physique expérimentale, Charles, qui devint plus tard membre de l'académie, et que seconda M. Robert, mécanicien distingué. A l'enveloppe imparfaite de papier et de toile, Charles substitue un taffetas que rend imperméable la dissolution assez récemment découverte du caoutchouc dans la térébenthine. Au lieu de l'air atmosphérique dont la dilatation était produite, non sans danger, par un feu de paille et de laine, qui s'élevait suspendu sous l'aérostat de Montgolfier, sans pouvoir dilater l'air à plus de moitié de sa pesanteur ordinaire, Charles emploie le gaz hydrogène, treize fois plus léger que l'air atmosphérique au niveau de la mer.

C'était la première fois que les arts devaient produire, et réunir sous le même récipient, un aussi grand volume de gaz hydrogène. Malgré les difficultés nombreuses qu'il fallait vaincre, appareils, ballon, gaz, tout fut prêt en si peu de temps que, dès le 27 août, moins de trois mois après l'expérience d'Annonay, l'aérostat de Charles et de Robert est lancé du Champ-de-Mars; il s'élève, en deux minutes, à mille mètres de hauteur, disparaît dans un nuage, reparaît soudain en s'élevant aux plus hautes régions, et, dans un court laps de temps, va descendre à cinq lieues du point de départ.

Jusqu'ici les aérostats n'avaient transporté qu'un poids inerte, ou des animaux dont on craignait peu d'exposer la vie.

Deux hommes intrépides, Pilatre du Rosier et le marquis de Garlandes, osent monter dans une nacelle attachée à l'aérostat dit *Montgolfière;* parce qu'il était préparé et chauffé suivant le système primitif de Montgolfier.

Presqu'au même instant, Charles et son ami Robert formaient la même entreprise, et leur succès devait être d'autant plus grand qu'ils opéraient d'après un système incomparablement plus avantageux et plus sûr. Ils s'élevèrent à 2,300 mètres au-dessus du sol, et parcoururent sept lieues en quelques minutes.

Lorsqu'eût lieu cette belle expérience, et que la foule innombrable, agglomérée aux Tuileries, sur la place Louis XV et dans les Champs-Élysées, vit

s'aventurer ainsi les navigateurs de l'air, un sentiment d'admiration et de frayeur involontaire saisit
tous les spectateurs; beaucoup tombèrent à genoux
en levant les mains vers le ciel où montaient les
aéronautes; on n'osait ni parler ni remuer, jusqu'au
moment où le succès prolongé de l'ascension, ras-
surant les esprits, des acclamations immenses sa-
luèrent un tel succès, et signalèrent l'enthousiasme
national.

Au lieu d'adopter la méthode de Charles, Pilatre voulut un peu plus tard avec une montgolfière
franchir l'Océan, de Calais à la côte d'Angleterre;
le feu qu'il entretenait prit à l'enveloppe de l'aérostat, et l'infortuné physicien, qui méritait un sort
plus heureux, à demi brûlé par l'incendie du ballon, tomba d'une excessive hauteur; il mourut,
brisé sur la terre, à peu de distance de Boulogne,
près de la route de Calais. Là, le voyageur ren-
contre un modeste monument qui rappelle cette
fin déplorable.

Depuis cette époque, on a complétement abandonné les montgolfières à feux ascendants fixés au
ballon. C'est l'aérostat de Charles qu'on préfère.
On conserve ses procédés, sans que leur perfectionnement ôte rien à la gloire du premier inventeur, qui, douze années après sa découverte, prit

place au milieu des hommes illustres dont fut composé le noyau de l'institut national, lors de la première formation.

Montgolfier avait eu pour pensée primitive d'employer des aérostats à pénétrer dans les places fortes bloquées.

La première application qu'on fit des ballons fut aussi de les faire servir pour éclairer les mouvements des ennemis, à l'approche et dans la durée d'une grande action militaire. Un corps d'*aérostiers* fut institué, qu'on mit à la suite de l'armée du Nord. Lors de l'immortelle bataille de Fleurus, des bulletins, attachés à de légers drapeaux, descendaient du ballon à courts intervalles, pour indiquer les positions et les manœuvres de l'armée ennemie.

Lors de l'expédition d'Égypte, le général en chef, qui ne voulait négliger aucun moyen d'agir sur les imaginations, obtint un corps d'aérostiers militaires dirigé par Conté, l'un de nos plus célèbres industriels. L'apathie musulmane contempla sans émotion, sans surprise et presque sans attention, le spectacle d'une ascension que les peuples de l'antique Orient eussent prise pour le miracle d'un pouvoir surnaturel, non moins admirable que le voyage d'Élie à travers les cieux.

En Europe, les difficultés du transport, celles de la préparation du gaz en pleine campagne, enfin le petit nombre d'occasions décisives où l'on pouvait obtenir des succès importants, ont empêché de continuer le service militaire des aérostats.

Jusqu'à ce jour on n'a pu trouver le moyen de diriger les ballons pour aller avec certitude d'un point à un autre. Cependant on a reconnu la diversité des courants à des hauteurs plus ou moins grandes; on peut en profiter pour louvoyer, en quelque sorte, au moins entre certaines limites.

Inspirés par l'amour de la science, MM. Gay-Lussac et Biot ont fait une première assension, dans l'automne de 1804. Deux mois plus tard, M. Gay-Lussac s'est élevé seul à la hauteur la plus considérable où l'on fût encore parvenu dans l'atmosphère, en se livrant à des observations dignes d'un grand physicien.

Aujourd'hui les ascensions aérostatiques sont devenues un des divertissements obligés, et les plus attrayants, des solennités nationales, souvent même des fêtes données dans les établissements privés. Des physiciens pratiques, des femmes, des adolescents font profession de s'élever dans l'air, pour animer le spectacle des ascensions.

Une invention plus récente ajoute encore à l'intérêt de semblables spectacles : c'est celle des *pa-rachutes,* pour laquelle l'aéronaute Garnerin prit un brevet en 1802.

Le parachute est une espèce de voile circulaire dont la circonférence est tenue avec des cordons équidistants, fixés par leur bout inférieur au contour d'une nacelle en osier. Le centre de la voile est placé sous le ballon, au-dessus de l'aéronaute. Un cerceau de bois très-léger, ayant huit mètres de tour, est cousu concentriquement à la voile dont les bords pendent verticalement au-dessous du cerceau. Quand on veut commencer la chute, on coupe le retour de la corde qui suspend le parachute ; celui-ci descend d'abord avec toute la vitesse d'un corps grave, inerte et ramassé sur lui-même. Bientôt la vélocité de la chute accroit l'action de l'air sur les parties pendantes de la voile, parties qui se soulèvent et se gonflent rapidement : la résistance de l'air sur cette voile spacieuse ralentit de plus en plus la chute de l'aéronaute, lequel finalement atteint sans danger la surface de la terre.

VI. ARTS SENSITIFS.

Pour expliquer avec ordre le progrès des arts
sensitifs, nous les rapporterons au sens qu'ils ont
pour but unique ou du moins pour but principal
de flatter. Nous passerons successivement en revue
les arts sensitifs, du goût, de l'odorat, de l'ouïe,
et de la vue.

ARTS SENSITIFS DU GOÛT.

Lorsque nous avons traité des arts alimentaires,
nous les avons considérés comme ayant pour but
unique l'alimentation de l'homme; c'était en quelque sorte la théorie du nécessaire que nous expo-
sions en faveur de ceux qui se bornent vulgairement à manger pour vivre, ainsi qu'à boire pour
se désaltérer.

Mais à peine, dans les plus grandes cités, trou-
vons-nous quelques simples, et surtout quelques
sages, qui limitent à ce point la sensualité de leur
subsistance. La seule différence qu'on puisse établir
entre le reste des hommes, c'est que les uns veulent parfois, et dans quelques circonstances moins

fréquentes, ce que les autres veulent tous les jours : exister pour percevoir des sensations alimentaires, ou, comme on dit énergiquement en langage vulgaire, vivre pour manger.

Mais il faut avoir un certain état d'opulence afin d'arriver à ce dernier degré de jouissances dispendieuses, répétées chaque jour.

Les lois de cet art ont été célébrées par un poëte, sous le nom de *Gastronomie*, et le nom de gastronome est passé dans la langue pour désigner un amateur éclairé de ce que Montaigne appelait dans son idiome énergique et populaire, *la science de gueule*. Le passage dans lequel on trouve cette expression est curieux ; il fait voir combien existaient déjà de raffinement et de luxure dans la pratique des arts sensitifs, en ces temps auxquels nous accordons je ne sais quelle simplicité dans les mœurs, parce qu'alors le langage avait pour caractère une franchise naïve qui nous trompe en nous charmant.

Je passe sous silence tout ce qui peut concerner les progrès de l'art culinaire proprement dit. J'en ai presque regret en voyant le talent, l'esprit d'invention et de combinaison que certains chefs d'office ont déployés dans cette industrie. J'aimerais surtout à citer le célèbre Carême, dont la fortune

semblait faite pour ne servir que des têtes couronnées. Chose rare en tout temps, il ne s'occupait pas moins de la salubrité que de la sensualité
des festins qu'il préparait, et des plats qu'il imaginait ou simplement perfectionnait.

Un des plus nobles plaisirs, lorsqu'il est pris
avec sagesse et discernement, est celui de réunir
ses amis, et d'exercer à leur égard une élégante
hospitalité. Avant la révolution, les Français ne
possédant aucun droit politique, le riche et le
puissant n'avaient nul besoin des classes moins
élevées; la séparation était complète pour les plaisirs de la table, comme pour ceux du salon. Quelques gens de lettres, quelques artistes admis chez
les grands, pour y faire des lectures ou simplement pour y faire de l'esprit, avaient remplacé les
bouffons et les fous du temps de la féodalité.

On voyait alors de grands seigneurs, des fermiers généraux, des traitants et quelques parvenus
qui tenaient ce qu'on appelait table ouverte. Les
personnes admises dans leur intimité pouvaient
venir, sans invitation, s'asseoir à la table des
riches amphitryons dont les immenses revenus
suffisaient à de semblables dépenses.

Les repas les plus intimes, les plus délicats, les
plus choisis étaient ceux du soir, après le spectacle,

qui commençait de bonne heure. C'était alors
qu'on oubliait les affaires du jour et les soucis du
lendemain, pour ne songer qu'au charme de la
société, et qu'on embellissait l'élégante simplicité
du festin par toutes les grâces d'une conversation
légère, variée, spirituelle et délicate.

Tel était l'usage des grandes maisons où l'on
attachait un noble prix à la décence des mœurs.
Mais, en dehors de ces sociétés avouées, qui rendaient Paris un séjour délicieux pour ses habitants et célèbre pour l'hospitalité gracieuse que
la bonne compagnie exerçait envers l'étranger,
le vice adoptait un autre luxe et déployait dans
l'ombre une autre élégance.

Ceux qui se croyaient tout permis parce qu'ils
avaient beaucoup d'or, outre l'hôtel somptueux qui
portait leur nom, voulaient avoir dans quelque
quartier-retiré, le plus souvent dans quelque fau-
bourg, une *petite maison* réservée pour un luxe
moins apparent mais non pas moins recherché,
pour des repas intimes, et pour des mœurs héritées du siècle de Louis XV.

Ajoutons, que ces mœurs avaient par degrés
invétéré dans la masse du peuple, et surtout chez
les habitants des faubourgs, cette haine, je dirais
presque cette horreur des classes supérieures, in-

juste à coup sûr quand elle atteignait des ordres entiers; mais trop juste à l'égard des débauchés qui l'avaient provoquée par leur licence.

On sait, hélas! comment la révolution, avec ses terribles faubouriens, s'est vengée de tels excès. Elle a tué sans rien distinguer, dans les prisons ou sur l'échafaud, et les maîtres de maison qui s'étaient permis d'afficher des mœurs infâmes, et ceux qui, plus réservés, aimaient simplement l'élégance de la vie et les plaisirs innocents de la bonne chère.

Le maximum et la famine remplacent pour trois années cette abondance et ce luxe anéantis.

Sous le Directoire commença la sensualité grossière des enrichis. Alors on cherchait partout ce qui survivait de maîtres d'hôtel habiles, pour relever un art déchu; mais on retrouvait plus aisément et plus vite l'opulence que le bon goût.

Le consulat, et surtout l'empire avec ses grands dignitaires, sa cour, ses généraux et ses ministres, rendirent plus de vogue et de luxe aux dîners d'apparat: la dignité dans les positions ramenait par degrés l'élégance des usages.

Sous ce gouvernement de pouvoir absolu, les hommes élevés à des positions supérieures n'avaient guère un plus grand besoin que sous l'ancien régime de l'appui des classes intermédiaires;

les sociétés particulières restaient peu nombreuses ; les anciens nobles auxquels on restituait leurs biens n'osaient afficher qu'un demi-luxe. La représentation, la table même restaient dans la modération et dans une simplicité transitoire, excepté toutefois chez un grand dignitaire de l'empire.

Enfin arriva la restauration, qui rendit au séjour des rois, la splendeur gastronomique et la profusion culinaire de l'ancien régime ; aux riches seigneurs, la sécurité qui permet de consommer sans parcimonie d'immenses revenus ; aux principaux dépositaires du pouvoir, une position sociale qui nécessitait une représentation fastueuse.

On n'avait plus, comme sous l'empire, un électorat fictif et des législateurs muets. Ils pouvaient parler, il fallait les traiter. Voilà ce que comprit un premier ministre, qui rappela le gouvernement représentatif dans sa véritable voie. Ses dîners furent splendides ; leur éclat séduisit ou du moins flatta la majorité appelée, de préférence, à leur rendre justice en y participant. La minorité parut révoltée. Ses écrivains spirituels lancèrent l'épigramme contre les amphitryons et les sosies du pouvoir ; la poésie vint au secours de la prose ; et le plus populaire de nos chansonniers, celui que ses hymnes patriotiques ont élevé parfois jus-

17

qu'à Pindare, fit entendre un joyeux refrain populaire, sur les diners, les diners que les ministres ont donnés, et dont on sortait. . . . .

La gastronomie laissa dire : supérieure au ridicule, tant qu'elle a continué de bien traiter, les convives l'ont saluée, comme les courtisans saluent le pouvoir, sans jamais lui faire défaut.

Un grand nombre d'arts ont à l'envi travaillé pour embellir les tables somptueuses. A l'époque de nos conquêtes en Prusse, on avait apporté de Silésie le métier qui sert à tisser les toiles damassées, si judicieusement recherchées comme linge de table. Bientôt, le tissage du coton imita les plus belles nappes de chanvre et de lin. Le bon marché toujours croissant des nouveaux tissus répandit chez la moyenne propriété le goût et l'usage de ce genre de produits.

Nous avons montré, dans la section précédente, comment l'art de fabriquer les porcelaines et les cristaux avait offert, aux fortunes les plus inégales, des produits d'une économique élégance ou d'un luxe splendide. Les bronzes ajoutent leurs prestiges à cette somptuosité.

Un artiste célèbre, qui cultiva les arts sous deux époques différentes, puisqu'il naquit en 1755 et mourut en 1814, M. Ravrio produisit tour à

tour les bronzes à formes fatiguées du siècle de
Louis XV, et les bronzes classiques de l'empire.
Il termina quarante ans de travaux par une action
qui fut encore un progrès pour les arts, un bienfait pour l'humanité. Son testament portait un legs
de 3,000 francs à l'auteur d'un procédé qui ferait
cesser les terribles conséquences de la dorure des
métaux : l'ancien procédé causait, en effet, des
infirmités déplorables et la mort prématurée des
ouvriers. Peu de temps après, le prix fut remporté
par M. d'Arcet, aujourd'hui membre de l'académie
des sciences : son ingénieux fourneau d'appel en-
traîne complétement les émanations mercurielles,
autrefois si fatales aux doreurs. Nous poursuivons
avec un plaisir nouveau le récit des progrès d'une
industrie rendue plus salubre.

Pour orner le centre des larges tables destinées
à de nombreux convives, on avait d'abord imaginé
des plateaux sur lesquels le maître d'hôtel figurait
des ornements et des fleurs avec des sables fins, diversement colorés; c'était au temps du consulat.
Bientôt après, on remplaça la décoration que produisait cet *art de sabler*, par des plateaux en
glace, sur lesquels on posait des figurines et des
vases de porcelaine : ce luxe suffit aux premiers
temps de l'empire. Enfin la sculpture en bronze

17.

imagina ses jolis groupes de grâces et d'amours, de bacchantes et de faunes; elle exécuta des vases imités des plus beaux modèles antiques et des corbeilles portées par d'élégantes canéphores. Sur ces vases, sur ces corbeilles en bronze doré, une autre industrie vint poser ses riches fleurs artificielles, qui reproduisent l'éclat, les nuances et la suavité des fleurs naturelles. Voilà des présents du meilleur temps de la restauration.

Malgré toutes nos recherches historiques, nous n'avons pas pu découvrir qu'après 1830, l'opulence, un moment épouvantée par les bras nus de l'émeute, eût envie de renoncer pour longtemps à déployer ce beau luxe, dans des salles où le stuc, imitant le marbre, est embelli par des fresques empruntées d'Herculanum; tandis que des calorifères y procurent, même en janvier, la température et la floraison d'un printemps d'Italie.

Sur les tables, l'art de conserver ou de supprimer la chaleur vient au secours de la sensualité. Des réchauds en bronze argenté, d'une forme elliptique ou circulaire, contenant une petite bougie invisible, supportent les plats qui doivent être tenus chauds; tandis que des vases métalliques, argentés ou dorés, sont remplis d'une glace pilée, au milieu de laquelle on pose les bouteilles de champagne qu'ont sert *frappé*, c'est le mot, par une température abaissée à zéro du thermomètre.

L'art des Ravrio, des Thomire et des Denière, quelquefois compromis par des aberrations malheureuses, est toujours regardé comme supérieur par les autres peuples. Les souverains étrangers continuent d'orner leur table avec les chefs-d'œuvre sortis des ateliers de nos artistes; mais ceux-ci ne conserveront la supériorité, qu'en n'oubliant jamais qu'ils la doivent à la beauté des sculptures, à l'élégance des formes, au goût parfait d'un ensemble harmonieux.

L'orfévrerie rivalise avec la sculpture en bronze pour l'embellissement des tables, et le travail de pièces aussi nombreuses que variées, depuis l'assiette jusqu'à la plus riche soupière.

Parmi les artistes dont les produits sont dignes d'être admirés, il faut citer les chefs-d'œuvre que M. Odiot père fabriqua pour l'empereur Napoléon. Ils reproduisent avec un rare bonheur d'appropriation les formes les plus pures des vases antiques. Ils ne sont pas moins remarquables pour le savant ajustage des pièces. Cet art consciencieux, d'autant plus parfait qu'il dérobe mieux aux regards ses raccordements et ses jointures, permet de réunir à l'élégance une solidité précieuse, même aux yeux de la richesse, quand elle s'applique à d'admirables produits dont elle assure la durée.

L'artiste que nous signalons avait réalisé l'heureuse pensée d'exécuter en bronze, et de grandeur naturelle, les modèles de ses œuvres les plus remarquables. Il a fait présent de cette collection au Musée de la Chambre des Pairs. Si Benvenuto Cellini avait possédé la même prévoyance, et s'il avait eu la même générosité pour Rome, ou pour Florence sa patrie, les musées des Médicis auraient conservé des œuvres à jamais regrettables, dont il ne reste aujourd'hui que de pâles descriptions.

L'orfévrerie de l'ancien régime, fondue par la peur ou portée à l'étranger par l'émigration, avait disparu, comme les bronzes dorés, dès les premiers temps de la guerre et de la Terreur. C'était donc pour ces deux arts, une autre renaissance, que l'époque inaugurée par le 18 brumaire.

Aujourd'hui l'orfévrerie française, dégradée par le mauvais goût de l'Inde, de l'Angleterre et du siècle de Louis XV, adopte des formes barbares, surchargées de guillochages et d'ornements disparates. Ainsi, dans moins d'un demi-siècle, nous voyons se succéder avec une rapidité qui n'appartient qu'à nos temps versatiles, la renaissance, la perfection et la décadence d'un même art!

Revenons, maintenant, à des industries plus simples, qui conviennent aux moyennes fortunes. Pour elles le plaqué remplace l'argenterie, mais avec les mêmes défauts de formes et d'ornements. Nous sommes encore éloignés de l'économie intelligente où l'on peut porter cette industrie dans laquelle les Anglais triomphent. Avouons néanmoins que, chez nous, elle agrandit rapidement ses travaux, améliore ses produits, et rend ses procédés de plus en plus économiques.

Je me suis trop étendu, peut-être, sur des plaisirs somptueux et sur les industries brillantes qui s'y rattachent. Il faut descendre à de plus modestes jouissances : leur simplicité satisfait le sage quand elle est unie à la modération, sans laquelle il n'est ni plaisir complet, ni santé durable, ni bonheur constant.

Qui n'aimerait les souvenirs et les usages de cette Normandie, la prudente et l'avisée, si positive aujourd'hui, si chevaleresque autrefois, de cette patrie des vieux faits d'armes et des belles cauchoises, aux coiffures élégantes héritées du moyen âge, ce pays d'aisance et de confort, où chaque fermier, chaque petit propriétaire veut avoir sur sa table le couvert d'argent pour un convive, et dans son jardin, d'après un dire plein de grâces : quelque pommiers pour la boisson, quelques poiriers pour les amis, quelques roses pour la beauté !

En France, suivant nos anciennes mœurs, les petits consommateurs, dont l'ordinaire est uniforme et réglé durant la semaine, se réservent le dimanche pour quelque innocente jouissance. C'est le jour qu'ils choisissent pour orner un peu leur modeste repas, pour y convier un parent, un ami; et s'ils sont habitants des villes, pour aller, dans la belle saison, allier au plaisir alimentaire les sensations pures et douces de la campagne et des ombrages.

Mais il est d'autres amateurs, et malheureusement la majeure partie appartient encore aux classes laborieuses, qui ne bornent pas là le bonheur de la vie. C'est trop peu pour eux que le dimanche, nous dirons presque c'est trop vulgaire à leurs yeux. Le dimanche est un jour où l'on commence seulement à se mettre en train ; il est, pour le joyeux compagnon, ce qu'était la veille des armes pour les futurs chevaliers : à cela près qu'il ne passe pas cette veille dans le jeûne et la prière. Mais le lundi, le mardi, quelquefois même le

mercredi, dans les grandes et bonnes circonstances,
voilà les jours consacrés à la dépense, à la consommation, surtout à celle des boissons spiri-
tueuses. Telle est la joie, mais quelles sont ses
conséquences?

Souvent nous avons présenté les résultats d'expérience les plus propres à convaincre les ouvriers des funestes effets de semblables mœurs[1].
Ainsi, nous le leur avons démontré, par l'examen
des causes d'aliénations mentales chez le sexe
masculin : dans les hospices du département de
la Seine, sur *mille* individus qui perdent la raison
par des causes physiques, il en est *cent soixante-
quatorze* qui le doivent directement à l'abus du
vin et des liqueurs, et *trois cent neuf autres* pour
lesquels ce genre d'excès contribue comme cause
secondaire, mais puissante.

Dans les *six cents suicides annuels* qui s'ac-
complissent maintenant à Paris, les suites de l'i-
vrognerie ont aussi leur funeste part, ou principale ou secondaire.

Enfin, parmi les *trois cents morts déposés annuellement à la Morgue,* l'ivresse, avec ses accidents, réclame sa triste influence.

[1] Discours prononcés au conservatoire des arts et métiers : PETIT
PRODUCTEUR FRANÇAIS, vol. IV, *de l'ouvrier,* et vol. V, *de l'ouvrière.*

Quand un ouvrier s'accoutume à dévorer, à boire, chaque dimanche et chaque lundi, toutes les économies de la semaine précédente, que lui reste-t-il en cas d'accident, de malheur, de chômage, de maladie ou d'infirmité? rien! rien que la misère, la misère anticipée, et tôt ou tard l'hôpital.

C'est aux historiens, aux juges de l'industrie nationale qu'il appartient de signaler avec énergie les effets de ces immenses causes de démoralisation contre lesquelles il importe que tous les amis de l'humanité réunissent leurs efforts.

Après avoir indiqué le mal, il faut signaler le bien. Depuis vingt ans, les hommes qui s'occupent du sort de la classe ouvrière l'exhortent à la modération, à la sobriété, à l'économie, en même temps qu'ils la convient à l'instruction primaire, industrielle, morale et religieuse. Leurs efforts n'ont pas été sans succès.

Chacun de ces ouvriers qui vont mourir à l'hôpital ou quêter un linceul, soit pour eux, soit pour leurs proches, et cela parce qu'ils ont mangé chaque semaine les épargnes de cinq jours, et perdu les deux autres; s'ils avaient mis en réserve 2 francs d'économies hebdomadaires et les 2 francs de salaire moyen d'un jour ouvrable perdu, veut-on savoir ce qu'ils auraient pu, de vingt à soixante ans, ménager pour leurs vieux jours? même au simple taux de quatre pour cent, ils auraient pu se créer un capital de 19,765 francs, lequel leur aurait donné, suivant les résultats de ce même intérêt, un revenu de 790 fr.; c'est-à-dire plus que leur paye moyenne, plus qu'il n'en faut pour vivre chez soi, même malade, même infirme, en renonçant pour jamais à l'aumône de l'hôpital et du linceul.

De pareils calculs, offerts à maintes reprises aux ouvriers, ont déjà convaincu beaucoup d'entre eux.

A Paris, par exemple, il y a quinze ans, à peine comptait-on parmi les déposants aux Caisses d'épargne, un septième fourni par la classe ouvrière; aujourd'hui plus des trois septièmes appartiennent à cette classe.

Déjà des proportions moins affligeantes, entre les décès à domicile et les décès à l'hôpital démontrent les bons effets de cette aisance et de cette moralité croissantes.

SUR MILLE PARISIENS DÉCÉDÉS, IL EN EST MORT:

DANS LES ANNÉES.	À DOMICILE.	À L'HÔPITAL.
1817 à 1821..........	623	377
1822 à 1826..........	646	354
1833 à 1834..........	651	349

Il y a là progrès évident; mais combien il est faible et lent; et que d'efforts ne faut-il pas accumuler, pour lutter contre les passions vulgaires, et pour améliorer sensiblement les mœurs d'un peuple!

A mesure que les hommes se forment un capital, l'esprit d'ordre et de raison prédomine chez eux; l'idée de l'avenir se présente autrement à leur pensée que sous l'aspect hideux de la mort à l'hôpital, et de l'enterrement gratuit. La dignité passe dans leurs âmes; elle leur fait repousser avec horreur l'idée de ces dégradations périodiques où l'individu perd à la fois ses ressources, sa raison et sa santé, pour descendre au-dessous de la brute.

Au milieu de nos campagnes, l'ivresse est généralement diminuée; même dans les foires, les apports et les fêtes patronales. Avec ce vice disparaissent les rixes, les batailles, les blessures et les morts accidentelles, qui s'en suivaient si fréquemment.

Chose remarquable! C'est surtout dans nos départements où le vin n'est pas récolté, que l'ivresse occasionnée par la consommation des liqueurs vineuses est la plus fréquente. Au contraire, dans les pays méridionaux, où l'on peut produire le vin à deux sous, à six liards le litre, la classe laborieuse ne s'enivre pas : on dirait qu'à ses yeux ce n'est pas la peine de perdre, à *si bon marché*, la raison et la santé.

SENS DE L'ODORAT.

Un grand nombre de jouissances de l'odorat sont intimement liées à celles du goût. C'est un bienfait de la nature, qui, dans une foule de cas, nous révèle, par le sens olfactif, les qualités insalubres et dangereuses des aliments et des boissons.

Un des principaux conforts de la vie consiste à préserver son habitation d'odeurs malsaines et révoltantes. La première des conditions pour obtenir ce résultat est la propreté de la maison, des meubles, et finalement de la personne.

A cet égard, il faut le dire, la masse du peuple, surtout dans les campagnes, les faubourgs et les mauvais quartiers des villes, est encore dans un état déplorable. Le devant des maisons est un cloaque; et l'intérieur, chez plus de la moitié des habitants, soulève le cœur. On peut croire en les voyant proprement vêtus les jours de fêtes, que du moins leurs personnes sont plus soignées; mais, pour être tristement désabusé, il suffit de voir opérer un conseil de révision, après le tirage du recrutement. Pour les trois quarts des hommes inspectés ainsi, c'est une abominable saleté.

Que résulte-t-il d'une semblable négligence? La multiplicité, la perpétuité de maladies cutanées, les unes honteuses, les autres funestes.

Dans Paris même, sur cent réformés, à cause de maladies, vingt-trois le sont pour des maladies que la propreté pouvait prévenir ou du moins atténuer beaucoup. Cette proportion est déplorable.

La propreté semble surtout nécessaire dans les climats chauds, où la fermentation, et la putréfaction qu'engendre le vice contraire, sont plus actives et plus rapides; mais, par un contraste bizarre, en France, elle diminue du septentrion au midi, pour offrir son maximum dans le département du Nord, et son minimum vers l'ouest, en Bretagne; vers le sud, en Auvergne et sur la frontière espagnole; enfin vers le sud-est, en Provence.

Le service militaire qui donne à nos soldats les mêmes mœurs, les mêmes usages et la même propreté, tend à faire disparaître ces inégalités dégoûtantes.

La chimie, par l'admirable découverte de Guyton de Morveau, parvient à détruire les odeurs funestes et le danger que produisent des matières animales ou végétales en putréfaction. L'usage du chlore est beaucoup facilité sous la forme liquide du chlorure de chaux dissous dans l'eau, d'après le procédé de M. Labarraque. C'était pour désinfecter les prisons et les hôpitaux que Guyton de Morveau avait d'abord présenté ses procédés : maintenant on les étend aux simples habitations, aux navires, aux manufactures nauséabondes, etc.

Après l'art de supprimer des odeurs funestes ou révoltantes vient celui d'en faire naître de salutaires ou du moins d'agréables. Longtemps on avait cru que les odeurs qui nous plaisent et qui font disparaître les sensations odieuses à l'odorat devaient porter avec elles la salubrité. C'est ainsi qu'on parfumait avec de l'encens les chambres de malades; mais on ne faisait que masquer, sans les détruire, les germes de putréfaction répandus dans l'atmosphère.

Il faut considérer sous le seul point de vue de l'agrément les odeurs et les parfums qui plaisent à nos sens.

L'art de produire les parfums constitue une industrie spéciale; elle prépare les éthers, les essences, les eaux, les huiles, les pâtes et les parfums tirés soit du règne végétal, soit du règne animal.

La confection des essences extraites de la rose

et d'autres fleurs odoriférantes, est principalement pratiquée dans le midi du royaume, où le soleil plus actif donne aux plantes une plus grande abondance de principe aromatique.

L'eau de Cologne occupe seule un certain nombre de fabricants : sa confection a cessé d'être un secret possédé par les religieux de cette ville.

D'autres laboratoires de parfumerie préparent directement les eaux, les huiles, les pâtes et les parfums tirés soit du règne végétal, comme l'eau de Cologne, l'eau de fleur d'orange et l'essence de rose, soit du règne animal, comme le musc. D'autres industries ont pour but d'imprégner de certaines odeurs les objets nécessaires à l'ameublement, au vêtement, aux soins même de la personne.

Dès 1818, Chaptal évaluait à treize millions de francs le produit des parfumeries françaises ; produit au moins tiercé depuis cette époque.

On doit compter parmi les progrès de nos arts utiles le perfectionnement des savons fins et parfumés, opaques ou transparents, employés à la toilette : leur préparation fut introduite en France il y a vingt années, à l'imitation de l'Angleterre.

On a pareillement perfectionné les vinaigres et les sels aromatisés. La joaillerie les renferme dans des bijoux que les femmes portent comme parure

et quelquefois par utilité calculée, quand elles ont
ou veulent avoir des maux de nerfs.

Autrefois, l'on parfumait la poudre que les deux
sexes employaient à leur coiffure. Pour cet usage
et pour donner du corps au linge blanchi, l'on préparait annuellement, vers 1789, dix-huit millions
de livres d'amidon. Actuellement, cette substance
ne sert plus guères qu'à l'apprêt des tissus, dans
les ménages et dans les manufactures.

Depuis peu d'années, quelques femmes savantes
en toilette, lorsqu'elles ont encore de beaux cheveux blonds ou cendrés, croient produire une
illusion nouvelle en les couvrant d'une poudre
parfumée, de même couleur, aussitôt que leur
visage devient légèrement suranné : un tel artifice
enlève à leur chevelure les brillants reflets et cet
éclat soyeux et satiné, qui ne s'allient plus à la
suavité disparue d'une carnation jadis virginale.

Pour les personnes, au contraire, qui sont
encore dans la fleur de la jeunesse et des charmes,
on parfume les huiles précieuses, incolores et diaphanes, qu'on emploie pour donner aux cheveux
des femmes élégantes, et des hommes efféminés,
ce lustre vif et pur, dont les reflets harmonieux
embellissent beaucoup les coiffures modernes.

L'on parfume les pâtes d'amande et toutes celles

dont l'usage peut donner plus de douceur et de blancheur à la peau; l'on parfume la ganterie.

Depuis quelques années, par suite d'un prix qu'avait proposé la société d'encouragement, les Français savent fabriquer les cuirs odorants, façon de Russie, dont on fait usage pour les reliures, les portefeuilles, les boîtes à ouvrage, etc. MM. Duval-Duval et Grouvelle ont remporté ce prix. C'est l'écorce du bouleau, convenablement employée comme tannin, qui produit l'odeur piquante et parfumée des cuirs de Russie.

Un des principaux charmes des jardins, des bosquets, des berceaux, provient des odeurs qu'ils exhalent. Grâces aux combinaisons du jardinage, on mélange artistement les arbrisseaux et les plantes qui fleurissent en diverses saisons. Par ce moyen, dans la plus grande partie de l'année, le sens de l'odorat n'est pas moins flatté que le sens de la vue, par les fleurs variées dont la floraison se succède presque sans interruption.

L'industrie ne s'est pas contentée d'imiter à s'y méprendre les arbustes, les plantes et les plus belles fleurs; afin de rendre l'illusion complète, elle parfume ses produits avec des essences qui leur donnent l'odeur des fleurs naturelles.

On forme ainsi des groupes magnifiques de

fleurs imitées, pour orner les tables dans les festins : on en décore les surtouts de porcelaine, d'albâtre et de bronze doré.

La nature même, avec ses instincts de parure et d'harmonie, instruit la jeune fille à cueillir une fleur des champs, pour la poser dans ses cheveux ou sur son sein. Dans nos cités, un art savant choisit entre les fleurs les plus suaves à l'odorat, ou les plus gracieuses à la vue, celles dont les couleurs sont en harmonie avec la couleur même des cheveux et le teint de la femme qu'il faut parer. Le siècle de Louis XIV nous a présenté des modèles dans ce genre : telle est la coiffure si gracieuse d'Hortense de Mancini, reproduite et variée par nos artistes modernes.

Les fleurs, comme nous l'avons expliqué, section des arts domiciliaires, sont de plus en plus employées pour embellir nos habitations, qui, dans la saison rigoureuse, leur servent de serres chaudes.

Un luxe royal est celui des orangeries dont les arbres mêmes ont des feuilles parfumées, et que l'industrie fait fleurir dans les climats les moins favorisés de la nature.

De là, jusqu'à l'humble pot de réséda dont l'ouvrière parisienne orne sa mansarde, on peut concevoir tous les degrés intermédiaires auxquels

18.

satisfait l'horticulture, pour les diverses classes de la société.

Depuis quarante ans, les naturalistes ont rapporté du nouveau monde et fait cultiver dans nos jardins, dans nos serres et dans nos intérieurs, une foule de nouvelles plantes dont les fleurs sont précieuses, les unes pour leur odeur, les autres pour leurs couleurs : tels sont les rosiers d'Orient, les dahlia, les camélia, et les hortensia nommées et cultivées à la Malmaison où croissait, pour une grandeur que devait suivre l'infortune, cette Hortense du XIXᵉ siècle, à laquelle les arts sensitifs doivent des airs de romance plus poétiques encore que la poésie des paroles.

A Paris, capitale de tous les arts et de toutes les jouissances, le commerce des fleurs a pris un rapide accroissement depuis un demi-siècle : depuis dix ans, ce commerce est doublé.

Au lieu des misérables échoppes où ces fleurs étaient étalées à côté du poisson pourri, dans le marché des Innocents, et vendues par des poissardes insolentes, on a successivement établi trois marchés aux fleurs, en des localités spacieuses, bien aérées, couvertes d'ombrages naturels, et rafraîchies par des fontaines. C'est là que viennent s'approvisionner les femmes, aujourd'hui décentes

dans leur langage et leurs manières, qui préparent
les bouquets et les couronnes, non-seulement pour
les bals, les concerts, les fêtes et les simples soi-
rées, mais afin de satisfaire aux plaisirs d'un luxe
habituel. Les boudoirs, les salons, les chambres
à coucher et à manger, les vestibules, les escaliers,
les portiques même sont embellis aussi d'arbustes
et de plantes à fleurs, dont la vente ou la simple
location deviennent l'objet d'un négoce lucratif.

Les mariages, un peu moins dispendieux, n'exigent qu'une fois dans la vie, pour la vierge fiancée,
le bouquet blanc et la couronne d'oranger ; et des
fleurs colorées, autant de fois qu'il plaît à nos
veuves sensibles de n'être plus inconsolables.

C'est surtout aux jours de fêtes les plus habi-
tuelles dans nos familles, qu'un usage touchant
accroît la vente des fleurs. Croira-t-on qu'en 1834,
la veille de Notre-Dame d'août, pour la fête de
Marie, il y avait sur le marché de Paris, à cinq
heures du matin, 30,000 pots ou caisses de fleurs,
dont les ventes ont produit 45,000 francs? Ce fait
nous montre combien le peuple avait fait d'achats
à bas prix, pour compenser, dans la valeur moyenne
de trente sous, les beaux arbustes et les plantes
rares qui conviennent aux présents de l'opulence
S'agit-il des fêtes d'hiver? on a calculé, pour

une semaine, que la simple location des arbrisseaux a produit 7,900 francs dans les grands bals
parés, et 4,100 francs dans les bals particuliers;
en même temps, la garniture des corbeilles, des
plates-bandes et des jardinières a coûté plus de
6,000 francs.

L'art de faire des bouquets de fleurs naturelles,
comme l'a perfectionné M.ᵐᵉ Prevost, du Palais-
Royal, est tel aujourd'hui qu'on peut les envoyer
dans les villes de nos départements et dans les
cités étrangères. L'année dernière, pendant la
première semaine de janvier, on a vendu, dans
Paris, pour 20,000 francs de bouquets.

Sans nous arrêter à de plus grands détails,
disons, en un mot, qu'on évalue maintenant *à près
d'un million* la location et la vente annuelle des
fleurs dans la capitale.

Malgré ce riche commerce de fleurs naturelles,
si belles, si variées, si nombreuses en toute saison,
l'industrie n'a pas désespéré de rivaliser avec la
nature. Dans ces derniers temps surtout, la préparation des fleurs artificielles a fait d'étonnants
progrès : on est frappé d'admiration lorsqu'on
visite les riches magasins où sont étalées ces
imitations qui font une illusion, pour ainsi dire
complète, même aux yeux d'un connaisseur déli-

rat. C'est là qu'on voit reproduits, avec une rare fidélité, le feuillage, la tige, les boutons et les fleurs, non-seulement de nos plantes indigènes, mais des plantes exotiques les plus remarquables.

Une autre industrie s'empare de ces produits de l'art; elle les substitue ou les mêle aux fleurs naturelles, pour les bouquets ou les parures de têtes; les ornements de chapeaux ou les guirlandes de robes, sans qu'on puisse distinguer entre l'œuvre de l'art et les œuvres de la nature. Par là, des fleurs exotiques, si délicates qu'elles n'auraient pu supporter pendant deux heures la température africaine et l'air flétrissant de nos *raouts* et de nos bals, ces fleurs imitées brillent, sans se faner, pendant un grand nombre d'heures, dans tout l'éclat fugitif qu'elles ont sur leur terre natale.

Mme Nattier, M. Batton et M. Cartier ont fait pour les fleurs ce que MM. Bourguignon et Wieland ont fait pour les pierres précieuses; mais avec plus de mérite, peut-être, car l'illusion est plus difficile à produire lorsqu'il s'agit d'égaler les nuances si délicates et si suaves de la rose, que pour obtenir les splendeurs métalliques et limpides du diamant, du rubis ou de l'émeraude.

Un culte chrétien, resté fidèle aux plaisirs purs et doux des arts sensitifs, parc de fleurs ses autels : il en bénit le germe, dans la campagne, aux premières aurores du printemps. Bientôt après, le jour de la Fête-Dieu, il en couronne la tête innocente des jeunes filles pour qui ce jour finit l'enfance, et commence l'avenir d'une seconde existence; d'autres fleurs effeuillées emplissent des corbeilles pour être jetées au ciel, le parfumer d'odeurs plus suaves que l'encens, et retomber en tapis émaillé, sous les pas des prêtres. Dans ces processions majestueuses, les blanches parures des jeunes filles et les vêtements orientaux des pontifes n'offrent à nos regards, comme à nos imaginations, que des idées harmonieuses de grâce et de majesté, de bienfaits du tout-puissant et d'hommages rendus par une foi ingénue, tendre et reconnaissante. Voilà des fêtes qui comptent déjà dix-huit siècles d'anniversaires; et pourtant elles semblent toujours nouvelles, toujours attrayantes et toujours sublimes, aux yeux du peuple comme aux yeux de l'artiste et du vrai sage.

ARTS AUDITIFS.

Je comprends dans cette classe les arts ayant pour but d'être utiles ou simplement agréables à l'homme par le sens de l'ouïe.

L'art de parler, la déclamation, et le chant n'ayant d'autre matériel qu'un organe de l'homme, l'industrie proprement dite reste étrangère à l'essence de ces arts; elle y supplée par des accessoires.

La science de l'*acoustique* a montré d'après quels principes et suivant quelles formes il faut disposer les théâtres et le local des grandes assemblées pour l'enseignement ou les délibérations. On a conçu l'avantage de placer le professeur où l'orateur dans un point fixe et central, vers lequel fussent tournés directement les siéges de tous les spectateurs. Cette seule condition, jointe à celle d'admettre dans un espace donné le plus grand nombre d'auditeurs, a déterminé la forme semi-circulaire des amphithéâtres et des salles d'assemblées.

En 1784, la capitale même n'avait aucun amphithéâtre pour l'enseignement et les assemblées publiques; elle en possède aujourd'hui de magnifiques, au Jardin des plantes, à l'École de médecine, à l'École polytechnique, au Conservatoire des arts et manufactures, à la Chambre des Députés.

Le problème est plus difficile à résoudre pour les théâtres, où la scène large et profonde, doit être aperçue dans son entier, de tous les points de la salle, par des auditeurs placés le plus directement possible en face du point d'où part la voix des acteurs.

Avant la révolution, nos théâtres étaient construits avec autant de mesquinerie que d'ignorance : Voltaire s'en plaignait sans cesse. Point de grandeur dans les proportions, nulle facilité dans les dégagements ; rien de cette intelligence des formes simples et continues, si bien saisies par les Italiens, pour permettre à la voix humaine de se faire entendre sur tous les points des plus vastes salles.

L'architecte Soufflot, auquel la France doit le Panthéon, le théâtre des Italiens et celui de l'Odéon, commença, dans Paris, il y a cinquante ans, à ramener le goût français aux belles proportions de l'architecture ; mais en restant loin de la perfection qu'on doit espérer d'atteindre.

Le nouvel Opéra, salle provisoire et modèle périssable d'un beau monument, remplit un bien plus grand nombre de conditions, surtout auditives.

A l'époque où l'on ne concevait pas d'architecture sans colonnes prodiguées partout, on bâtit le théâtre Français, avec un demi-cercle de colonnes placées en avant des premières et des secondes loges ; ce qui brisait la voix des acteurs et nuisait à la vision des spectateurs. Depuis 1820, en imitant les Anglais, on a remplacé ces massives colonnes par des soutiens en fer doré, minces et solides, qui n'ont plus ce grave inconvénient.

La première condition pour qu'un sens soit pleinement satisfait, est que les autres n'aient rien à redouter et n'éprouvent aucun malaise. C'est donc un perfectionnement véritable que d'avoir assis tous les spectateurs, de leur avoir donné des places distinctes et protégées par une séparation. C'en est un autre, déjà signalé, d'avoir disposé si bien la salle et les siéges, que presque partout le spectateur soit assis en face de la scène, où se porte sans fatigue son regard direct, et qu'il embrasse tout entière.

Les anciens savaient rendre sonores leurs salles de spectacle, par des vases creux incrustés dans les murs : nous n'avons pas reconquis cet art.

Il est un danger contraire : c'est de rendre la salle trop sonore, par des surfaces polies et planes, dont l'élasticité réfléchit les vibrations de l'air, produit des échos, et, ramenant à la fois dans l'oreille de l'auditeur des sons émis successivement, y produit la confusion et la cacophonie. On a trouvé le moyen de parer à cet inconvénient avec des draperies artistement groupées. Sur la molle surface de ces draperies, les sons expirent après avoir parcouru leur route directe dans chaque partie de la salle ; ils ne reviennent plus sur eux-mêmes par la réflexion.

Les anciens donnaient à leurs acteurs des masques dont la bouche, en forme conique, était un véritable porte-voix. Nous repoussons ce moyen ; il fait perdre l'expression de la physionomie et le jeu des lèvres, indices précieux qui révèlent à la fois les articulations prononcées ou chantées, les intentions de l'esprit, et les agitations d'une âme passionnée.

Nous réservons le porte-voix pour le commandement des officiers sur les navires, parce qu'au milieu du sifflement des vents et des mugissements d'une mer agitée, la voix de l'homme serait souvent inefficace à se faire entendre d'une extrémité du bâtiment à l'autre, et du pont sur les hunes. Les formes du porte-voix sont simples; mais on en a varié la matière et perfectionné la fabrication.

Il est singulier qu'au théâtre et dans les vastes assemblées, les auditeurs suppléent à l'affaiblissement de la lumière, en raison du carré des distances, par des instruments d'optique de plus en plus apparents, tels que nos doubles lunettes d'opéra. Nul, au contraire, s'il n'est sourd, n'oserait suppléer à l'affaiblissement des sons par un instrument acoustique, qui pourtant ne cacherait pas le visage et n'ôterait rien à l'expression de la physionomie. L'ouïe semble le seul de nos sens que nous n'osons pas secourir en public. Serait-ce qu'en public nous voulons d'abord être spectateurs et surtout spectatrices? De là le nom de *spectacles* qu'on donne, en France, même aux théâtres de musique, où l'on va moins encore pour entendre que pour voir chanter.

La musique est tributaire de l'industrie à laquelle elle demande des instruments, simples et grossiers chez les peuples dans l'enfance, variés, délicats et puissants chez les peuples ingénieux et policés.

L'Italie, longtemps en avance de tous les peuples modernes, avec son beau climat si favorable au développement, à la conservation de la voix, à la vivacité des impressions musicales, l'Italie a longtemps occupé le premier rang, et pour la composition du chant et pour le chant même, et pour la confection des instruments, de ceux surtout dont les sons se tirent avec l'archet.

En fabriquant des violons, de simples luthiers italiens ont acquis une célébrité séculaire; tels ont été les Stradivarius, les Amati, les Maggini. Ces artistes ont tellement obtenu la perfection que, chez les autres peuples, on aspire seulement à s'approcher du point atteint par de tels maîtres, sans espoir de les dépasser.

La théorie des vibrations sonores, l'art de proportionner les formes et les épaisseurs les plus avantageuses qu'elle révèle pour les diverses parties de l'instrument, ont fait obtenir des résultats remarquables à M. Savart, membre de l'académie des sciences, auteur d'expériences aussi neuves qu'ingénieuses, ainsi qu'à feu Chanot de Mirecourt, ancien élève de l'école polytechnique. Ce dernier produisait des instruments qui, dès le premier jour, égalaient en qualité de sons ceux qui ne deviennent excellents qu'après avoir été longtemps joués par de bons maîtres. Il a mérité la médaille d'argent à l'exposition de 1823.

L'exposition de 1834 nous offre de beaux résultats obtenus par M. Vuillaume, luthier parisien, pour imiter à s'y méprendre de très-bons violons d'Italie.

Nous avons nommé Mirecourt. C'est là qu'on fabrique les violons de la petite propriété, plus ou moins justes de sons, mais du moins à juste prix : depuis un maximum de 60 francs jusqu'au minimum de 2 francs 50 centimes par violon ! Cette industrie seule occupe 600 ouvriers, dont chacun peut fabriquer un instrument par jour. Pour une toule de villages où l'on n'entendait, il y a cinquante ans, que les sons de la cornemuse, vulgairement appelée *la chièvre*, dans toutes ces localités, qui contiennent vingt-cinq millions de Français, le croira-t-on ? le violon de cinquante sous est un immense progrès.

La guitare, légère et portative, dont les faibles sons conviennent aux chants à demi murmurés, dans le silence de ces belles nuits où tout invite au réveil, sous les climats voluptueux de l'Espagne et de l'Italie; la guitare est chez nous un instrument sans opportunité, sans importance et presque dépaysé. On la fabrique cependant, mais en petit nombre, avec recherche dans les ateliers de Paris, avec économie dans ceux de Mirecourt.

La harpe, l'instrument, nous dirons presque l'organe de l'enthousiasme et de la poésie, que le lyrique des Hébreux, que les rapsodes d'Homère, que les bardes de l'Écosse, de l'Irlande et du pays de Galles rendaient inséparable de leurs chants; la harpe était encore dans un état d'imperfection vers le commencement de l'époque dont nous écrivons l'histoire industrielle. Ce furent les célèbres Érard qui donnèrent aux formes de cet instrument plus de luxe et d'élégance; ce furent eux qui triplèrent sa richesse diatonique, par un jeu de pédales et de leviers savamment combiné pour correspondre, sur diverses cordes, aux mêmes sons de chaque octave. On peut voir dans les Mémoires de Mme de Genlis, qui fut habile à jouer de la harpe, combien la structure en était imparfaite, lorsqu'elle commença de s'en servir.

Malgré de tels progrès, cet instrument, si coûteux, si facile à déranger au milieu du jeu par la rupture des cordes, cet instrument, qui pose pour ainsi dire théâtralement la femme appelée à s'en servir, qui met en relief, il est vrai, toute la beauté des mouvements et des formes, met aussi dans la plus déplorable évidence le bras, la main, le pied, la taille qui ne sont point parfaits ; et la coquetterie court un tel danger pour produire des sons toujours moins variés, moins multipliés dans un temps donné, que ceux du piano, dont le doigter est infiniment plus rapide ! Aussi, la harpe devient-elle, chaque année, moins apprise et moins jouée : elle disparaît par degrés des concerts instrumentaux. Rarement elle accompagne les chanteurs et les cantatrices, dont la voix brille davantage avec l'accompagnement du piano ; moins pénétrant, moins vibrant, moins humain que celui de la harpe.

En 1784, à peine en France avait-on l'idée du piano : des clavecins aigres et discordants suffisaient pour des oreilles encore bien peu sensibles au charme de la mélodie. Depuis cette époque, la construction des pianos a fait d'admirables progrès entre les mains habiles des artistes français.

Les frères Érard ont commencé vers ce temps à fabriquer ces instruments nouveaux qu'ils ont perfectionnés sans cesse dans le cours d'une carrière de près d'un demi-siècle. Plus tard, Petzold, Pfeiffer et Pape ont rivalisé d'industrie avec ces célèbres luthiers, pour obtenir dans toute l'étendue de l'échelle diatonique, des sons puissants, purs, et flatteurs à l'oreille ; pour rendre le doigter facile et le choc des marteaux instantané sur les cordes ; pour essayer de placer ces marteaux sous le plan des cordes, afin qu'elles fussent laissées à toute la puissance de leurs vibrations aussitôt après le choc ; pour accroître le volume des sons par l'habile disposition et les proportions accrues des tables d'harmonie ; enfin, pour donner aux instruments une durée qui seule peut compenser la dépense qu'exige la perfection.

En conservant au piano à queue, le plus puissant de tous, les accompagnements d'opéra, les grands concerts et les salons de l'opulence, on a varié pour d'autres besoins la forme de cet instrument. Le piano carré suffit à de moindres réunions ; c'est ce dernier surtout que MM. Pfeiffer et

Pape ont perfectionné. On construit des pianos dont les cordes sont établies sur un plan vertical, et par là même occupent très-peu d'espace dans un appartement; ils sont moins chers que les précédents et conviennent à la petite propriété.

On calcule qu'en France le public possède près de cent mille pianos. Afin de compléter le nombre de maisons particulières où ce luxe est adopté, telle est la division des fortunes qu'il faut descendre très-bas. Néanmoins, nous restons bien au-dessous de l'Angleterre et de l'Écosse, où chaque fermier possède un piano pour ses filles.

On jugera, par un seul fait, des progrès de la construction des pianos. A l'exposition de 1819, une médaille d'or obtenue par les frères Érard, une médaille d'argent obtenue par Pfeiffer, furent les seules récompenses qu'on eut à décerner. En 1834, il y eut quarante-huit concurrents, parmi lesquels un Jury sévère, mais équitable, n'a pu s'empêcher de décerner ou de confirmer quatre médailles d'or, deux médailles d'argent, trois médailles de bronze et quatre mentions honorables. Cependant on a laissé, sans même prononcer leurs noms, trente-cinq facteurs, la plupart très-distingués.

La France n'a pu faire d'aussi grands progrès dans la fabrication des instruments à cordes, sans s'appliquer à fabriquer les cordes mêmes : c'est un problème aujourd'hui complétement résolu. Les cordes à boyau de MM. Savaresse ont été trouvées égales en qualités aux meilleures cordes de Naples, par les premiers artistes de la capitale ; et les cordes métalliques fabriquées par M. Mignard-Billinge sont comparables aux meilleurs produits de la Prusse et de l'Angleterre.

Les instruments à vent ont fait de moins grands progrès que les instruments à cordes.

La construction des orgues pour les églises et pour les couvents, si considérable avant la révolution, est réduite à bien peu de chose, aujourd'hui que le culte catholique est doté sur le budget et sur de rares centimes, facultatifs et variables, votés par quelques départements, pour remplacer les dotations immenses de l'ancien clergé français.

Afin de satisfaire aux besoins d'un nouveau peuple, on construit de petites orgues portatives, comparables aux pianos verticaux : elles peuvent servir aux oratoires privés, ainsi qu'aux églises de campagne et des moindres villes. Les Genevois ont imaginé des jeux d'orgue très-peu volumineux et de petits instruments à cordes métalliques mis en jeu par des rouages d'horlogerie ; c'est un objet de commerce que nous savons imiter.

Nous avons à mentionner peu de progrès dans la construction des instruments simples, tels que la flûte, la clarinette, le hautbois et le basson.

On a fait, en cristal, des flûtes dont le ton ne change point comme celles en bois, malgré la variation de chaleur que transmet l'humidité de l'atmosphère.

Par des rouleaux adaptés aux clefs des clarinettes, le doigter en est devenu plus facile.

Un village de France, la Couture, dans le département de l'Eure, est le Mirecourt des instruments à vent, qu'on y fabrique avec talent, et surtout à bon marché.

On a conçu des alliances heureuses pour combiner les effets de ces instruments primitifs.

Dans ces derniers temps, avec un pavillon qu'on adapte au basson, cet instrument est devenu plus puissant; par là, dans les orchestres, une partie naguère faible et délaissée se trouve élevée au niveau des autres parties.

Les trombones et les cors d'harmonie, si perfectionnés en Angleterre, sont aujourd'hui bien fabriqués par les artistes de Paris.

Dans la musique militaire, on a remplacé le faible et modeste triangle par les clochettes du chapeau chinois.

Grâce aux recherches de M. d'Arcet, membre

de l'académie des sciences, les cymbales et le tam-tam, ce *nec plus ultrà* de la musique retentissante, peuvent enfin être fabriqués en France : les ateliers de l'école de Châlons fournissent des cymbales à tous nos régiments.

Les troupes légères ont reçu de petits cors ou cornets, qui répandront un peu dans l'infanterie le sentiment et le goût de la musique, bien qu'ils laissent encore beaucoup à désirer.

Le génie d'un grand compositeur italien a cherché dans les instruments à vent, dans les tambours, les cymbales et les tam-tams, des auxiliaires propres à produire de fortes impressions. Il a rendu pour ainsi dire militaire et combattante la musique d'une certaine partie de ses opéras. Il a produit des effets sensibles sur des peuples qui, comme les Français et les Anglais, ont besoin des plus vigoureuses impressions musicales pour éprouver quelque peu les effets de cet art.

En résumé, depuis un demi-siècle la composition musicale, marchant de pair avec la fabrication des instruments, a fait chez nous des progrès remarquables.

L'exécution de la musique instrumentale a fait de plus grand progrès encore. Il suffit pour s'en assurer de lire la critique, exagérée sans doute, mais fondée à beaucoup d'égards, que Jean-Jacques Rousseau faisait de l'ancien orchestre de l'Opéra français. Cette critique offre un contraste piquant avec l'exécution, si parfaite aujourd'hui, de ce même orchestre, et de l'orchestre français au théâtre Italien. Maintenant, nous pouvons donner ou du moins prêter des musiciens instrumentistes du premier ordre aux meilleurs orchestres de l'Europe.

MUSIQUE D'ÉGLISE.

La musique des églises, simple, grave et majestueuse, n'employait habituellement qu'un petit nombre d'instruments. Le serpent pour accompagner les chants au lutrin, harmonie économique et qu'on retrouve même au village ; l'orgue, dont les sons puissants remplissent les plus grands vaisseaux et font éprouver des sensations profondes qui disposent aux élans les âmes religieuses ; enfin les cloches ; si variées dans leur grosseur, leurs tons, leur timbre, et leurs puissants effets.

La révolution regardait surtout comme un obstacle à ses innovations sociales une religion dont le principe est la fixité dans la foi, la stabilité dans les institutions et la perpétuité dans les sou-

venirs; elle voulait abattre le catholicisme. Peu
contente de saisir le temporel de l'église, et de
persécuter les ministres des autels, elle s'attaqua
surtout aux objets que ce culte empruntait aux
arts sensitifs.

Dès 1793, elle interdit aux fidèles les chants et
les solennités. Dans une foule de villes, elle dé-
truisit des orgues somptueuses; elle interdit le son
des cloches, et les brisa, tantôt pour battre monnaie, tantôt pour couler des canons.

Mais il était plus facile d'ôter au peuple sa musique sacrée, que l'impression profonde, gravée
dans sa mémoire et son imagination par des
chants solennels, et surtout par le son des cloches, dans nos petites villes, dans nos bourgs et
dans nos campagnes. Pour ceux qui sont nés dans
ces humbles lieux, leur âme rattache le tableau
des scènes les plus touchantes à des sons ineffaçables de leurs pensées et de leurs affections. Il faut
avoir entendu dans les vallées profondes, ou du
sommet des montagnes, ou du milieu des hautes
forêts, les sons de l'*Angelus,* soit à l'aube du matin,
soit au crépuscule du soir, pour comprendre la
magie de ces impressions qui convient l'homme à
porter ses pensées vers le créateur de la nature.
C'est le branle solennel des grandes fêtes, ou des

simples dimanches, qui retentit, de cœurs en cœurs,
jusqu'aux confins de la paroisse. C'est cette voix
de l'airain consacré, qui, même après vingt ans
d'absence, nous redit tant de choses, à la seule vue
du clocher de notre pays natal. C'est elle qui nous
rappelle la sonnerie vive et joyeuse du baptême
de nos enfants, et des mariages par lesquels s'est
continuée, propagée notre famille. C'est, enfin, le
glas lugubre et solennel, qui nous rappelle un
dernier devoir, rendu par la religion, à quelque
aïeul, à notre père, et peut-être à notre mère!

Eh bien! voilà tout ce que la soi-disant philosophie ravissait de force à nos paysans, au nom
de la liberté! Les regrets durèrent quatre ans, sans
rien perdre de leur puissance. Enfin, dans le
Conseil des Anciens, Camille Jordan fait entendre
les douleurs d'une âme religieuse; il demande
qu'on rende à nos campagnes les sons chéris par
l'enfance et révérés par la vieillesse. Il fait vibrer
dans les cœurs une corde toute puissante, et son
éloquence obtient la restitution qu'il réclame.
Partout le culte revient à ses solennités, des
chants s'élèvent de nouveau vers le ciel, et ce
premier élément de civilisation continue d'exercer
son bienfaisant empire.

On doit espérer peu de perfectionnements dans

l'exécution des instruments propres à la musique d'église, durant la période que nous décrivons.

L'esprit d'amélioration s'est porté, nous l'avons dit, sur des orgues de petites dimensions, pour les adapter aux modestes églises et même aux simples oratoires : ils ont profité des progrès qu'ont faits la structure et le jeu du piano.

On a donné quelques clefs au serpent, afin d'en varier les tons. On le remplace, avec avantages, par un instrument qui participe du serpent pour la gravité des sons, et du cor pour la puissance : tel est l'ophicléide.

La France a perdu les écoles de chant ecclésiastique, écoles dont l'origine remonte au règne de Charlemagne, et que défrayaient nos grandes abbayes ou nos riches cathédrales : c'est là que se formaient les plus belles voix qu'empruntât la scène lyrique.

De nos jours, un ancien élève de l'école polytechnique, M. Choron, avait créé, pour l'enseignement de la musique religieuse, une méthode abrégée qui produisait de précieux résultats : son école s'est éteinte avec lui.

Peu de musique d'église a fait la gloire de nos grands compositeurs depuis la chute de la république. Il faut en excepter pourtant quelques messes à grand orchestre des Cherubini, des Lesueur, etc., et l'admirable morceau que le hasard fit produite à Gossec.

C'est pour une fête de village que fut improvisée, peu de temps après la réouverture des églises, une composition comparable aux éloquentes mélodies de Pergolèse. Trois amis, Gossec, Dérivis et Laïs, étaient réunis à la campagne, lorsque le pasteur du lieu vint les prier, avec bonhommie, de faire honneur au patron *de son endroit.* Aussitôt Gossec s'inspire; il compose, pour un chant à trois voix, son magnifique *O salutaris.* La foule opulente accourt entendre, admirer ces accents; elle verse en aumônes abondantes le tribut de son suffrage, et les beaux-arts trouvent la gloire en faisant la charité.

***

MUSIQUE VOCALE POPULAIRE.

Au commencement de la révolution française, la nation prise dans son ensemble était, pour ainsi dire, étrangère à la musique. Les voix de l'immense majorité semblaient naturellement fausses. Les chants populaires se bornaient à des ponts-neufs sans mélodie, à des vaudevilles, à des noëls, à

des complaintes, aussi pauvres de poésie que
d'intentions musicales.

Sans doute, il commençait à se former une société d'élite, alors très-peu nombreuse, qui goûtait
les chefs-d'œuvre de la musique allemande et de la
musique italienne. Gluck et Piccini s'étaient partagé la fureur sectaire plutôt que l'enthousiasme
senti de leurs partisans exclusifs. Le Suisse Jean-
Jacques Rousseau nous avait montré qu'il est possible d'allier le charme de la mélodie, même à des
paroles françaises; le Belge Grétry, qui florissait
dans les premiers temps dont nous esquissons
l'histoire, poursuivait la même carrière avec bonheur et fécondité. Néanmoins, à cette époque où
naissait l'opéra comique français, il n'y avait pas
vingt villes de province où le théâtre essayât ce
genre gracieux : on en compte maintenant près de
quatre-vingts.

La Révolution, qui semblait devoir inspirer la
poésie passionnée et les chants généreux, ne fournissait au peuple que des chansons infâmes et san-
guinaires autant qu'abjectes : témoin cette chanson
trop fameuse, qui commençait trivialement par les
mot *Ça ira*, et dont la pensée était le massacre
d'une classe de citoyens; témoin encore la chanson bassement cruelle de *Madame Veto*, compo-

sée pour outrager une femme, une mère, et rendre cette reine un objet d'horreur.

Au milieu de ces ignominies et de cette atroce vulgarité, voici tout à coup le plus noble, le plus grand phénomène musical qu'offre l'époque dont nous écrivons l'histoire artistique.

L'Autriche, la Prusse, l'Allemagne entière, et la Russie dans le lointain, nous menacent; elles préparent leurs armes et leurs bataillons, pour nous ravir nos libertés! La France vole au-devant de l'attaque; elle atteste ses enfants rebelles, hostilement agglomérés sur les bords du Rhin, et soudoyés par l'Allemagne; elle invoque l'indépendance et l'honneur de la nation : elle déclare la guerre.

Le jour même où cette déclaration arrive aux frontières, à Strasbourg, un capitaine du génie, Rouget de Lille, sans gloire encore et sans œuvres, se sent frappé d'une inspiration qui l'élève au-dessus de lui-même. *L'hymne du combat,* avec sa musique et sa poésie simples et sublimes, s'offrent à la fois dans son imagination. C'est un chant grave, austère, à mouvement large et lent, mais expressif, mais gradué, mais puissant. Là, les paroles ne sont pas simplement un langage, c'est une peinture; c'est plus, c'est la vie, c'est la marche et l'entraînement d'un patriotisme profond, dévoué, qui s'apprète au martyre de la gloire, pour défendre le sol, la famille, les lois, et la liberté sainte.

Figurez-vous cette musique et cette poésie se faisant tout à coup entendre au milieu d'un peuple ivre de cette liberté, orgueilleux de ces lois qu'il n'a pas encore foulées aux pieds, et qui contemple sans pâlir la grandeur du danger! Tout ce que je pourrais exprimer d'admiration et d'enthousiasme, de cris et d'élans, d'honneur et de fierté, de courage, et d'indignation, de dévouement et de sacrifices excités dans les âmes, tout cela resterait au-dessous de la vérité.

C'en est fait : la France héroïque possède un chant national, illustre, impérissable. Après vingt-cinq siècles de silence, un autre Tyrtée renaît pour le salut d'une autre Lacédémone. Dix mille Spartiates s'étaient levés pour combattre, aux chants d'un poëte d'Athènes; un million de Français se lèvent pour combattre aux chants du Tyrtée moderne. A Valmy, à Jemmapes, à Fleurus, c'est aux accents de l'hymne sacré que les bataillons s'ébranlent, que les escadrons s'élancent, et que l'ennemi fuit épouvanté..... Plus tard, dans la plus grande scène d'héroïsme et de malheur, quand le vaisseau *le Vengeur,* cédant au nombre et criblé de boulets, coule bas, son immortel équipage, triomphant de la mort même ; ne descend dans la tombe de l'Océan qu'après avoir sanctifié son martyre par l'hymne sacré du combat et de la victoire.

Nous aurions souhaité qu'une horde du Midi, souillée de sang français, n'eût pas usurpé le nom chéri de notre ville grecque de Marseille, pour l'imposer à l'hymne saint du combat. Mais qu'importe l'origine d'un nom purifié tant de fois par la gloire sans tache de nos immortelles armées !

Croira-t-on qu'un grand écrivain, un noble cœur, M. de Châteaubriant, méditant sur le génie des révolutions, forcé de reconnaître cette admirable puissance du chant et de la poésie patriotiques, ait conclu de leur empire exercé sur les guerriers français, que nos soldats sont *des machines*.

Pour nous, simple historien de l'industrie, nous demanderons quelle machine parfaite, fût-ce la machine à vapeur, doublera jamais sa force par la grandeur des images que le génie de l'homme agrandit encore avec la sublimité des accents de l'héroïsme ?

Invoquons à notre tour l'auteur du *Génie du Christianisme*. Est-ce que les chrétiens n'ont pas leur hymne du combat, riche de poésie, admirable de mélodie religieuse, et tout empreint d'un enthousiasme sacré? C'est aussi l'œuvre d'un fils du sol français, de saint Ambroise.

Après trois siècles et demi de persécutions, après les triomphes plus récents sur l'arianisme, de vieux confesseurs de la foi, vétérans du martyre, et mutilés par la torture, sont debout encore sur les ossements de leurs devanciers. Ils élèvent leurs voix héroïques, et font entendre à la fois le chant du combat, de la victoire et de la reconnaissance : c'est le *Te Deum*, dont la musique et les paroles appartiennent au grand Ambroise. Les accents de cette hymne à la gloire de Dieu sont trouvés si beaux, que depuis quinze siècles l'Europe guerrière les répète au sein de l'église et sur les champs de bataille, pour rendre grâces à l'immortel arbitre des victoires. Je le demande : quand cette harmonie sacrée, jointe à des paroles qu'alors comprenaient les premiers fidèles, transportait leur âme d'une sainte ardeur et leur donnait, je dirais presque l'enthousiasme d'une mort immortelle, l'illustre poëte des *Martyrs* ne verrait-il, dans cette excitation sublime, qu'un effet produit sur des machines? Eh bien! c'est, pour le culte du Christ, le même effet que notre hymne du combat, pour le culte de la patrie.

Après le miracle de *la Marseillaise*, de grands poëtes et de grands artistes out allié leur génie afin de composer d'autres chants nationaux, parmi lesquels on admire *le Chant du départ*, de Chénier et de Méhul, et le chant de 1830, versifié sur un air étranger, par M. Casimir Delavigne, le poëte éloquent des *Messéniennes*. Mais un triomphe pareil au poëme de Rouget de Lille ne pouvait être deux fois produit parmi la même génération, ni parmi le même peuple.

La puissance de la musique sur les sentiments du peuple français s'étant signalée avec tant d'éclat en 1792, 1793 et 1794, le gouvernement comprit l'importance d'une école nationale et fonda le conservatoire de musique : institution grande et belle, où l'on professe toutes les parties instrumentales et vocales.

Le conservatoire n'a pas seulement formé des compositeurs, des musiciens et des chanteurs pour nos théâtres lyriques ; il est devenu l'école normale du professorat. Depuis quarante ans, ses nombreux élèves, devenus des maîtres habiles, ont propagé l'enseignement dans toutes les villes de France, et chez presque toutes les classes de la société.

Une autre cause de progrès doit être signalée :

les armées françaises, maîtresses de la Belgique, de l'Allemagne et de l'Italie, vivaient au milieu de populations très-exercées au chant, et très-passionnées pour la musique ; nos officiers, nos soldats se familiarisaient avec cette langue de l'âme, qui se fait entendre, de nation à nation, sans le secours de la parole.

Le vainqueur d'Italie, devenu premier consul, voulut qu'un théâtre italien, favorisé par l'État, fût ouvert à Paris. C'est à l'influence de ce théâtre qu'on doit en quelque sorte le développement et l'essor musical de tous nos spectacles lyriques, depuis la scène gracieuse où nous séduit *la Dame blanche*, jusqu'à la scène majestueuse où nous admirons la *Vestale*, *Fernand Cortès* et le chef-d'œuvre de *la Muette*.

C'est le théâtre italien qui, cédant à la France son illustre compositeur, rival de Corneille dans *Othello*, de Molière dans *Figaro*, de Racine dans *la Gazza*, a produit pour notre musique nationale *Moïse*, *Guillaume Tell*, et le *Siège de Corinthe*.

L'Allemagne à son tour nous envoie son grand musicien, Meyerbeer, pour communiquer à notre scène lyrique la puissance des fortes passions qu'excite la guerre civile. Mais, au lieu de nous partager, comme nos pères, en deux camps musicaux dont

chacun déteste l'autre, une admiration éclairée,
vive et profonde, popularise parmi nous les accents
et la gloire de ces deux maîtres de l'art, sans rien
ôter à notre enthousiasme pour les compositeurs
nationaux qui font honneur à la France.

La musique vocale a commencé depuis peu
d'années à passer dans l'instruction primaire, par
le bienfait de l'enseignement mutuel : les progrès
de cette étude sont déjà considérables. Sous peu
d'années, ils changeront la face des arts musicaux
sur le sol français.

———

ARTS SENSITIFS DE LA VUE.

La vue, le plus étendu de nos sens, est le plus
précieux pour les arts mécaniques et pour les
beaux-arts.

L'industrie ne veut pas seulement obtenir des
produits qui satisfassent aux conditions d'utilité;
elle connaît la puissance du sens de la vue sur
la préférence que nous accordons à des produits
souvent moins utiles, mais qui flattent nos regards
et séduisent notre imagination. De là, ces soins
universels pour donner tour à tour aux produits
des arts mécaniques le poli, le brillant, le mat,
le moiré, etc.; pour les revêtir de couleurs pures,

ou parfaitement égales, ou savamment dégradées, nuancées, variées.

Les ouvrages matériels une fois obtenus avec ces qualités, le commerce s'en empare; il s'efforce à son tour de les offrir au public dans un ordre et sous un jour qui fassent valoir toute leur beauté.

Autrefois, par un artifice bien différent, pour certaines industries, les marchands préféraient des boutiques sombres, où l'œil ne pouvait discerner les imperfections du travail; à peu près comme ces beautés surannées, qui, pour dérober à l'œil les ravages que le temps exerce sur leur figure, ne laissent arriver qu'un demi-jour imposteur dans leur boudoir perfidement disposé. C'est ainsi que le commerce de la draperie neuve se faisait autrefois, sous ces lourds piliers des halles, ravalés maintenant à la vente des vieux habits.

Aujourd'hui le commerce éclaire de plus en plus ses magasins et ses boutiques, dont les devants n'offrent qu'un vitrage, et quelquefois qu'un assemblage de belles glaces transparentes, artistement jointes par d'étroites bandes d'un brillant métal. Déjà même on voit des magasins somptueux dont la façade est fermée du haut en bas par des glaces sans tain, d'une seule pièce dans la hauteur, sur des largeurs admirables.

20,

Nous avons fait remarquer combien les magasins et les boutiques avaient gagné relativement à l'éclairage. Maintenant, le public, en parcourant des trottoirs spacieux et commodes, peut voir, de nuit, l'intérieur des plus beaux magasins; il peut juger presque aussi bien qu'en plein jour le mérite du travail et la beauté des tissus, des bijoux, des porcelaines peintes, des gravures, etc.

Autrefois, on admirait exclusivement l'aspect noble et sévère des rues où s'élèvent les grands hôtels de l'aristocratie. Actuellement, on les trouve tristes, monotones, même le jour. Le soir, elles offrent l'image de la solitude; éclairées seulement par de rares réverbères, elles semblent plongées dans l'obscurité, comparativement aux clartés si variées et si vives des rues commerçantes. A la richesse, à la variété de la décoration qu'offrent les boutiques et leurs produits étalés.

Enfin, par une dernière modification, les propriétaires des grands hôtels changent partout en boutiques leurs murs de clôture élevés sur la rue, ou le rez-de-chaussée de leur habitation, quand elle est sur la voie publique.

Ce progrès, cet envahissement des magasins et des ateliers, est l'image des conquêtes de l'activité productive sur l'oisiveté fastueuse.

La décoration des boutiques, des magasins, des cafés, en un mot de tous les lieux destinés à recevoir le public acheteur, en l'attirant par la vue, exerce une foule d'arts qui se surpassent à l'envi : menuiserie, serrurerie, fonte des métaux, moulages de toutes sortes, stucs et peintureries, peinture même. Ces arts nombreux combinent leurs produits pour décorer avec éclat et variété, par des moyens qui rivalisent d'effet et d'économie.

Sous ce premier point de vue, nos villes, nos bourgades mêmes et surtout nos grandes cités industrielles, sont incomparablement plus belles à la vue, qu'elles ne l'étaient avant la révolution. Les progrès continuent chaque jour ; mais ils sont encore loin du terme qu'ils devront atteindre.

Sous le directoire exécutif, on conçut une grande et belle pensée, c'était d'offrir aux citoyens de la capitale ainsi qu'à ceux des départements, accourus pour jouir d'un tel spectacle, la réunion, dans une même enceinte, des chefs-d'œuvre les plus récents de l'industrie nationale : telle fut le motif de la première exposition.

Nous avons surtout étudié ces expositions relativement à l'influence qu'elles peuvent, qu'elles doivent exercer, par le sens de la vue, sur le peuple entier. Grâce au rapprochement des produits de

chaque genre les plus dignes d'entrer en concurrence, il devient facile aux spectateurs de faire
des comparaisons utiles, et d'acquérir des lumières qu'un petit nombre de personnes ne reçoivent autrement qu'avec peine et lenteur.

Un intérêt nouveau se développe, alors, pour
les résultats et les travaux de l'industrie, chez l'ensemble du peuple. Les fabricants, toujours enclins
à penser, chacun qu'il est au terme de la perfection, sont forcés, par de tels rapprochements, de
partager les sensations générales, d'en croire leurs
regards, enfin d'acquérir le double sentiment de
leurs propres imperfections, et des supériorités de
travail ou partielles ou totales que leurs rivaux ont
obtenues. Ainsi, par un double avantage, le public
devient meilleur juge, et l'industrie, plus éclairée,
devient capable de mieux satisfaire aux besoins,
au bon goût d'un public qui s'élève au-dessus de
lui-même.

Cet avantage qu'offrent les expositions des
simples produits d'industrie se présente avec encore plus d'éclat dans les *expositions des ouvrages des beaux-arts*. Avant la révolution, nous
ne possédions qu'une galerie de tableaux bien peu
riche, et nous n'avions pas de musée pour la sculpture.

On exposait périodiquement dans un seul salon du Louvre, les ouvrages des peintres. Mais,
par un privilége stupide, on n'admettait à cette
exposition que les tableaux des membres de l'académie royale de peinture : mesure aussi raison-
nable que si l'on n'eût permis de représenter, sur
les théâtres royaux, que les tragédies et les comé-
dies de MM. les membres de l'académie française.

Aujourd'hui tous les artistes apportent leurs
œuvres bonnes ou mauvaises; on en rejette, je
crois, un tiers, et quel tiers! Le reste remplit, avec
le grand salon, une galerie qui va du pont des Arts
au pont Royal, et dont la capacité complaisante
reçoit une immense quantité de croûtes et de pas-
tiches. Mais ces médiocrités servent de repous-
soirs aux bons ouvrages : c'est l'ombre à côté de la
lumière; c'est le nain qui, par le contraste, donne la
mesure du géant. Dans un pareil rapprochement,
la supériorité n'a pas à se plaindre d'être mise en
saillie par la médiocrité.

Après la suppression des couvents et la ferme-
ture des églises on recueillit les plus beaux tableaux
qui s'y trouvaient disséminés pour enrichir notre
grande galerie. Alors l'école française, avec ses
Poussin, ses Lesueur, ses Lebrun, ses Mignard,
se montra grande, riche et belle, même à côté

de l'école d'Italie dont les chefs-d'œuvre nous
furent concédés par les traités qui firent suite à
nos victoires.

C'est ici le lieu de rappeler une solennité qui
doit rester à jamais dans la mémoire des Français;
ce fut un des spectacles le plus faits pour agir
sur les imaginations, par l'effet des arts sensitifs.

Six semaines avant la première exposition des
produits de l'industrie nationale, dans le même em-
placement, au Champ-de-Mars, on avait fait l'inau-
guration des chefs-d'œuvre cédés à la France; ils
avaient été préservés de la destruction et conduits
à travers les Alpes, par des moyens mécaniques
ou chimiques, dignes de cette même industrie;
moyens qu'avaient combinés Moitte, Monge et
Berthollet, commissaires chargés de présider au
transport de ces précieux objets d'art[1].

Les héros de Montenotte, de Lodi, d'Arcole
et de Rivoli, maîtres de l'Italie, en ont exigé des
tributs digne d'une grande époque de civilisation.
C'est l'Apollon du Belvédère, c'est la Vénus de
Médicis, c'est l'Hercule de Farnèse, et le Lao-
coön, avec bien d'autres chefs-d'œuvre de l'art
et de la nature.

[1] Voyez *Essai sur les travaux de G. Monge*; Paris, 1818, 1 vol.
in-8º.

On conduisit les tributs de l'Italie, sur des chars de forme antique, dans la vaste enceinte du Champ-de-Mars. Les dieux de Rome et de la Grèce, qui s'étaient assis, il y a deux mille ans, sur les autels du Capitole, de Delphes et d'Olympie, enchaînés par des lauriers français, étaient conduits, dans cette marche solennelle, à l'ombre des drapeaux enlevés par les enfants de la Gaule aux descendants des Cimbres et des Teutons. Ces trophées avaient pour escorte des bataillons de héros marchant en ordre et en silence, décorés seulement (comme on l'était alors) avec des cicatrices, et sans autre luxe que l'éclat du fer de leurs armes. Pour captifs traînés à la suite du triomphe, on voyait des lions et des tigres enchaînés, non plus afin de leur faire terrasser des gladiateurs et dévorer des vaincus, mais afin d'offrir à l'homme civilisé les vivants modèles des plus puissantes productions de la nature. Enfin, pour cortége aux monuments et aux vainqueurs, la vivante école d'Athènes, l'institut, ses savants, ses lettrés, ses artistes, ses musiciens et ses poëtes, portant sur leur costume l'olivier de la paix, les corps suprêmes de l'État, et tout un peuple ivre d'enthousiasme et d'orgueil! Telle fut la grandeur de cette pompe arrivant au Champ-de-Mars.

Il ne suffisait pas d'offrir un aussi grand spectacle au sens de la vue. Lorsque l'éloquence des orateurs eut célébré nos exploits suivant la plus noble et la plus sûre voie, par leur fidèle récit, le conservatoire de musique, création récente et grande dès sa naissance, remplaçant, à la rénovation des fêtes antiques, les chœurs des jeunes Romains et des vierges romaines, répéta les accents d'une poésie lyrique inspirée par les Dieux du Capitole au Pindare de l'Italie, pour célébrer la grandeur du siècle d'Auguste. Cent voix, secondées par une riche et puissante harmonie, firent, après dix-huit anniversaires de silence, retentir les airs de ces paroles sacrées du chant séculaire d'Horace :

> Profanes, loin d'ici ! peuples, faites silence !
> Vierges pures, pour vous, pour vous, naïve enfance,
> Du prêtre des neuf sœurs vont retentir des chants
> Dont nul mortel encor n'entendit les accents.

L'héroïsme et le génie, la sagesse et la fécondité, le travail et l'abondance, invoqués sous les noms d'Apollon, de Diane, de Lucine et de Cérès, semblaient prendre un nouveau caractère, en présence des simulacres qui représentaient, il y a deux mille ans, ces vertus et leurs bienfaits, divinisés par l'ingénieuse antiquité.

L'invocation adressée à ces vertus, pour la gran
deur de la ville immortelle, exprimait alors les
vœux de tous les cœurs pour la grandeur de la
France victorieuse.

Il ne suffisait pas d'avoir offert d'inestimables
tributs en hommage au peuple victorieux, et
d'avoir reçu ces présents avec une pompe digne de
leur magnificence : il fallait créer un Panthéon à
ces divines images du génie des temps antiques et
des temps modernes. Le Louvre reçut cette noble
destination, et l'ami des arts put juger que, pour
avoir quitté les palais et les temples de l'Italie, les
dieux, les héros, les sages et les martyrs des Phidias, des Apelles, des Raphaël et des Michel-
Ange, n'avaient rien perdu dans le goût, la con
venance et le grandiose de leurs premiers sanc
tuaires.

Nous venons de rappeler des solennités dignes
des joies et des triomphes d'une grande nation.
Combien le moraliste a dû souhaiter qu'elles
eussent eu constamment ce noble caractère ! Jusqu'à ces derniers temps, nos réjouissances publiques semblaient convier la classe ouvrière à la
débauche, aux excès, à la brutalité. Le Gouvernement ne croyait pas pouvoir donner une fête
nationale sans faire distribuer, sur les places pu-

bliques, des comestibles et du vin, que le rebut de la populace se disputait avec une violence effrayante. L'ivresse, les coups, les habits déchirés, souillés de fange et de boisson renversée : voilà comment on entendait la fête du peuple. Nous avons énergiquement réclamé, pour la dignité des classes laborieuses, qu'on supprimât ces orgies infâmes, et nous avons fini par l'obtenir. Un préfet de police, M. Debelleyme, les a, le premier, remplacées par des distributions de secours faites, à domicile, aux familles indigentes : il a bien mérité de son pays, et les amis des ouvriers lui gardent une reconnaissance que les années n'effaceront pas de leurs cœurs.

Ne nous occupons pas seulement des fêtes nationales et des grandes collections formées par le Gouvernement pour être offertes en spectacle aux citoyens.

Les théâtres sont tous des entreprises privées, un petit nombre reçoit du gouvernement une subvention annuelle dans l'intérêt des arts dont la splendeur appartient à la gloire nationale.

Entre tous ces théâtres, celui qui met à contribution le plus grand nombre d'industries, l'Opéra, reçoit à juste titre la subvention la plus élevée. Le progrès d'une foule d'arts utiles ajoute à la beauté de ce magnifique spectacle. Les arts domiciliaires lui fournissent un chauffage plus constant et plus sain, un éclairage plus puissant, non-seulement pour la salle, mais surtout pour la scène, où l'on a compris quelques-uns des effets magiques obtenus par l'usage intelligent des masses de lumières savamment disposées. Les arts vestiaires offrent des tissus nouveaux ou perfectionnés, dont l'éclat, l'élégance, le moelleux, la grâce ou la richesse se prêtent à la variété, à la fidélité des costumes imités des peuples les plus divers, et des âges les plus éloignés. Le progrès de la fabrication et du jeu des instruments rendus plus variés, plus puissants et mieux assortis, a fait disparaître tous les défauts qu'on reprochait aux orchestres français. L'art du chant, perfectionné par la méthode italienne, a cessé d'apprendre à crier au lieu d'articuler; ce qui permet d'entendre, même à l'Opéra. L'art de la danse, par le talent d'une femme inimitable, ou du moins jusqu'à ce jour inimitée, révèle un nouveau secret de parler aux sens par l'imagination, avec un langage où la volupté se cache sous la décence et s'embellit par la pudeur. De ce concours, unique en Europe, des beaux-arts et des arts utiles, pour mettre en harmonie toutes les sensations qui peuvent frapper l'ouïe, la vue et le cœur, résulte un ensemble qui conquiert le suffrage des étrangers autant que des Français.

Jusqu'à ce jour, l'Opéra devenait plus digne des applaudissements d'un peuple délicat et poli ; mais le voilà qui, par ses compositions, descend aussi dans l'école fangeuse où sont plongés tous les autres théâtres. Voyez sur la scène, en avant du portail du plus auguste de nos temples, au chant profané des hymnes chrétiens, la cruauté, la luxure et l'impiété sortir sous les habits pollués du sacerdoce. Qu'importent quelques perfectionnements des arts matériels, s'ils font contraste et pour ainsi dire repoussoir avec la dégradation intellectuelle et morale ? Aujourd'hui, sur toutes les scènes françaises, c'est à qui fera le plus artistement rougir la pudeur, à qui révoltera le plus ouvertement le sentiment religieux et la morale publique, à qui familiarisera le plus vite, par les attraits les plus infâmes et des sens et de l'esprit, les peuple avec le bagne et l'échafaud, avec le vice et le crime, avec le vol et le viol, avec l'inceste et l'adultère, avec le suicide, avec l'assassinat, avec le parricide. Cela s'appelle *une école !* Et les coupables adeptes d'un tel enseignement le propageaient par la force brutale d'applaudis-

seurs longtemps armés de bâtons, pour faire fuir
du théâtre les paisibles admirateurs de Racine
et de Corneille! Ces insensés ont paru s'être
donné le mot pour pervertir une génération dont
ils empoisonnaient ainsi les plus nobles plaisirs.
Et l'on s'étonne qu'après avoir toléré, des années entières, les atteintes de cette littérature
délétère, elle porte à la fin ses fruits de mort;
et l'on s'étonne qu'en quatre ans les suicides, à
Paris, se soient élevés, au lieu de trois cents, à six
cents par année; et qu'une race accoutumée à porter sur elle-même, sans souci, sans remords, une
main meurtrière, la porte avec la même indiffé-
rence jusque sur le père de la patrie! Gens de
courage et de bien, élevez tous votre voix, afin
qu'on rende à nos arts sensitifs la moralité, sans
laquelle ils deviennent, pour les nations qu'ils
enivrent, un épouvantable fléau.

Occupons-nous, maintenant, d'un genre de spectacles qui plaît au peuple, et qui, jusqu'à ce jour,
n'a produit sur lui que des impressions avouées
par le goût épuré des beaux-arts.

On connaît les effets magiques des *Dioramas*. Ce
sont des peintures sur une toile plane habilement
disposée pour recevoir des masses de lumière,
les unes fixes et les autres variables. Le specta-

tour est introduit dans une loge obscure; il aper-
çoit le tableau comme on verrait un paysage du
sein d'un appartement, par une fenêtre dont on
n'approcherait pas au delà d'un point habilement
calculé. MM. Daguerre et Bouton semblent avoir
atteint, en ce genre, les limites de la perfection.

Le Panorama, qu'inventa l'illustre Fulton, fut
exécuté d'abord par Prévost de Genève. Il nous
semble d'un ordre très-supérieur au diorama. C'est
la peinture d'un horizon tout entier, tel qu'un spectateur peut l'apercevoir d'un point de vue bien
choisi. Le panorama résout donc un problème que
la peinture ordinaire, et par conséquent le diorama, ne peut pas résoudre. Il reproduit à la fois
ce que donnent à part, en architecture, le plan et
l'élévation. Il produit une illusion qui résulte de
cette perception même, si complète et si parfaite,
d'une ville, d'un paysage ou d'un champ de bataille. Il n'y a point de cadre qui vous annonce la
fin de l'imitation, et qui vous laisse à désirer encore.

Pour ajouter à la puissance des effets du panorama, la peinture circulaire est développée sur les
parois intérieures d'une rotonde vaste, puissamment éclairée par un jour vertical. On introduit
le spectateur par une voie souterraine jusque sur
la plate-forme d'un belvédère central, recouvert

d'un ... comique propre à dérober toute notre
lumière que les rayons réfléchis par la peinture
même qui prend de la sorte un relief, un éclat,
une puissance extraordinaires ... nous ... qu'à
nous ... Lorsque des panoramas tels que ceux des batailles de Navarin et de la Moskowa, chefs-d'œuvre
d'un peintre militaire, M. Langlois, reproduisent
le théâtre de nos exploits, ils deviennent des
monuments de gloire nationale ; et le gouvernement devrait en assurer la conservation. N'ajou-
terait-on pas une décoration grandiose aux palais,
aux jardins de Saint-Cloud et de Versailles ; si l'on
y transportait ces panoramas où le peuple, aux
jours des solennités civiles ou religieuses, vien-
drait admirer en foule les grandes scènes de
la gloire française ! sur les bords du Rhin, du
Pô, de l'Adige, du Danube et de la Moskowa,
sur les rives d'Alger et de la Grèce, et jusqu'aux pieds des Pyramides, en ces lieux inspi-
rateurs où quarante siècles contemplèrent l'héroïsme des enfants de la France? Or, on le demande, un tel spectacle n'aurait-il pas plus de
mérite et d'éclat que des jets d'eau trouble jaillis-
sant par la trompe de quelques tritons de cuivre
ou de fer coulé? Procurons de plus en plus, au
peuple français, les plaisirs qui parlent à l'âme

par l'imagination ; afin que ses plaisirs, même sensitifs, soient dignes de sa grandeur.

C'est à l'architecture et surtout à la sculpture qu'il faut demander de concourir à ces jouissances héroïques et populaires. Quand le génie de l'artiste sait donner au monument qu'il érige le caractère qu'exige la destination même de son œuvre, il procure non-seulement à la génération présente, mais à la postérité la plus reculée, des sensations qui s'allient aux plus nobles pensées et qui servent de ferment, je dirai presque de germe perpétuel, aux imaginations fécondes.

Voilà ce que le siècle de Louis XIV avait compris en érigeant ses arcs de triomphe des portes Saint-Denis et Saint-Martin, et la colonnade du Louvre, et surtout l'admirable cloître, l'église et le dôme des Invalides.

Nous n'avons jamais mieux senti la beauté de cette dernière et sublime architecture, qu'en assistant à deux fêtes funèbres : l'une, en 1801, lorsqu'on apportait en triomphe les cendres de Turenne, pour les déposer sous ces voûtes tapissées alors de mille drapeaux conquis sur l'ennemi ; l'autre, en 1835, lorsqu'on apportait un illustre maréchal et treize autres victimes, pour les déposer, sous un cénotaphe noir, dans l'église également tendue de noir, et que tous les grands corps de l'État étaient réunis dans un immense deuil.... Quel spectacle que celui du génie de la France réduit à porter les victimes les plus illustres et les plus humbles dans le temple de la victoire, pour invoquer le Dieu des combats et de la sagesse, afin qu'il inspire au peuple entier l'horreur de l'anarchie et la détestation des crimes qu'elle ose inventer pour assouvir les fureurs de ses espérances déçues !

C'était bien connaître le cœur humain et la puissance des sensations, que d'avoir préparé cette auguste cérémonie par de longs jours de prières, dans une église où les quatorze cercueils, amoncelés en pyramide funèbre au milieu d'une chapelle ardente, avec des prêtres jour et nuit en prières pour les victimes et même pour les assassins, avaient ensuite été convoyés sur quatorze chars, les uns entourés de drapeaux, les autres ornés de couronnes civiques, et le plus impressif de tous portant la couronne blanche symbole d'innocence et de virginité ; car l'immolation n'avait épargné ni l'âge ni le sexe, ni la vertu, ni la gloire. Voilà des fêtes salutaires, telles qu'il en faut aux nations, après les grands orages politiques où tant de cœurs égarés ont besoin que la puissance combinée des arts sensitifs, des idées morales, et

des pensées religieuses, les rattache aux lois sacrées de la vertu, de l'ordre, et de la paix sociale.

On voit combien les beaux-arts peuvent s'asso-
cier à ces vues de haute politique, lorsqu'il s'agit
d'élever, d'épurer les sentiments d'un peuple.

Je n'oserais pas entreprendre la revue des monuments d'architecture et de sculpture érigés depuis la révolution française, dans la crainte de
rester au-dessous d'une semblable tâche, et de
juger des artistes dont je serais à peine digne de
commencer d'être l'élève.

En 1793, la sculpture érigeait des statues à
la divinité du jour, comme l'agriculture plantait
des arbres en l'honneur de la liberté. On eût vé-
révéré de tels symboles s'ils n'avaient rappelé que
des vertus; bientôt ils ne rappelèrent que des vio-
lences, et ne furent que l'emblème abhorré du
despotisme, déguisé sous un faux nom : la vin-
dicte du peuple les abattit.

Une église élégante plutôt que grandiose, la
nouvelle Sainte-Geneviève, chef-d'œuvre de Soufflot, encore inachevée lorsque commença la révolution, fut ravie au culte chrétien pour en faire un
Panthéon sans croyants et sans dieux. Les cendres
de Mirabeau l'inaugurèrent, les cendres de Marat
le polluèrent, et le prestige finit.

Ah! que les compatriotes de Galilée, de Michel-Ange et du Dante; que ceux de Newton, de Reynold et de Milton furent bien mieux inspirés lorsqu'ils apportèrent les cendres de leurs grands hommes aux pieds du Dieu par qui l'immortalité peut être autre chose qu'un vain mot. Ils crurent à juste titre la religion des Ambroise, des Athanase et des Chrisostôme, des Vincent de Paule, des Bossuet et des Fénélon, compatible avec les souvenirs de toutes les gloires chères à l'humanité! Ils laissèrent la croix dressée comme un symbole d'alliance entre la mort et l'immortalité, entre la divinité et l'humanité, dominer dans les airs, et s'élever sur les autels de Westminster à Londres et de Sainte-Croix à Florence.

Mais nous, nous avons brisé les autels de notre Panthéon; nous avons pensé qu'avec des lois humaines nous ferions des apothéoses politiques assez majestueuses pour vivre dans le cœur des hommes. Les passions ont présenté leurs candidats à l'immortalité, le croira-t-on, devant nos chambres législatives; mais, attendu qu'ils n'ont pas obtenu la majorité, l'on a traité leur gloire, mise en délibération, comme un projet de loi qui tombe...

Un seul gouvernement, c'est à l'histoire de le dire, sut donner à Sainte-Geneviève une décoration nationale et sublime. Un grand peintre, l'illustre Gros, a couvert l'hémisphère intérieur du dôme par une grande page historique où les dynasties chrétiennes de la France se montrent chacune avec la gloire de son âge. Cette peinture, fixée sur la pierre avec une encaustique offerte par la chimie moderne, est peinte à l'huile et durable comme une mosaïque ; elle est pure de ton, vraie de couleur, fondue, finie comme un beau tableau sur toile ou sur bois. Cette histoire à la Michel-Ange vivra, pure et splendide, aussi longtemps que les voûtes du Panthéon.

Au moment où l'on imprime ces lignes, l'émule de Gros, le dernier des grands élèves de David, M. le baron Gérard, membre du Jury central, descend dans la tombe. Il n'aura pu mettre la dernière main aux magnifiques pendentifs qui doivent compléter les chefs-d'œuvre du dôme du Panthéon. Mais, dans l'état d'avancement où se trouvent ces peintures si gracieuses de formes, si brillantes de coloris, la postérité trouvera de quoi justifier la renommée de l'illustre artiste qui peignit l'entrée d'Henri IV et la bataille d'Austerlitz.

Considérons des monuments d'un autre ordre. Napoléon fut bien inspiré lorsqu'il décréta ses arcs de triomphe, du moins celui de l'Étoile, le plus grand comme construction, le plus grand par les souvenirs qu'il consacre; et lorsqu'il décréta cette colonne de bronze tout entière coulée avec des canons pris sur les ennemis, à la bataille d'Austerlitz. Il faut ajouter deux choses : c'est qu'en 1814 il s'est trouvé des hommes assez peu Français pour abattre la statue du héros qui dominait sur ce monument de gloire, et qu'en 1833, sur la proposition de Casimir Périer, le gouvernement de juillet a réparé cette bassesse; il s'est honoré par un acte généreux et national, en replaçant la statue du héros législateur[1] sur le monument de ses victoires. Plus tard, ce même gouvernement a terminé l'arc de l'Étoile, et la Magdeleine rendue au culte chrétien, et d'autres grands monuments commencés par Napoléon. Voilà l'un des plus beaux titres d'un ministre naguère président du conseil.

Après la commémoration des grandes gloires collectives vient, pour l'architecture et pour la sculpture, la consécration des gloires individuelles. Enfin, les villes de France ont compris qu'elles

---

1 Il est fâcheux seulement que, par un oubli de tout sentiment des beaux-arts, on ait remplacé le costume du monarque législateur par l'habit et le chapeau du *Petit-Caporal.*

s'honoraient en érigeant des monuments à la mémoire de leurs hommes illustres. Voilà ce qu'a fait la Meuse pour Jeanne-d'Arc, Versailles pour Hoche, et Lectoure pour Montebello; Rouen pour Corneille, et La Ferté-Milon pour Racine; Montbéliard pour Cuvier, et Chanteloup pour Chaptal; Lyon pour Jacquard, le rénovateur de ses métiers à tissu; Clamecy pour Jean Bouvet, l'inventeur du flottage; et l'École polytechnique, avec ses quatre mille anciens élèves, pour l'illustre Monge.

La France entière a voulu souscrire afin d'ériger un majestueux monument au général Foy, grand orateur et généreux citoyen; ses cendres reposent auprès de la pyramide qui s'élève en l'honneur de Masséna.

Certes, de semblables sujets semblent bien plus faits pour exalter l'imagination des artistes, pour enfanter la grandeur et l'originalité, que les conceptions mythologiques d'orades et naïades, de faunes et de sylvains, de dieux ou de demi-dieux, tels qu'en commandaient autrefois les rois et les grands seigneurs, pour la triste monotonie de leurs parcs solitaires.

VII. ARTS INTELLECTUELS
OU MATHÉMATIQUES.

Sous le nom d'arts mathématiques je comprendrai :

1° Les arts arithmétiques ayant pour but d'énumérer, de mesurer, de calculer les produits d'industrie et tous les éléments qu'exigent leur préparation, leur transport et leur concurrence;

2° Les arts géométriques ayant pour but de décrire, de mesurer, de produire ou d'imiter des formes déterminées, offertes ou demandées par les produits de la nature et de l'industrie;

3° Les arts dynamiques ayant pour but de créer, d'appliquer, de transmettre les forces que l'homme peut employer aux travaux industriels.

ARTS ARITHMÉTIQUES.

Nos arts arithmétiques reposent sur le système simple et fécond de notre numération. Neuf signes simples 1, 2, 3, 4, 5, 6, 7, 8, 9 nous suffisent pour exprimer les neufs premiers nombres; un signe conventionnel, le zéro, mis à leur droite, les décuple ; en le doublant, il les centuple, etc.

Le propre de cette numération est de procéder par unités de dix en dix fois plus considérables : les dizaines, les centaines, les mille, etc., sont indiqués par la position même des chiffres employés.

C'est aux Arabes que nous devons ce système numérique, infiniment plus simple que celui des Grecs et des Romains. Il se prête avec une facilité merveilleuse aux quatre opérations fondamentales de l'arithmétique, qui sont l'addition, la soustraction, la multiplication et la division.

Les Européens ont complété ce beau système en l'étendant aux fractions, qu'ils ont toutes réduites en dixièmes, en centièmes, en millièmes, etc., qui s'écrivent successivement à la droite des nombres entiers, et forment ce qu'on appelle les *décimales,* précisément parce qu'elles procèdent par décimes ou dixièmes, comme les nombres entiers procèdent par dizaines. Les nouvelles mesures, l'un des grands bienfaits de la révolution, suivent toutes la division décimale.

Le meilleur ouvrage qu'on ait encore produit pour expliquer la numération et les opérations de l'arithmétique, c'est la petite Arithmétique de

Condorcet, chef-d'œuvre de simplicité, de clarté
de brièveté, qu'il rédigea vers les premiers temps
la révolution. Il est beau qu'un savant illustre
n'ait pas dédaigné ce travail élémentaire dont le
bienfait est immense, parce qu'il peut s'appliquer à
l'enseignement primaire de tout un peuple.

―――

IMPORTANCE DE L'ART DU CALCUL POUR LES PROGRÈS DE L'INDUSTRIE.

Avant la révolution, l'arithmétique était complétement ignorée des paysans : à peine trouvait-
on dans les grandes villes quelques ouvriers qui
sussent écrire leurs chiffres ; pour un grand nombre de professions, des chefs de travaux importants ignoraient les ressources du calcul et de la
tenue des comptes. Relativement aux travaux de
l'État, par exemple dans les arsenaux de la marine, on voyait encore il y a vingt ans des maîtres
charpentiers, calfats, perceurs, etc., qui n'étaient
pas capables de faire la moindre opération numérique.

Cette ignorance générale rendait très-difficile
de trouver, dans nos armées, des sujets qui sussent
assez de calcul pour tenir des comptes comme

sergents, et surtout comme fourriers ou sergents-majors. L'amélioration est aujourd'hui considérable. On ne voit plus, ainsi qu'il arrivait autrefois, des hommes recommandables par leur bravoure et leur excellente conduite, mourir soldats ou caporaux, parce qu'ils n'avaient pas la moindre notion de calcul, non plus que d'écriture et de lecture.

On a perfectionné l'art de tenir les comptes en partie double, non-seulement pour le commerce, mais pour les fabrications. Aujourd'hui, dans les moindres boutiques, ce sont les femmes mêmes qui suivent, avec autant de soin que d'aptitude, cette comptabilité qui révèle à chaque instant la situation des affaires, et qui donne à l'intelligence humaine la puissance combinée de l'ordre et de la prévision.

Une autre application du calcul, très-importante pour la société, c'est la rédaction des devis pour les produits d'industrie qu'on projette d'exécuter.

Autrefois l'inexactitude, l'incomplet, l'atténuation des devis rédigés par les architectes, étaient passés en proverbe, comme les mémoires des apothicaires. Aujourd'hui les pharmaciens vendent à prix fixe, et sans permettre les réductions de cinquante à soixante-quinze pour cent, si plaisamment expliquées par le *Malade imaginaire*. On n'ose ajouter qu'à présent les architectes ne rédigent plus leurs devis qu'avec des totaux à prix fixe ; mais on croit pouvoir affirmer que ces devis s'améliorent, et qu'en général, ils s'éloignent de moins en moins d'avoir quelque analogie avec la réalité des dépenses.

Il est un autre genre de calculs qui se fait encore en France avec une impardonnable légèreté. Il s'agit des études comparées de recettes et de dépenses, pour les associations, les compagnies qui veulent exécuter de grandes entreprises. Trop souvent un charlatanisme infâme s'en empare ; on exploite la simplicité, la crédulité du public. On atténue les sacrifices probables ; on amplifie les revenus présumables : on arrive de la sorte à promettre ces grands, ces admirables bénéfices qui séduisent les simples et portent la ruine dans une foule de maisons honorables et trop confiantes.

Ne pensons point que ces abus effrayants tiennent à l'enfance de notre commerce et de notre industrie.

En Angleterre, ce pays classique du négoce et du calcul, aujourd'hui même, le peuple entier des calculateurs et des spéculateurs semble atteint de frénésie. C'est à qui proposera des entreprises qui, pour une de judicieuse, en offrent dix d'extravagantes. Dès à présent, le total des sommes souscrites par cet effrayant mélange de raison et de folie ne s'élève pas à moins de cinq milliards de notre monnaie.

Avouons en même temps qu'il faut un peuple que le travail ait prodigieusement enrichi, pour qu'il lui soit possible de jouer de telles sommes sur l'avenir de chanceuses entreprises.

Quelque temps avant l'époque dont nous entreprenons l'histoire industrielle, l'ancien gouvernement français avait imaginé de se faire croupier d'un jeu de hasard, ou plutôt d'un jeu dans lequel le gain seul restait incertain, et la perte totale assurée. Cette perte lui rendait de douze à quinze millions sur quarante-cinq à cinquante millions qu'il faisait jouer au peuple chaque année.

Quand, par impossible, un individu gagnait quelque lot considérable, un quaterne, un quine, on affichait les fortunés numéros, encadrés de rubans à couleurs voyantes; on faisait plus : on envoyait à la personne gagnante la musique des aveugles! Telle était alors l'imperfection du sens musical en France, que cette formidable ovation ne guérissait pas du désir de mettre à la loterie.

Nous avons attaqué longtemps, en vain, cet impôt prélevé sur la démoralisation du peuple ; nous avons fini par remporter la victoire. A partir du 1ᵉʳ janvier 1835, les loteries officielles sont supprimées ; c'est un des plus nobles actes du gouvernement de juillet.

Mais, à peine les deux chambres législatives eurent-elles décrété cette grande amélioration morale, que la cupidité des spéculations individuelles s'est substituée au désintéressement du trésor public. On s'est proposé soudain de dénaturer toutes les spéculations industrielles, pour y mêler un jeu de loterie. On a publié des ouvrages par souscriptions exagérées avec des *primes,* c'est le nom des lots gagnants, avec des primes, dis-je, qu'on n'a pas craint de porter à 10,000 francs, à 20,000, à 50,000, à 100,000 francs.

On n'a pas manqué d'exploiter la morale et la piété, pour apaiser les consciences en foulant aux pieds la loi. Voulez-vous gagner l'équivalent d'un terne ? Souscrivez à quelque collection de philosophie ; si vous perdez la prime, vous gagnerez au moins des pages pleines de sagesse. Voulez-vous gagner un quaterne ? Souscrivez à quelque recueil de moralistes : cela fortifie contre l'amour du jeu. Voulez-vous gagner un quine? Souscrivez à l'Écriture sainte, si bonne au salut des âmes. On vous en donnera, si vous êtes heureux, pour 100,000 francs, et si vous trouvez que c'est aussi par trop d'impressions bibliques, on vous donnera de l'argent. Que si vous ne voulez pas même un seul exemplaire, augmentez un peu la mise, et, sous couleur de librairie, la chance arrivant heureuse, vous gagnerez à la prime typographique un argent clair et liquide, qui n'aura pas un iota de commun avec l'industrie de l'alphabet.

On a voté la loi qui fait justice de ces spéculations, que l'intérêt cherchait vainement à colorer sous des dehors spécieux, et l'on a pu dire en les prohibant :

« Deux influences contraires se disputent la « misère et la prospérité des nations : c'est le tra-« vail et le hasard. Le travail, qui ne veut du « bien-être et de la fortune qu'en les payant de « leur prix légitime, la peine, la patience, l'indus-« trie, la prudence et l'économie; le hasard, qui « n'a soif que de biens obtenus sans labeur, qui « se repait d'imprévoyance, qui se fait une volupté « du péril même et de ses chances; le hasard, « enfin, qui n'accorde ses faveurs capricieuses

« qu'en égarant la raison de ceux qu'il favorise
« avant de les perdre. » (*Rapport sur la loi qui
prohibe les loteries de toute espèce : 1836.*)

Restent encore les jeux proprement dits, qu'il
faut interdire sans aucune exception pour les
hommes de travail. Que si les lois sont impuis-
santes afin d'empécher le jeu des riches, appelons
du moins le législateur à poser des règles sévères
à ce funeste usage d'allier le besoin du hasard aux
facultés du calcul.

Depuis dix-huit ans, les véritables amis du
peuple s'efforcent d'apprendre aux ouvriers à calculer leur dépense, pour former des économies ;
ils s'efforcent de substituer, à l'imprévoyance
ruineuse de la classe ouvrière, un bon système
d'épargnes, qu'ils ont rendu fructueux par l'établissement des caisses dites *d'épargne et de prévoyance.*

L'illustre duc de Larochefoucault fut au premier rang parmi les fondateurs, en France, de
cette institution. Aussi, quand il acheva sa vie si
bienfaisante, en 1827, le peuple de Paris s'empressa pour porter à bras son cercueil. C'est en
le disputant, au sortir de l'église, à des soldats
qui le précipitèrent dans la boue, que le peuple
commença la lutte, qui finit, au 29 juillet 1830,

par la chute d'un gouvernement et d'une dynastie.

L'œuvre de Larochefoucault fut continuée par une foule de bons citoyens entre lesquels il faut distinguer M. le baron Benjamin Delessert, membre de l'académie des sciences, comme l'était son illustre ami : on lui doit l'initiative de la loi sur les caisses d'épargne.

Enfin, l'année dernière, après trois échecs consécutifs, après une résistance obstinée de quelques esprits systématiques, les promoteurs [1] de la loi sur les caisses d'épargne en ont obtenu le vote; ils ont fait adopter la fixité de l'intérêt livré jusqu'alors à l'arbitraire administratif; ils ont fait conférer aux ouvriers voyageurs ou nomades le droit de transférer, sans frais, leurs épargnes des caisses d'un département dans celles d'un autre département. Ils voulaient encore obtenir d'autres bienfaits pour le peuple; mais, combattus avec acharnement, ils n'ont pu triompher sur tous les points : leurs successeurs seront plus heureux.

D'autres institutions, fondées sur l'art du calcul, produisent sur l'industrie des effets salutaires, effets directement opposés aux chances du

---

1 MM. Benjamin Delessert et Charles Dupin.

hasard, dont elles font disparaître pour les individus les funestes conséquences.

Les *compagnies d'assurance* ont été fondées d'après cette remarque importante, que les événements les plus fortuits, lorsqu'on énumère ceux d'une même espèce, au milieu d'un très-grand nombre de cas qui les permettent, s'approchent sans cesse d'être dans un rapport constant avec ce dernier nombre. C'est d'après ce rapport que l'on calcule, et le sacrifice qu'on peut raisonnablement exiger des personnes qui recourent à l'assurance, et le bénéfice que doivent obtenir les assureurs, toutes dépenses de gestion prélevées.

La France possède aujourd'hui des compagnies d'assurance contre les naufrages ou les grands sinistres de mer et de navigation intérieure, contre les incendies, contre les fléaux qui menacent l'agriculture, tels que la grêle.

On a conçu la pensée d'assurer jusqu'à la vie des hommes : voici ce qu'on doit entendre par ce genre d'assurances. En observant la proportion des vivants de chaque âge avec les morts de cet âge dans une année, on en conclut, par une règle simple de calcul, la probabilité, pour les individus d'un âge déterminé, de vivre encore un certain nombre d'années. C'est d'après cette base qu'on calcule, par exemple, le capital accumulé qu'on devra payer aux enfants de la personne assurée, lors de son décès, en raison des sommes qu'elle verse une fois pour toutes ou successivement à des époques déterminées.

Ce genre de placements est inspiré par le généreux sentiment qui conduit chacun de nous à se priver d'une partie de son avoir pour le transmettre aux personnes qui nous sont chères, en affranchissant le bienfait de toutes les chances de mort imprévue et soudaine qui peuvent nous atteindre.

Un sentiment opposé, que le moraliste et le bon citoyen ne sauraient assez flétrir, est celui qui porte l'égoïste à tout dévorer pendant sa vie, à tout ensevelir avec lui dans sa tombe. Voilà ce qu'il fait lorsqu'il place à fonds perdus sur sa propre tête, ou, comme on dit, à viager.

Des spéculateurs ont imaginé de grouper des masses de semblables égoïstes, et d'exciter par les chances du hasard leur cupidité personnelle, en reversant, de proche en proche sur ceux qui quittent les derniers la vie, quelque parcelle du revenu des premiers morts. Voilà ce qu'on appelle une *tontine*, genre de spéculation que nos lois n'auraient jamais dû permettre.

Enfin des spéculateurs assurent les jeunes gens de vingt ans appelés au tirage de l'armée, pour leur procurer des remplaçants, s'ils tombent au sort. Dirai-je qu'un grand nombre de semblables entreprises renouvellent, afin d'obtenir ces remplaçants, les subterfuges et les fraudes des anciens racoleurs : seulement ils perfectionnent ce genre de filouterie avec toute l'avidité, l'astuce et l'impunité de l'industrie particulière! Voilà des abus auxquels il devient urgent de porter remède, en faveur de la classe ouvrière et par conséquent de l'industrie.

Considérées dans leur ensemble, les compagnies d'assurance ont déjà rendu, elles rendent chaque jour les plus grands services à l'industrie nationale. Elles diminuent les chances de ruine et de banqueroute. Elles ajoutent à la valeur des propriétés immobilières et mobilières, en leur donnant un prix monétaire affranchi des chances de destruction, de ruine ou de simple détérioration. Sous ce point de vue, elles produisent sur le monde social les mêmes bienfaits que des progrès d'agriculture qui mettraient tout à coup certains produits de la terre à l'abri de grands accidents et de funestes intempéries; quoiqu'il fallût faire une certaine dépense pour obtenir un tel résultat, la dépense serait, avec raison, regardée comme productive, et comme ajoutant à la richesse de l'agriculture. Tel est le bienfait réel des compagnies d'assurance.

C'est un bienfait d'un ordre comparable et supérieur encore que la contribution de chacune des fortunes privées pour donner à la vaste compagnie d'assurance qu'on appelle *l'État* et le *Gouvernement* des sommes qui suffisent à la protection des personnes, des biens, des droits, des garanties de tous; ainsi qu'à l'exécution des travaux d'utilité générale.

Considérées sous ce point de vue positif et vrai, les contributions ne sont plus ce qu'avait voulu les définir une science prétendue politique : tout impôt, disait l'un de ses principaux adeptes, *tout impôt est un fléau,* comparable aux fléaux que la nature fait tomber sur l'agriculture, la grêle, la disette, etc.

Dans tout pays où la sagesse préside au maniement des affaires politiques, l'impôt, au contraire, n'est qu'une fraction exigée des contribuables pour donner au reste de leurs revenus la plus-value de la sécurité, de la durée et de la paix. C'est un moyen de les rendre plus productifs.

Chez les peuples libres, comme en France depuis 1789, les mandataires des citoyens votent les contributions qui doivent satisfaire aux besoins nationaux.

Chez les peuples bien gouvernés, ces revenus ne sont appliqués qu'à l'utilité générale.

Chez les peuples esclaves et les peuples cor- rompus, on détourne, on prodigue les sources du trésor public; on appauvrit les citoyens par des exactions; en même temps on appauvrit le gou- vernement, qui ne peut plus satisfaire aux besoins publics. L'État s'affaiblit, le peuple s'énerve et les nations tombent en décadence. Ainsi l'on a vu s'écrouler tour à tour les vastes royaumes d'Asie et les deux empires romains.

Pour conserver nos libertés, conservons l'es- prit de calcul, qui force les gouvernants à compter chaque année, sévèrement, avec le législateur. Par là nous verrons la fortune publique, triomphante des vains désirs de dépense et de prodigalité, s'accroître du progrès même des richesses indivi- duelles, comme un vaste fleuve s'accroît du tribut d'innombrables ruisseaux qui descendent libre- ment jusqu'à ce tributaire de l'Océan.

En même temps, nous n'aurons qu'à considérer notre gouvernement comme l'administrateur bienveillant, économe, éclairé, d'une admirable compagnie d'assurance pour la vie, la grandeur et la puissance de la patrie.

Après les arts numériques viennent immédiatement les arts graphiques, surtout ceux dont l'objet est de peindre la pensée par des signes.

ARTS GRAPHIQUES.

CALLIGRAPHIE, ENSEIGNEMENT PRIMAIRE.

La calligraphie, c'est-à-dire l'art d'écrire lisiblement et correctement, avec des caractères qui plaisent à la vue, présente depuis un demi-siècle les progrès les plus remarquables, par son enseignement et sa propagation. L'écriture, qui peint la pensée avec des signes convenus, et la lecture, qui traduit en sons cette peinture, furent longtemps au rang des connaissances d'un petit nombre de personnes, qu'on appelait des *clercs* et qui jouissaient, comme tels, d'immunités et de priviléges attribués au clergé. Par degrés les connaissances élémentaires sont devenues le partage du plus grand nombre de personnes; on aspire maintenant à les rendre générales.

Au commencement de la révolution, rien n'était plus rare, dans nos campagnes, que des paysans qui sussent lire et écrire; dans les villes même, le nombre des ouvriers capables d'écrire était extrêmement borné.

Cependant une méthode nouvelle, importée de l'Inde en Angleterre, rendait à la fois plus facile et plus rapide cette instruction, importante surtout par l'universalité qu'elle permet d'atteindre.

Un membre illustre de l'académie des sciences, Carnot, profita de son ministère des cent jours, au département de l'intérieur, pour accorder une éclatante faveur à la nouvelle méthode connue sous le nom *d'enseignement mutuel;* il en autorisa l'introduction dans nos écoles primaires.

Des réactions déplorables firent persécuter cette méthode si précieuse pour instruire le peuple; elles en ralentirent le progrès. Sous un funeste et long ministère, non seulement elles en arrêtèrent la propagation, mais la firent rétrograder, en diminuant par tous les moyens, par toutes les influences, le nombre des écoles et celui des élèves.

Croirait-on qu'aujourd'hui l'enseignement mutuel trouve de nouveau des détracteurs acharnés qui préfèrent à cette méthode *l'enseignement simultané* professé par les Frères des écoles chrétiennes? Loin de nous de rien ôter au mérite modeste et patient de ces hommes voués à la piété, à la pauvreté, à l'enseignement de l'enfance; mais les Frères eux-mêmes, si fortement attachés à leur routine séculaire, ont été contraints d'améliorer leurs méthodes élémentaires, et de rendre moins lents les progrès de leurs élèves, pour soutenir une concurrence nouvelle et redoutable. C'est un des plus grands services que l'enseignement mutuel ait pu rendre à la jeunesse, et qui mérite le plus notre reconnaissance.

Sous l'administration du duc Decazes, qui mit un terme aux réactions de 1815 et de 1816, on favorisait avec un zèle digne d'éloges toutes les méthodes d'instruction populaire. On tenait avec soin le compte du nombre des élèves qui fréquentaient les écoles primaires de chaque département.

En comparant ces nombres avec les populations des diverses localités, l'auteur de cet historique fut frappé de trouver des disproportions énormes; il étudia les conséquences déplorables que révélaient ces disparates.

Il chercha, dans l'étude des arts graphiques,

un moyen de faire comprendre, même aux personnes qui ne savent ni lire ni écrire, cette inégalité d'instruction et d'ignorance qui déparaît, oserons-nous dire, qui déshonorait le sol français?

Il prit une carte de France où se trouvaient marqués les contours des départements. Sur chacune de ces grandes divisions territoriales, il étendit une couche uniforme d'encre de Chine, couche dont l'intensité croissait en passant d'un département à l'autre, à mesure que diminuait le rapport des enfants à l'école avec la population.

Cette carte rendit sensibles les différences prodigieuses de richesse, d'industrie, d'invention et d'activité qui distinguaient les départements éclairés et les départements obscurs. Le genre graphique qu'elle créait fut promptement adopté pour d'autres résultats statistiques, et particulièrement pour ceux de la justice : criminalité comparée des départements.

Une ligne droite menée de Genève à Saint-Malo partageait la France en deux zones qui présentaient cette inégalité de lumières, de bien-être et de progrès en tous genres. Cette ligne sépare le nord et le midi de la France. Au nord se trouvent seulement 32 départements qui comptaient, en 1820,

13 millions d'habitants; au sud, 54 départements qui comptaient 17 millions d'habitants.

Les 13 millions d'habitants du nord envoyaient à l'école 740,846 jeunes gens; les 17 millions d'habitants du midi n'envoyaient à l'école que 375,931 élèves. C'était par million d'habitants, pour le nord de la France, 56, 988 enfants reçus à l'école, et pour le midi, 20,885. Ainsi l'instruction primaire était *trois fois* plus étendue dans le nord que dans le midi.

La proportion du progrès des arts, dans les deux grandes divisions de la France ainsi mises en parallèle, est démontrée par la liste des brevets d'invention depuis l'origine, au 1ᵉʳ juillet 1791, jusqu'au 1ᵉʳ juillet 1825. On trouve :

Pour les 32 dépᵗˢ de la France éclairée. . 1689 brevets.
Pour les 54 dépᵗˢ de la France obscure. . 413

Lors de l'exposition de 1819 , voici quelle fut la proportion des récompenses décernées :

	32 dépᵗˢ du nord.	54 dépᵗˢ du midi.
Médailles d'or.........	63	26
Médailles d'argent	136	45
Médailles de bronze....	94	36
	293	107

Les expositions de 1823 et de 1827 ont offert des résultats non moins frappants.

Ainsi, sous quelque point de vue que nous envisagions les deux parties de la France, et par rapport à leur agriculture et par rapport à leur commerce ; dans quelque âge de la vie que nous suivions la population du nord et celle du midi ; dans la tendre enfance dont l'*a, b, c* renferme l'encyclopédie ; au collége, à l'école polytechnique, à l'académie des sciences, dans l'invention des procédés des arts et dans les récompenses données à l'industrie, partout nous trouvons une différence analogue et toujours proportionnelle.

Aux yeux des hommes qui savent comparer les effets avec les causes, cette constante uniformité de résultats, cette supériorité dans tous les genres, en faveur de la partie du royaume où l'instruction populaire est le plus développée, démontrent clairement l'avantage d'une pareille instruction pour les métiers, pour les arts, pour les sciences, pour les fortunes privées et pour la fortune publique.

Quand une invention nouvelle s'introduit en France, c'est dans les départements éclairés qu'elle commence à se naturaliser avant d'être *cultivable* dans le reste du royaume : résultat contraire à la propagation des plantes intertropicales, qui ne peuvent se reproduire dans les climats du nord qu'après avoir un certain temps vécu dans les climats tempérés.

Lorsque la filature et le tissage du coton faisaient de rapides progrès, sous la protection du gouvernement impérial,

Les 32 départements du nord filaient ...   9,961,729 kil.
Les 54 départements du midi filaient ...   1,423,500

VALEUR MOYENNE PAR DÉPARTEMENT.

	KIL. COTONS FILÉS.	ÉLÈVES PRIMAIRES.
Partie de la France la plus éclairée.	280,054	23,153
Partie de la France la moins éclairée.	26,439	6,962

Si l'on veut étudier la propagation de la nouvelle culture la plus importante depuis l'introduction de la pomme de terre, celle de la betterave, c'est dans les départements éclairés du Nord, du Pas-de-Calais, de la Somme, de Seine-et-Oise, du Haut et du Bas-Rhin, que les dix-neuf vingtièmes des produits sont préparés. Ils le sont avec un bénéfice, expression de lumières plus puissantes et plus fécondes; tandis que des départements où l'instruction commune est moins répandue, cherchent en vain à devancer, avec leurs travaux imparfaits, le bienfait fondamental de l'enseignement populaire.

Dans une foule de localités, les grands industriels ont compris ces vérités ; ils ont favorisé généreusement cette instruction. Souvent même ils ont fondé, dans leurs propres établissements, des écoles mutuelles. qu'ils ont protégées contre la persécution. Des villes entières, éminentes par leur industrie, ont donné l'exemple de cet esprit généreux. Dès 1827, on a pu citer dans les termes suivants l'exemple touchant de Mulhausen (*Tableau comparé de l'instruction populaire avec l'industrie des départements*) :

«Entrons dans Mulhausen, où rivalisent de ta-
«lent et d'activité tant d'industriels célèbres; là
«prospère l'enseignement populaire; là les fabri-
«cants facilitent à leurs ouvriers l'acquisition des
«premières connaissances; là les filles de ces
«hommes opulents tournent leur bienfaisance gra-
«cieuse vers l'instruction des personnes de leur
«sexe et de leur âge, qu'offre la classe ouvrière!

«Les jeunes demoiselles de Mulhausen ont for-
«mé l'association la plus touchante. Elles se sont
«partagé les jeunes filles sans fortune, pour leur
«enseigner les premiers éléments de la lecture, de
«l'écriture et des comptes, et les ouvrages délicats

« qui conviennent à leur sexe, la couture, le tricot
« et la broderie. Voilà ce qu'elles appellent *leurs*
« *récréations;* et beaucoup de ces jeunes institu-
« trices n'ont que douze à treize ans! Ailleurs, les
« jeunes personnes opulentes consacrent les heures
« de loisir qu'on leur prodigue à chercher de vains
« et futiles plaisirs, à rêver du moins les brillantes
« réunions, et les bals, et les concerts, et les spec-
« tacles. Dans Mulhausen, les filles de fabricants
« millionnaires composent leurs plaisirs de bienfaits
« pour l'instruction du pauvre, et leur jeune imagi-
« nation se complaît à chercher les moyens d'éclairer
« l'indigence, pour la diriger dans la voie qui conduit
« au bien-être par le bonheur du savoir et de la vertu.

« Eh bien! quand la France entière reçoit cent
« trente-neuf médailles d'or pour son industrie,
« comme en 1834, ce qui fait une médaille pour
« 245,359 habitants, Mulhausen reçoit huit mé-
« dailles, ce qui fait une médaille d'or par 1,875 ha-
« bitants, c'est-à-dire *cent trente-huit fois autant*
« *qu'une égale population prise sur la moyenne*
« *de tout le royaume.* »

Entre 1814 et 1834, une révolution nouvelle
s'est accomplie; elle a produit sur l'enseignement
du peuple des changements dont il importe de
signaler la grandeur.

En 1817, la France ne comptait dans ses écoles primaires
que. . . . .   856,712 enfants mâles.
Dès 1820, elle en comptait. . . .   1,116,777

Ainsi, dans le seul intervalle de trois années,
on avait offert des moyens nouveaux d'instruction à 260,000 élèves.

C'est ici le lieu de proclamer les services généreux et pleins d'énergie rendus, en des temps
difficiles, par la *Société* fondée à Paris *pour l'instruction primaire*. Cette institution fut favorisée
par M. le comte Chabrol de Volvic, préfet de la
Seine, lorsque le gouvernement entier se montrait
hostile à l'enseignement mutuel, enseignement soutenu par les souscriptions, le journal et les livres
que publie cette société vraiment nationale.

A partir de 1821, la réaction avait commencé
contre l'instruction primaire; tout ce que pouvaient obtenir ses défenseurs était d'empêcher la
diminution du nombre des élèves, jusqu'en 1827.

La postérité croira - t - elle que, jusqu'à cette
époque, l'autorité n'ait pas rougi de borner à cent
mille francs la somme qu'elle demandait chaque
année, sur le budget de l'État, pour l'enseignement primaire de douze cent mille enfants : cela
représentait pour chaque élève $\frac{1}{10}$ de centime

par mois; et, cette misérable somme, on ne la dépensait pas en totalité.

De 1828 à 1830, on a triplé cette allocation exiguë; dès 1831, on l'a décuplée, en accordant *un* million, au lieu de cent mille francs.

Aujourd'hui la France vient au secours de l'instruction du peuple par trois modes supplémentaires.

1°	Budget de l'État......	1,500,000ᶠ
2°	Votes des départements.	1,880,000
3°	Votes des communes...	3,280,000
		6,660,000

Que si l'on ajoute à cette somme celles qui dépendent du revenu des communes et des donations, on trouve un total qui maintenant ne s'élève pas à moins de *onze* millions de francs.

Depuis trois ans, *des écoles normales primaires* sont instituées; elles donneront, ce qui manque le plus à nos communes, des maîtres capables de bien enseigner.

Voici quels sont les résultats de ces nobles sacrifices.

Quatre mille communes qui n'avaient pas d'école en 1830 en possèdent actuellement. Que l'on poursuive pendant quatre années encore ce mouvement progressif, et pas une commune, ou réunion de communes, ne sera dépourvue d'enseignement primaire.

Si l'on continue avec le même zèle qu'on a déployé depuis six années, en 1840 toutes les communes de France auront des instituteurs primaires; alors le nombre des élèves mâles pourra s'élever, en été, de 2,500,000 à 3,000,000, au lieu des 856,000 que nous comptions il y a vingt ans.

Il est d'une haute importance de comparer, de 1820 à 1833, les progrès respectifs des deux grandes divisions que nous avons formées.

NOMBRE DES ÉLÈVES AUX ÉCOLES PRIMAIRES.

ANNÉES.	FRANCE DU NORD. 32 DÉPARTEMENTS.	FRANCE DU MIDI. 54 DÉPARTEMENTS.
1833	1,115,639	543,181
1820	740,846	375,931
Accroissements respectifs :	374,793	167,250
Accroissement proportionnel, de 1820 à 1833...	336 pour mille.	308 p' mille.

C'est une des gloires les plus pures du gouvernement de juillet, d'avoir conçu toute l'importance de l'enseignement primaire pour le bien-être du peuple et la prospérité nationale. Le Roi, ses ministres, surtout celui de l'instruction publique, et les chambres législatives, méritent à ce titre, la reconnaissance des amis de l'industrie et de la civilisation.

ARTS TYPOGRAPHIQUES.

Avant la révolution, la typographie française était justement célèbre. Une famille d'imprimeurs, celle des Didot, reproduisait, à la fin du XVIIIe siècle, l'érudition, la patience et le travail ingénieux des Étienne au XVIe siècle.

Quelque temps avant l'exposition de l'an VI, MM. Pierre et Firmin Didot frères s'associèrent à M. Herhan, l'inventeur de la *stéréotypie,* pour mettre en pratique cette belle invention; comme son nom l'indique, elle a pour but de substituer des planches d'imprimerie solides et d'une pièce aux planches formées suivant l'usage ancien par l'assemblage de caractères amovibles.

La première idée qui se présentait à l'esprit était de composer comme à l'ordinaire des planches en caractères mobiles et de lier indissoluble-ment les caractères par une soudure générale. Tel est le procédé qu'on voulait surtout employer pour les tables de logarithmes, où l'on espérait arriver à rendre impossible aucune faute de typographie. Ce résultat présentait un avantage immense à toutes les classes de calculateurs et spécialement aux astronomes.

Un tel système avait pour inconvénient l'énorme dépense de caractères qu'exigeait la composition et la conservation des planches stéréotypes d'un ouvrage entier. On perdait ainsi, par l'intérêt du capital engagé, la plus grande portion de l'écono-mie résultant d'une composition unique pour des éditions successives.

Dans le dessein de remédier à ce grave incon-vénient, M. Herhan conçut la pensée d'employer des caractères mobiles frappés en creux, afin d'en composer des planches d'imprimerie, avec les-quelles on obtient d'autres planches en relief d'une seule pièce, par un coulage que l'on connaît dans les arts sous le nom de *cliché*. C'est avec ces nou-velles planches que l'impression s'effectue.

Un troisième système, beaucoup plus récent, consiste à préparer une forme d'imprimerie à l'or-dinaire, avec des caractères en relief; puis à prendre l'empreinte des pages de cette forme avec un plâtre fin, soigneusement préparé, lequel reproduit alors les caractères en creux ; enfin à clicher ces nouvelles pages, avec un métal fusible, qui reproduit en relief les pages de la forme primitive : tel est le *polytypage*.

Ce moyen est précieux pour l'impression rapide, *et fort économique*, des publications qu'on fait à très-grand nombre d'exemplaires, et pour lesquels une seule composition primitive est maintenant nécessaire.

D'autres inventions ont rendu moins coûteuse encore et plus rapide la fonte des caractères.

On doit à M. Pierre Didot un moule qui contient dix-neuf lettres différentes. Avec cet instrument, un seul ouvrier produit autant de lettres que cinq fondeurs en produisaient avec le moule ordinaire, et les caractères ont l'avantage d'être plus parfaits.

M. Henri Didot a surpassé ces résultats : avec son moule à refouloir, il fond simultanément, et d'un seul jet, depuis cent jusqu'à cent quarante caractères de la plus belle exécution et d'une précision qui ne laisse rien à désirer. Tel est le procédé qu'on appelle *fonderie polyamatype*.

D'habiles artistes ont appliqué tous leurs soins au dessin même des lettres ainsi qu'à leur gravure.

La forme des caractères n'est nullement indifférente : leurs proportions de hauteur et de largeur, de pleins et de déliés, de parties droites et courbes, sont soumises aux lois du goût et de l'observation, pour offrir un ensemble que l'œil saisisse avec facilité, sans confusion de formes, et surtout sans disparate qui choque la vue.

Voilà le genre de perfection que nos plus célèbres typographes ont eu l'art d'atteindre, et dont la perfection est surtout reproduite dans le *La Fontaine*, le *Racine*, l'*Horace* et le *Phèdre*, publiés par les Didot.

On n'a pas seulement embelli les lettres italiques ou romaines consacrées depuis trois siècles à l'imprimerie.

. M. Firmin Didot, pour étendre la sphère de la typographie, a gravé des caractères qui reproduisent avec une élégante fidélité l'écriture cursive. Il fallait vaincre de grandes difficultés pour reproduire avec des caractères mobiles et juxtaposés les traits continus et si délicats des lettres consécutives qu'une main exercée peut tracer sans lever la plume. L'imitation est devenu si complète, que l'œil cherche en vain, sur la feuille imprimée, les points de jonction qui correspondent aux lieux de contact des caractères.

Dès 1806, le jury de l'exposition signalait l'avantage de modèles d'une écriture aussi parfaite, livrés à bas prix dans nos écoles populaires, pour obtenir une écriture cursive régulière, uniforme, et pour ainsi dire nationale.

De tels avantages étaient bien plus grands à cette époque, où l'on ne connaissait pas encore les admirables ressources de la lithographie.

Je viens d'indiquer les succès dus à des artistes dont les noms vivront dans la postérité, parce qu'ils ont embelli, épuré, enrichi l'un de nos arts les plus précieux.

Il faut maintenant signaler d'autres efforts tentés, depuis peu d'années, pour avilir et dégrader jusqu'aux formes de nos lettres, afin qu'elles fussent en harmonie avec la barbarie des mœurs et des idées qu'on prétendait infuser dans nos cœurs et dans nos âmes.

Chez les peuples qui tombent en décadence, les caractères de leur écriture et de leurs inscriptions, les chiffres même, s'abâtardissent; on le voit par les manuscrits, les monnaies, les médailles et les monuments du moyen âge.

C'est d'après cette observation que les novateurs, rétrogrades au nom du progrès, en se faisant moyen âge avec leurs meubles, leurs habits, leurs idées et leur style, ont voulu que les

titres de leurs ouvrages, et que leurs noms même,
fussent imprimés ou gravés en caractères diffor-
mes, avec des lettres inégales en grosseur; les
unes renversées à droite, et les autres à gauche,
ayant leurs parties rectilignes tracées en serpen-
tant, et leurs parties rondes brisées par des angles.
D'autres ont traité les plus belles formes de nos
lettres comme les caricaturistes traitent les traits
d'une figure gracieuse, tantôt en élargissant, en
aplatissant outre mesure toutes les proportions
horizontales, tantôt en allongeant avec le même
excès toutes les proportions verticales, pour présenter les extrêmes de grosseur et de maigreur des
caractères.

Ce goût barbare, étrusque, égyptien, tudes-
que, a passé, du titre des livres énigmatiques, fan-
tastiques ou romantiques, sur les annonces que le
charlatanisme varie avec une fécondité merveilleuse, depuis le titre jusqu'à la dernière page de
nos journaux quotidiens; de là, sur les murs de
nos rues et sur l'enseigne de nos boutiques; afin
que partout nos regards fussent empoisonnés par
le spectacle du laid, avec autant de soin que les
époques de goût, de grâce et de génie en apportent à présenter, dans tous les arts, les formes
pures de l'élégance et de la beauté.

Gardons-nous de confondre avec les déformations hideuses, que nous censurons à juste titre, les ouvrages où l'on reproduit dans toute leur délicatesse d'ingénieuses lettres gothiques, avec les vignettes, les dessins, les miniatures, qui font le prix des manuscrits d'une époque où déjà les beaux-arts rivalisaient pour embellir les emblèmes de la pensée. M. Crapelet, typographe célèbre à tant d'autres égards, s'est surtout distingué dans ce genre par sa *Collection des anciens monuments de l'histoire et de la langue française*. Dans nos départements, à Moulins, M. Desrosiers a fondé l'une des plus belles imprimeries, qu'il a rendue remarquable, dès le principe, par la publication du livre intitulé *Description de l'ancien Bourbonnais;* c'est un monument typographique plein de goût, dont la beauté perpétuera le souvenir des monuments mêmes d'architecture et de sculpture, que chaque année le temps use et détruit.

La typographie des langues anciennes voit reproduire aujourd'hui la grande entreprise des Étienne. *Le Trésor de la langue grecque* est actuellement réimprimé par MM. Ambroise et Hyacinthe Firmin Didot, dignes fils d'un typographe que la patrie vient de perdre, de celui qui reçut six fois la médaille d'or aux six grandes expositions des produits de l'industrie, de cet artiste qui fut en même temps érudit profond, littérateur élégant, citoyen vertueux et le meilleur des amis.

L'impression de la musique offrait de très-grandes difficultés pour l'exécuter avec des caractères mobiles.

Rien n'était plus barbare que l'impression du plain-chant dans nos anciens livres d'église.

Parmi les tentatives nombreuses faites depuis quarante ans pour vaincre tous les obstacles, il faut signaler le succès obtenu par M. Duverger. Grâces aux moyens qu'a su combiner cet artiste du premier ordre, les lignes, les portées et les croisures, les caractères des notes, les indications accidentelles nécessaires à l'intelligence, au mouvement de la musique, tout est produit avec autant de continuité que dans la gravure la plus délicate. Néanmoins l'inventeur n'emploie que des procédés purement typographiques, avec des caractères mobiles assemblés dans les formes ordinaires. Ce genre de composition permet de tirer jusqu'à 25,000 épreuves satisfaisantes, tandis que le procédé par la gravure n'en pouvait donner au plus que 4,000; les frais du tirage sont en même temps plus économiques. Suivant l'ancienne méthode, pour tirer à 1,000 exemplaires une feuille entière de papier Jésus, il fallait huit retirations à quinze francs, dépense totale, *cent vingt francs* : M. Duverger accomplit le même tirage pour la somme de *trois* francs.

Une découverte aussi précieuse contribuera puissamment à répandre en France le goût de la musique, l'un des éléments de civilisation chez les peuples où l'imagination exerce une vive influence.

———

LOGOPHONIE.

C'est ici le lieu de placer une belle application des signes musicaux pour exprimer tous les sons, toutes les articulations de la parole. Un artiste qui fit longtemps les délices du Théâtre-Français, M. Michelot, aujourd'hui professeur au Conservatoire royal de musique, a voulu, par une analyse savante, réduire à leurs éléments distincts tous les mouvements que l'organe de la voix doit opérer, pour l'expression complète des articulations et des sons propres à la langue nationale parlée avec pureté : tel est le but de sa *Logophonie.*

Au lieu des cinq voyelles de notre alphabet,

aussi pauvre qu'imparfait, il en distingue seize, qui diffèrent absolument par la nature des sons. Chaque voyelle, quant à la durée des sons, présente quatre variétés: les brèves, les demi brèves, les longues et les longues et demie.

Le signe musical des rondes, distribué dans les intervalles de quatre portées équidistantes, indique la nature des sons; avec des points et des tirets attachés aux rondes, on distingue les quatre variations de la durée.

Il fallait faire un travail beaucoup plus difficile pour analyser les articulations incomplétement représentées par nos consonnes vulgaires. M. Michelot trouve cinquante-sept articulations distinctes qu'il nomme *puissances,* et deux émissions primitives qu'il indique par les noms d'*esprit rude* et d'*esprit doux.* Les puissances sont désignées par des noires, des croches, des doubles croches et des triples croches.

Enfin, il subdivise les puissances en longues et brèves; les premières sont distinguées des secondes par une barre oblique.

Tel est le système d'analyse d'écriture et d'enseignement qu'on doit à M. Michelot; système qui présente d'admirables avantages.

Il permet d'écrire toutes les inflexions, toutes

les articulations de la prononciation la plus pure;
puis de la transmettre d'un pays à un autre, et
d'un siècle à un autre.

Il permet d'écrire même les défauts de prononciation des individus; ceux des localités nationales
et des étrangers.

Par une conséquence nécessaire, il fournit les
moyens de faire disparaître ces défauts, fussent-
ils invétérés par un long usage, fussent-ils un
effet des vices d'organe.

Des Anglais et des Allemands, c'est-à-dire
ceux des étrangers qui défigurent le plus nôtre
langue en la parlant, ont appris, par la méthode
logophonique, à perdre leur accent. Le savant
professeur met un terme à la torture que faisaient
subir à beaucoup de nos syllabes ces étrangers,
qui n'auraient jamais pu prononcer exactement
sans le secours d'une telle méthode.

Avec les procédés typographiques appliqués
par M. Duverger à la musique, on imprimerait
aussi facilement la logophonie de M. Michelot
que la musique ordinaire; on le ferait à peu de
frais. On obtiendrait de la sorte des livres classiques dont il serait à souhaiter qu'on adoptât l'u-
sage, au moins dans l'enseignement secondaire.

PRESSES D'IMPRIMERIE.

Le travail mécanique de l'imprimerie offre deux grandes divisions et deux professions très-distinctes : la première est celle des compositeurs chargés du travail où l'intelligence réclame la part la plus importante ; la seconde est celle des pressiers, qui fournissent surtout le travail de leurs bras pour le tirage des feuilles.

On a sensiblement perfectionné les presses à levier, qui toutes exigent le labeur de deux hommes, pour poser chaque feuille de papier blanc sur la forme, et l'imprimer successivement des deux côtés. On les a rendues plus précises, plus solides et plus durables, en substituant le fer et la fonte à beaucoup de parties qui précédemment étaient en bois.

Ces améliorations, quoique précieuses, ne pouvaient cependant offrir que de faibles résultats, comparées à celles qui nous restent à décrire.

Une presse ordinaire occupe deux forts ouvriers, qui donnent au plus six mille coups de levier en douze heures, ce qui fait cinq cents par heure, et huit par minute ; tandis que chaque coup ne demande pas une seconde d'effort. Par conséquent, un huitième seulement du maximum de la force des hommes est employé dans ce travail.

Tout le reste du temps est absorbé par les détails minutieux et peu fatigants de la pose et de l'enlèvement des feuilles de papier soumises à l'impression.

L'on a conçu la pensée de faire marcher les feuilles de papier sur des cylindres d'un grand diamètre, de manière à presser successivement contre les diverses parties d'une feuille plane d'imprimerie; par là, le mouvement pouvait devenir continu.

Dans les presses les plus parfaites exécutées d'après ce système, trois ouvriers tournant à la manivelle donnent la force suffisante pour tirer par jour quinze mille feuilles d'imprimerie, lesquelles auraient demandé, suivant l'ancienne méthode, *vingt* pressiers actifs et robustes.

Un inspecteur par deux presses, et pour chaque presse une femme et deux apprentis suffisent pour présenter les feuilles blanches aux cylindres, lesquels sont groupés deux à deux, afin que la même feuille, passant d'un cylindre sur l'autre, se présente successivement à l'impression sous ses deux faces.

D'autres cylindres d'un faible diamètre se chargent d'encre et la répartissent avec égalité sur les formes, par l'effet même du mouvement général des presses.

Dans les grandes imprimeries une machine à vapeur donne la force motrice à toutes les presses mécaniques, à raison d'un cheval pour deux à trois presses.

Déjà Paris possède 160 presses mécaniques; elles ont l'avantage évident de l'économie des forces; elles en ont un autre infiniment plus précieux. C'est un point d'honneur, et je dirais presque un article de foi chez les pressiers, de chômer tous les lundis, quelle que soit l'urgence du travail. Il en résulte que, pour exécuter un ouvrage quelconque, il faut six presses pour faire, en cinq jours par semaine, ce que cinq presses auraient fait en six jours.

Voilà déjà vingt pour cent d'augmentation de capital en pure perte, sur les presses, les caractères, le local de l'imprimerie, par l'effet d'un seul vice des ouvriers!

La machine à vapeur ne connaît pas le lundi; elle marcherait même le dimanche, si des travaux essentiels en faisaient éprouver le besoin.

L'introduction des presses mécaniques à force continue s'étant opérée graduellement, on n'a dû mettre chaque année qu'un très-petit nombre de pressiers hors de service. A peine s'est-il trouvé quelques-uns de ces ouvriers qui n'aient pu continuer leur profession, à cause de l'accroissement rapide qu'éprouvait l'impression, par le résultat même de l'économie introduite dans les travaux typographiques.

Rien n'est plus beau que le développement de ces progrès, depuis la paix générale.

L'imprimerie française a fait paraître, sans comprendre les feuilles des journaux, ni les annonces, ni les affiches :

ANNÉES.	FEUILLES D'IMPRESSIONS.
1814	45,675,039
1815	55,549,149
1820	80,921,302
1825	128,010,480
1826	144,561,094

Ainsi, depuis l'invention de l'imprimerie jusqu'en 1814, dans un espace d'environ trois cent soixante-quinze ans, la France n'était parvenue à produire par an que 45,675,039 feuilles imprimées. Depuis 1814 jusqu'en 1826, l'accroissement pour douze années est de 98,886,055 feuilles imprimées, c'est-à-dire plus que double, en douze années, de l'accroissement obtenu pour les trois cent soixante-quinze années précédentes.

Si l'on veut présenter cette idée dans toute sa grandeur, il faut dire : en douze ans du XIXe siècle, au milieu de toutes les prétentions, de tous les efforts rétrogrades, l'imprimerie a multiplié ses travaux autant qu'elle aurait pu le faire en huit siècles, dont chacun aurait été comparable pour l'activité des efforts humains aux trois siècles derniers, qu'on proclame à juste titre comme les trois siècles littéraires de la France.

Si nous représentons par *un* l'accroissement moyen des impressions annuelles durant ces trois siècles célèbres, une proportion rigoureuse représentera par *soixante-sept* l'accroissement moyen des impressions, en France, durant douze ans de paix et d'industrie moderne.

On n'a point compris dans les résultats précédents les publications périodiques; elles surpassent 44 millions de feuilles par année. Les annonces, les affiches, les labeurs de toute espèce sont le double de ce nombre : en tout, aujourd'hui l'imprimerie française produit au delà de 360 millions de feuilles : c'est un million de feuilles par jour.

De tels progrès sont d'autant plus remarquables qu'ils ont lieu dans une époque où la gravure n'a rien perdu de son activité, et lorsque la litho-

graphie fait, à l'ancienne imprimerie, une concurrence de plus en plus redoutable.

GRAVURE.

La gravure, dont les ouvrages de goût et d'i-
magination appartiennent aux beaux-arts, se rattache à l'industrie par la matière sur laquelle elle
travaille, par ses instruments, par ses procédés, et
par l'objet même d'un grand nombre de ses œuvres.

Les arts utiles et le commerce en font un très-fré-
quent usage pour les billets de banque et les lettres
de change, qu'il faut graver, puis imprimer, avec
une recherche et par des procédés au moyen desquels toute contrefaçon devienne très-difficile, et
s'il se peut impossible.

En 1793 et 1794, lors de la création du papier
monnaie sous le titre d'*assignats*, on a perfectionné, pour arriver à ce but, d'un côté la fabrication d'un papier très-fort et très-fin, de l'autre
la gravure et l'impression, soit à timbre sec, soit
par des caractères empreints d'une encre spéciale :
la création des billets de la banque de France, en
1799, a produit de nouveaux efforts.

La gravure des prospectus commerciaux, des
échantillons de commerce, des armoiries ramenées

par la vanité, des simples cartes de visite, s'est également perfectionnée ; elle occupe aujourd'hui beaucoup d'artistes.

La gravure sur cuivre, en taille-douce, pour l'exécution des grands travaux d'art, était sensiblement déchue de sa supériorité vers les premiers temps de la révolution française. Elle s'est dignement relevée par les magnifiques ouvrages entrepris sous le consulat ou l'empire, et terminés sous la restauration : la *Galerie de Florence*, les *Monuments de Paris*, les gravures du *Musée Napoléon*, le grand ouvrage de la *Description de l'Égypte*, l'*Iconographie antique*, etc.

La gravure en taille-douce appliquée aux sciences physiques a fait des progrès remarquables. Parmi les plus belles productions de ce genre, il faut citer les liliacées et les roses dessinées, gravées et tirées en couleur par le célèbre M. Redouté, membre de l'institut ; il faut citer les poissons coloriés du grand ouvrage de George Cuvier, etc. On a reproduit dans leur contexture et leurs couleurs, avec les nuances les plus délicates, les tiges, les feuilles et les fleurs des plantes, des arbustes et des arbres ; on a pareillement réussi dans la gravure des animaux.

On a trouvé le moyen d'exécuter sur l'acier

ramolli ou détrempé, puis retrempé, des gravures qu'on peut tirer jusqu'à cinquante mille exemplaires, sans que la pureté des traits soit altérée par les pressions répétées du tirage : ce perfectionnement est précieux pour les billets de banque et de commerce, pour les ouvrages classiques, les éditions populaires, etc.

Nous étions obligés d'acheter des Anglais les planches d'acier préparées pour l'impression des gravures à la manière noire : un mécanicien français, M. Saulnier l'aîné, remplace par une opération mécanique, à la fois sûre et rapide, le travail préparatoire appelé *berçage,* qu'il fallait faire subir à ces planches. Par cette invention, c'est nous aujourd'hui qui fournissons à l'Angleterre les planches nécessaires à ses graveurs. Le jury de 1834 a récompensé par la médaille d'or cette récente et belle découverte.

Un procédé particulier permet de graver en relief sur cuivre, par la pression d'une planche unie de ce métal contre une planche d'acier gravée en creux.

La gravure des médailles sur des poinçons en acier a produit une foule de chefs-d'œuvre destinés à perpétuer la gloire du consulat et de l'empire; elle n'a pas dégénéré depuis cette époque.

M. de Puymaurin fils a su composer un airain très-dur qui reçoit parfaitement des empreintes que le frottement n'use qu'avec une extrême difficulté : c'est un rare avantage sur les médailles de bronze ordinaire.

Il y a dix ans, plusieurs citoyens ont conçu la pensée d'une collection de médailles qui représentent les contemporains célèbres dans toutes les carrières utiles à la patrie. Une aussi belle entreprise fait honneur à la France.

On a repris la gravure sur bois, qu'on avait longtemps négligée. On grave sur le bois debout, c'est-à-dire sur le bois présentant ses fibres perpendiculairement à la surface gravée. On a trouvé le moyen de faire entrer économiquement ces gravures dans les impressions d'ouvrages à bon marché. Nous approchons aujourd'hui de la précision, de la hardiesse et de la beauté que les Anglais obtiennent au plus haut degré dans ce genre que recommande une utilité vraiment populaire.

Il faut parler maintenant d'une découverte qui recule à la fois les bornes de la gravure et de la typographie.

LITHOGRAPHIE.

La *lithographie*, mot qui veut dire écriture et dessin sur pierre, inventée en Bavière par Aloys Senefelder, fut transportée à Paris par M. le comte de Lasteyrie, vers 1815.

Depuis cette époque, chaque année a vu paraître des applications nouvelles de cet art ingénieux.

On s'en sert pour reproduire, à la manière de l'imprimerie, mais en écriture cursive, des copies d'un même écrit qu'il serait trop dispendieux de transcrire à la main, et dont les exemplaires ne seraient pas assez nombreux pour payer les frais d'une impression ordinaire.

La lithographie parvient à reproduire l'écriture même d'un auteur et les dessins originaux d'un artiste. L'*autographie* est devenue une branche de cet art; elle a publié des collections intéressantes dans lesquelles on trouve, avec les portraits des hommes célèbres, leurs autographes, où l'observateur croit reconnaître des indices de caractère et de passions, que Lavater a le premier signalés.

La lithographie rend aux beaux-arts un service immense, en livrant à bas prix des copies pures et fidèles de tableaux que la gravure sur cuivre aurait fait payer beaucoup plus cher. On a reproduit par la lithographie les batailles d'Alexandre de Lebrun ; cette œuvre mérite l'estime des connaisseurs, même à côté des admirables gravures d'Audran.

Le peuple contemple avec un plaisir toujours nouveau, les belles lithographies de nos personnages illustres dans la politique, la guerre, les lettres, les sciences et les arts, dont les collections, surtout celles qu'a publiées Mme Delpech, sont étalées sur nos quais et sur nos boulevarts.

Tous les genres ont été successivement traités avec supériorité par nos dessinateurs lithographes ; la représentation des monuments et l'art des paysages ont été poussés jusqu'à la perfection, surtout dans les collections des cathédrales, des châteaux et des beaux sites de la France.

C'est encore une heureuse pensée nationale que la collection dans laquelle on présente, sous leur principal aspect, les maisons de campagne des contemporains célèbres, savants, artistes, gens de lettres ; elle complète l'histoire de leurs mœurs et de leurs habitudes.

L'industrie manufacturière s'est à son tour emparée de la lithographie pour embellir une foule de produits; elle l'applique aux décorations de la poterie, de la faïence et de la porcelaine; aux dessins qu'elle transporte sur les tissus de tout genre, sur les cuirs, sur les bois, sur les métaux vernis, etc.

Le commerce, pour les simples annonces, a beaucoup multiplié l'emploi des moyens économiques fournis par la gravure et la lithographie, afin d'offrir la représentation variée de produits, de machines, d'édifices, propres à piquer la curiosité publique. A Paris, à Lyon, à Rouen, comme à Birmingham, ces besoins d'une industrie habile ont fait éclore le goût du consommateur; ils ont servi de stimulant à tous les arts graphiques dont nous retraçons l'histoire.

La lithographie, parmi ses innombrables services, permet de produire à très-bas prix les modèles d'écriture, et surtout les modèles de dessin linéaire, introduits par le savant M. Francœur dans les écoles primaires d'enseignement mutuel.

PIERRES LITHOGRAPHIQUES.

La Bavière seule nous fournissait des pierres

lithographiques : nous en avons découvert dans plusieurs départements, et nous les exploitons avec avantage. (Voyez chap. XXXIX, pages 431 et 432 du Rapport.)

On a commencé de substituer, du moins pour les écritures et les gravures communes, des feuilles de zinc aux pierres lithographiques; il en résulte une grande économie et beaucoup de facilité pour le transport, dans les voyages scientifiques, dans les expéditions militaires.

PRESSES LITHOGRAPHIQUES.

On a beaucoup perfectionné les presses lithographiques, mais on n'a pas encore trouvé le moyen de rendre continus leurs mouvements comme pour l'impression ordinaire. (Voyez chap. XXXIX, pages 430 et 431 du Rapport.)

ARTS MÉTRIQUES.

Nous appellerons arts métriques ceux dont l'objet est la fixation et l'exécution des mesures proprement dites et des instruments de mesure nécessaires, soit aux usages de la vie commune, soit aux travaux de l'industrie et des sciences.

Un petit nombre d'unités de mesure, par la fréquence et l'universalité de leur emploi, doivent être établies avec le concours de l'autorité publique. Telles sont les mesures des distances et des longueurs, des superficies et des volumes ; telles sont les mesures de pesanteur ou du poids des corps; telles sont les mesures de la valeur venale, c'est-à-dire les monnaies; telles sont les mesures du temps, depuis le siècle et l'année jusqu'aux moindres intervalles de durée, appréciables seulement avec les instruments les plus délicats.

Ces mesures fondamentales avaient été fixées pour nous sous le règne de Charlemagne; la taille élevée de ce prince avait, assure-t-on, fourni l'unité de longueur appelée *la toise*, et les subdivisions auxquelles on a donné le nom *du pied* et *du pouce*.

Après la mort de ce monarque, le pouvoir suprême tombant entre des mains débiles, la rébellion déchira l'empire. Tout ce qui portait le caractère de l'unité disparut du territoire français, fractionné, morcelé par l'anarchie féodale. Chaque province, dominée par un grand vassal eut sa monnaie particulière; chaque district, possédé par un vavasseur ou vassal secondaire eut ses mesures locales.

Il est aisé de concevoir combien le commerce général du royaume eut à souffrir d'une telle incohérence de mesures, qui différaient par les dénominations, par la base ou l'unité, par le fractionnement des subdivisions.

Un pareil inconvénient devenait plus grave lorsque la monarchie conquérait de nouveau ses domaines, lorsque les relations mercantiles devenaient plus étendues et plus multipliées à l'intérieur ainsi qu'au dehors.

Aussi, quand le règne de Louis XI eut abattu les grands vassaux et ramené presque toute l'ancienne France sous l'autorité d'un seul trône, les États généraux convoqués peu d'années après, sous Louis XII, firent entendre le vœu de réformer les mesures et les monnaies, afin qu'un système unique et régulier s'étendît à tous les pays qui composaient le royaume.

Mais tel était le malheur de la France, avec ses pouvoirs sans pondération, qu'au temps même des meilleurs princes, les vœux des États généraux étaient oubliés aussitôt que reçus par la cour.

Il fallut la grande révolution de 1789, pour que ces États, devenus Assemblée constituante, fissent plus qu'émettre une stérile doléance sur un intérêt aussi grave que l'uniformité des mesures et des monnaies.

Cette assemblée consulta directement l'académie des sciences, qui répondit deux fois à cet appel, par l'organe de ses membres les plus illustres : c'étaient Borda, Condorcet, Lagrange, Laplace, Lavoisier, Monge, etc.

Ils posèrent les vrais principes sur le titre et l'alliage dans les monnaies. Ils établirent la nécessité d'une subdivision parfaitement uniforme, pour les mesures de toute espèce; ils proclamèrent l'avantage d'établir cette subdivision suivant la progression décimale de notre arithmétique.

Élevant leurs pensées vers le plus haut degré d'utilité que puisse atteindre un système de mesures, ils voulurent que tout dérivât d'une base unique, puisée dans la nature et parmi ses éléments invariables, afin qu'on put la mesurer elle-même avec une extrème approximation, et la retrouver dans tous les siècles.

Cette base, ils hésitèrent quelque temps à la choisir entre trois données capitales ;

1° La longueur du pendule qui bat les secondes dans le vide, au niveau de la mer, et par le 45° degré de latitude: position remarquable, où cette longueur est la moyenne proportionnelle entre celles de deux autres pendules qui battraient aussi les secondes et qui seraient observés, le premier au pôle, le second à l'équateur;

2° La circonférence du cercle de l'équateur;

3° La circonférence d'un méridien terrestre.

Des raisons puissantes ont fait préférer cette dernière base.

Il n'est pas nécessaire de mesurer tout un cercle méridien pour en connaître l'étendue. En supposant, comme une approximation déjà très-considérable, que ce méridien soit elliptique, il suffirait d'en connaître un degré dont le milieu fût au 45° de latitude : ce degré, multiplié par 90, donnerait le quart d'un méridien ou la distance la plus courte du pôle à l'équateur, en marchant sur le globe.

Afin d'opérer avec une précision plus grande, au moyen d'une plus vaste étendue, on résolut de mesurer un arc de méridien, vers le milieu duquel se trouvât le 45°, qui vers le nord aboutit au niveau de l'Océan, et vers le sud au niveau de la Méditerranée : c'est l'arc du méridien qui s'étend de Dunkerque à Barcelonne.

Il faut maintenant laisser parler les illustres commissaires, afin de montrer quelles étaient la sagesse et la grandeur de leurs vues.

« Nous n'avons pas cru, disent-ils, devoir at-
«tendre le concours des autres nations, ni pour
«nous décider sur le choix de l'unité de mesure,
«ni pour commencer les opérations.

« En effet, nous avons exclu de ce choix toute
«détermination arbitraire; nous n'avons admis que
«des éléments qui appartiennent également à
«toutes les nations. Le choix du 45° parallèle
«n'est point déterminé par la position de la
«France; il n'est pas considéré ici comme un
«point fixe du méridien, mais seulement comme
«celui auquel correspondent la longueur moyenne
«du pendule et la grandeur moyenne d'une di-
«vision quelconque de ce cercle. Enfin, nous
«avons choisi le seul méridien où l'on puisse
«trouver un arc aboutissant au niveau de la mer,
«coupé par le parallèle moyen, sans être cepen-
«dant d'une trop grande étendue, qui en rende
«la mesure actuelle trop difficile. Il ne se présente
«donc rien ici qui puisse donner le plus léger
«prétexte au reproche d'avoir voulu affecter une
«sorte de prééminence.

« En un mot, si la mémoire de ces travaux ve-
«nait à s'effacer, si les résultats seuls étaient con-
«servés, ils n'offriraient rien ici qui pût servir à
«faire connaître quelle nation en a conçu l'idée,
«en a suivi l'exécution. »

Quel fut le fruit de cette abnégation philosophique et de ce désintéressement, on pourrait dire cosmopolite? Nos grands géomètres croyaient apaiser la jalousie des autres nations en effaçant de leur œuvre jusqu'à la plus légère trace de nationalité française; ils oubliaient que ce monument de leur génie, rappelant toujours à la postérité le pays et les savants qui l'avaient conçu et réalisé, perpétuerait une gloire que l'adoption des autres peuples accroîtrait au lieu de l'effacer. C'en fut assez pour que les états opulents, ceux qui commercent avec le monde entier, ceux qui gagneraient davantage à l'uniformité des mesures établie d'un bout à l'autre de la terre, repoussassent, de toute la hauteur de leur orgueilleuse richesse, un bienfait offert avec la plus noble magnanimité.

D'après le plan des créateurs du nouveau système, Cassini, Méchain et Legendre devaient mesurer la méridienne par une suite de triangles; Monge et Meusnier devaient mesurer les bases sur lesquelles s'appuieraient ces triangles; Borda, Coulomb, mesurer le pendule au 45°; Lavoisier Haüy, déterminer le poids d'un volume donné d'eau distillée, au terme de la glace fondante et pesé dans le vide; enfin, Tillet, Brisson et Vandermonde devaient comparer la toise et la livre de

Paris avec toutes les mesures de France, pour arriver à réduire ces dernières en nouvelles mesures.

On se proposait, en même temps, d'exécuter ces opérations avec une précision qu'on n'avait encore apportée dans aucun travail du même genre. Les savants voulaient reculer les bornes de la physique et de la géométrie, et les artistes celles de l'industrie, pour employer à la fois des méthodes et des instruments qui ne laissassent rien à désirer.

Le second rapport de l'académie des sciences était daté du 19 mars 1791; bientôt après, un décret de l'Assemblée nationale consacra l'exécution du bel ensemble de travaux dont nous venons de présenter l'esquisse.

Dès le mois de juin 1792, les académiciens se mirent à l'œuvre; ils poursuivirent leur entreprise à travers des obstacles qui peignent l'esprit des temps et l'ignorance du peuple à cette époque.

En traversant Essone, à dix lieues de Paris, l'astronome Méchain est mis en état d'arrestation; parce que ses instruments sont pris pour des moyens mystérieux de contre-révolution[1]. Il n'obtient qu'avec peine sa liberté pour se rendre à la partie méridionale de l'arc qu'on doit mesurer; plus

____

[1] Delambre, *Histoire de l'Astronomie au XVIIIe siècle.*

tard il est fait prisonnier par les Espagnols, dans la Catalogne, sans qu'il lui soit permis de reprendre ses travaux avant le retour de la paix. Longtemps après sa mort, MM. Biot et Arago poursuivirent ces travaux de Barcelone à l'île de Formentera.

Cassini, quatrième du nom, expiait, dans les prisons de France, le refus de coopérer aux travaux du nouveau système de mesures. Delambre, qui le remplaçait pour déterminer la méridienne depuis Dunkerque jusqu'à Rhodez, tout entier absorbé par cette immense entreprise, n'en est pas moins, à la fin de 1793, destitué de sa mission d'astronomie, à titre de royalisme : quinze mois se passent avant que des temps moins mauvais le rendent à ses travaux. Haüy, qui devait, avec Lavoisier, déterminer l'unité de pesanteur par le volume de l'eau distillée, prêtre fidèle aux jours d'apostasie, est jeté dans les prisons, d'où l'arrache le dévouement d'un élève, la veille même des massacres de septembre 1792. Il est pauvre, solitaire, ignoré : il vivra. Mais Lavoisier, fermier général, opulent, admiré, révéré, expiera sur l'échafaud son génie, sa fortune et sa gloire. L'académie des sciences est supprimée, les écoles sont anéanties, l'esprit humain devient suspect, et sa culture est un crime.

Ces fureurs insensées s'épuisaient par leurs propres excès; et les grandes pensées qu'avait produites l'aurore de la révolution reprenaient leur empire. La conception puissante d'un nouveau système de mesures survivait au corps savant qui l'avait enfantée; ses membres, dispersés ou cachés, reprenaient successivement leur part à la nouvelle entreprise.

Après que la victoire eut agrandi la France et l'eut entourée d'un cercle glorieux d'états confédérés, on appela les savants de la Belgique, de la Batavie et de l'Helvétie, des républiques cisalpine et ligurienne, du Piémont et de la Toscane, pour concourir avec les Français à la vérification des observations et des calculs sur lesquels devait être fondé le nouveau système que ces états adoptèrent. Si l'on avait pu réunir dans cette confédération scientifique les savants d'Angleterre et des État-Unis, on aurait sans doute assuré l'universalité de ce système. Mais la fatalité des temps n'a pas permis cette concorde : jusqu'à ce jour elle a déçu les espérances généreuses des plus beaux génies de la France.

L'unité des mesures linéaires, le *mètre*, est la dixmillionième partie d'un quart de cercle méridien.

Par conséquent, la base même du nouveau

système métrique rattache les mesures rectilignes aux mesures circulaires, ainsi qu'aux mesures angulaires.

D'après le nouveau système de mesures, lorsqu'on parcourt un cercle méridien, 100,000 mètres font un degré, 1,000 mètres font une minute, 10 mètres une seconde.

Si l'on veut juger à l'instant des avantages du nouveau système, qu'on se demande quelle était, en anciennes mesures, l'étendue des anciens degrés et de leurs subdivisions ? la voici :

	toises	pieds	pouces	lignes	
1° =	59,008	1	5	6	et une fraction de ligne.
1' =	950	0	9	10	idem.
1" =	15	5	0	1	idem.

Il ne faut pas croire que cette effrayante complication soit particulière aux mesures de la terre : l'ancien système en présentait d'analogues pour tous les genres de mesures, d'étendue, de superficie, de volume, de poids ou de valeur. Aussi, quand il fallait opérer des combinaisons de ces diverses mesures, il en résultait des calculs longs, fastidieux, difficiles, que peu de personnes connaissaient à fond et pouvaient habilement pratiquer.

Jamais, avec l'ancien système, on n'aurait pu rendre populaire l'arithmétique des mesures et de leurs parties aliquotes, tandis que rien n'est plus facile avec le nouveau système. C'est un bienfait qui mérite notre profonde reconnaissance envers ses illustres auteurs.

Revenons, maintenant, à l'examen des instruments qui servent à prendre des mesures, et qui sont la base de toute précision dans les arts.

INSTRUMENTS PROPRES AUX MESURES ANGULAIRES OU CIRCULAIRES.

Si l'on suppose qu'une aiguille rectiligne tourne sur un axe et dans un plan, ses positions consécutives comprendront des arcs égaux, lorsque ses extrémités décriront des arcs de cercle pareillement égaux entre eux.

Par conséquent, la division du cercle en arcs égaux correspond à la division de l'espace en angles égaux, ainsi qu'à la production de mouvements circulaires égaux.

Ces notions très-élémentaires semblent offrir la division des étendues circulaires en parties égales, comme une des opérations les plus simples que l'industrie puisse accomplir.

Mais, lorsqu'il s'agit d'effectuer la division du cercle en très-petits arcs avec beaucoup de précision, les difficultés deviennent extrêmes, et très-peu d'artistes, chez les peuples dont les arts sont le plus avancés, réussissent à les vaincre.

En 1784, la France était dépourvue de ces artistes du premier ordre. L'Angleterre, au contraire, possédait trois hommes supérieurs dans ce genre de travaux : c'étaient Ramsden, l'auteur d'une très-belle machine pour diviser le cercle ; Troughton, le plus patient et le plus scrupuleux des observateurs, doué d'un tact exquis du sens de la vue pour opérer les subdivisions les plus ténues ; enfin Dollond, qui fit faire tant de progrès à l'optique mathématique, Dollond, fils d'un Français réfugié dans la Grande-Bretagne par le funeste effet qu'avait produit la révocation de l'édit de Nantes !

A cette époque l'Europe entière allait chercher en Angleterre les instruments nécessaires à l'astronomie, à l'optique, à la navigation.

Depuis longtemps, l'observatoire de Paris était tombé dans un état déplorable de décadence et de délabrement; il était dépourvu d'instruments qui correspondissent au progrès des sciences et des arts. C'était ailleurs que l'on faisait les observations qui changent la face de la science.

Cependant le monde savant venait de voir quelles découvertes admirables pouvaient résulter d'un seul instrument perfectionné. Un musicien de régiment, le Hanovrien Herschell, devenu directeur d'orchestre à Bath, après avoir employé dix ans de loisir à construire des télescopes gigantesques et puissants, avait découvert, non pas un astre inconnu, mais la mobilité de cet astre confondu précédemment avec les étoiles fixes. Herschell lui-même croyait n'avoir trouvé qu'une comète; son bonheur était plus grand; c'était une planète, et la première que les hommes eussent aperçue au delà du nombre de ces astres connus depuis l'antiquité la plus reculée.

Un tel événement fit sentir plus que jamais la nécessité de donner à l'astronomie française des instruments propres à suivre le nouvel ordre de découvertes ouvert au monde savant.

En 1784, Cassini IV, que déjà nous avons cité, obtint de Louis XVI la restauration de l'observatoire de Paris, et l'ordre de faire exécuter, *par des artistes français*, de nouveaux et grands instruments d'astronomie.

Bientôt un corps d'*Ingénieurs opticiens et constructeurs d'instruments de mathématiques* fut créé par lettres patentes. L'académie des sciences fut chargée des examens et de la nomination de ces ingénieurs. De là datent nos premiers efforts pour rivaliser avec les artistes de la Grande-Bretagne.

Une heureuse découverte de Borda faisait alors avancer beaucoup l'art d'observer les angles. Borda, capitaine de vaisseau, ingénieur, physicien et grand géomètre, profitant d'une heureuse idée de Mayer sur la répétition des angles, ajoute à la perfection du cercle imaginé par le savant Suédois. Il fait exécuter par Lenoir son premier *cercle répétiteur;* l'emploie d'abord dans ses navigations; le décrit dans un traité spécial, en 1787, et finit par en répandre l'usage.

Au moyen d'une de ces modifications qui semblent si faciles quand une fois elles sont exécutées, dit le célèbre Delambre, Borda fit que son cercle répétiteur pût servir à toutes les opérations dont se compose la mesure des degrés du méridien. C'est ainsi que, peu d'années après, on a mesuré les arcs célestes et terrestres compris entre les parallèles de Dunkerque, Barcelone et Formentera ; c'est ainsi qu'on a mesuré de nouveau le degré qui correspond au cercle polaire, puis les perpendiculaires qui traversent la France ; enfin c'est ainsi que nos ingénieurs français ont fait des opérations du même genre en Allemagne et en Italie.

En 1787 eut lieu le premier concours des instruments de France et d'Angleterre. Il s'agissait de vérifier les positions relatives des observatoires de Greenwich et de Paris, ces deux points capitaux de l'astronomie moderne. Les Anglais, munis d'une collection d'instruments nouveaux et magnifiques, concevaient l'espérance d'effacer tout ce qu'on avait encore exécuté de plus parfait, moins encore pour la grandeur que pour la précision du travail. Les Français, Cassini, Méchain et Legendre étaient munis pour la première fois du cercle de Borda, qui devait rivaliser avec le puissant théodolite de Ramsden, ainsi qu'avec nos anciens et grands quarts de cercle ; le succès du nouvel instrument fut complet. On constata ce résultat admirable, « qu'il fallait autant de temps à un observateur pour mesurer un angle unique, une seule fois avec le quart de cercle, qu'à deux astronomes réunis pour mesurer vingt fois le même angle, au moyen du cercle répétiteur, avec une précision plus grande. » (Delambre, Astr. du XVIII° siècle. t. III, p. 758.)

Depuis 1787, on a beaucoup perfectionné la construction de ce cercle, en l'adaptant aux observations d'astronomie, de géodésie et de navigation ; on l'a modifié de manière à ce qu'un seul observateur, au lieu de deux, puisse en faire usage.

Pour les cercles répétiteurs très-portatifs, pour les autres instruments de mathématiques, et pour l'instrument diviseur des lignes droites, employé d'abord à l'étalonnement du mètre définitif, Lenoir obtint la récompense du premier ordre, aux expositions de l'an VI (1798), et de l'an IX (1801). Il obtint la même récompense en l'an X (1802), pour de grands instruments d'astronomie, parmi lesquels était un beau cercle de Borda ; en 1806, pour des instruments perfectionnés et le nouveau pied que l'artiste sut donner au cercle astronomique de ce géomètre : pied au moyen duquel un seul observateur, au lieu de deux, peut prendre, pour ainsi dire, dans le même temps, le même nombre d'angles avec la même exactitude. (Rapport de 1806, pages 152 et 153.)

M. Jecker, que nous avons perdu depuis la dernière exposition, doit être honorablement cité parmi les artistes dont l'industrie s'est appliquée à la construction des instruments propres aux mesures de géographie et de navigation. Il s'était proposé, par un heureux emploi de moyens mécaniques, d'atteindre le meilleur marché possible en conservant une précision suffisante. Sous ce point de vue, il a rendu des services importants.

Un artiste bien supérieur à Lenoir et à Jecker, Fortin, a secondé dignement les travaux des savants français les plus illustres, des Lavoisier, des Berthollet, des Coulomb, des Malus, etc., c'est-à-dire des hommes qui, depuis un demi-siècle, ont changé la face de la physique et créé cette chimie moderne, dont la certitude s'est établie par une précision jusqu'alors inespérée dans les instruments, les observations et les expériences. On doit à Fortin l'exécution de l'héliostat perfectionné d'après les idées de Malus, et le cercle répétiteur construit pour MM. Biot et Arago, lorsqu'ils eurent à mesurer l'arc méridien de Barcelone à Formentera. Enfin, il a construit le plus grand cercle que possède aujourd'hui l'observatoire de Paris : c'est le cercle mural dont le duc d'Au-

goulème fit don à cet établissement, il y a quinze
années.

A la même époque, les Anglais faisaient construire un semblable cercle, pour l'observatoire de
Greenwich, par le célèbre Troughton : l'épreuve
comparée des deux instruments a montré que
l'œuvre du Français égalait en perfection celle du
grand artiste britannique. Fortin a reçu la médaille d'or aux expositions de 1819 et de 1823.

Un artiste plus jeune encore s'est élevé plus
haut que tous ses prédécesseurs. Pour la première fois, M. Gambey montre ses œuvres à l'exposition de 1819 ; il se place au premier rang
par l'étonnante exécution de ses cercles répétiteurs, de ses théodolites et de plusieurs autres
instruments de physique et de mathématique. En
1827, il se surpasse lui-même par un héliostat
d'une composition savante, par une lunette méridienne munie d'un cercle de déclinaison, avec
un système de niveaux complètement neuf et
précieux pour les astronomes. Signalons surtout
son magnifique équatorial dont la division se fait
admirer pour sa régularité parfaite. Dans cet
instrument, une disposition ingénieuse permet de
faire tourner la lunette avec une vitesse *complètement* uniforme, autour de l'axe du monde, et

de suivre ainsi le mouvement sidéral, au moyen d'une horloge à pendule dont la structure ingénieuse, établie sur de nouveaux principes, aurait fait seule la réputation d'un horloger du premier ordre.

Il résout un problème qu'avaient en vain cherché les grands artistes d'Angleterre, pour diviser les instruments circulaires.

Par la combinaison d'un plateau quadrangulaire dont les côtés changent de place en restant parallèles à leur position primitive, et dont un angle a son sommet au centre du cercle qu'on veut diviser, mais se meut circulairement autour du centre du plateau même de la machine à diviser, M. Gambey divise les circonférences avec autant de facilité que de précision. Avec ce moyen, le travail le plus délicat devient en quelque sorte mécanique; il peut être exécuté par un ouvrier d'un talent ordinaire, en produisant des résultats qui réunissent l'économie à l'extrême précision. Telle est la perfection atteinte aujourd'hui par cet artiste éminent, que, dans ses petits théodolites, des cercles d'un rayon de peu près huit centimètres sont gradués si régulièrement et si nettement, qu'on peut y lire, au moyen d'un vernier, sans aucune incertitude, des arcs de cinq secondes, lesquels arcs sont inférieurs au quart d'un centième de millimètre! Ces instruments si parfaits n'excèdent pas la portée de la fortune de simples particuliers; en même temps leur légèreté, leur médiocre volume, les rendent facilement transportables dans les expéditions militaires, les opérations géodésiques et les voyages scientifiques, même en pays de montagnes.

Il y a cinquante ans, l'Europe entière allait chercher en Angleterre, les instruments à cercles divisés d'une haute précision : aujourd'hui, c'est en France que les nations les plus avancées, et l'Angleterre elle-même, viennent commander de semblables instruments au premier artiste de notre époque.

Dans l'antiquité, lorsque l'art des divisions angulaires était dans l'enfance, on suppléait à cette imperfection par des instruments d'une énorme dimension. Tel était le cercle d'Osymandias, avec lequel les prêtres d'Égypte observaient la marche des cieux. Un tel cercle, d'un énorme diamètre, ne donnait cependant pas une précision égale aux cercles de M. Gambey, dont le rayon n'excède pas la largeur d'une main d'homme.

Si, depuis un demi-siècle, on avait voulu suivre, pour les grands instruments de mathématiques et d'astronomie, le principe anti-national de préférer l'étranger quand même, à qualités égales, il ne vendrait qu'un centime par mille francs à plus bas prix ; si l'on n'avait pas eu la volonté ferme d'obtenir pour la science des instruments français, dussent-ils, dans le principe, être un peu moins parfaits, un peu plus coûteux, jamais nos grands artistes n'auraient pu se former, ou, comme les Dollond, ils auraient dû s'expatrier.

Cette supériorité que nous possédons à l'égard des instruments d'une extrême précision, nous pouvons bien plus aisément l'acquérir dans tous les genres moins délicats de l'industrie ordinaire, si nous voulons conserver un peu de cette prévoyance, de cette énergie, de cette générosité, pour favoriser, parmi nous, la construction perfectionnée des instruments et des machines qui n'exigent qu'une précision d'un ordre secondaire.

INSTRUMENTS D'OPTIQUE CONSACRÉS À L'OBSERVATION DES MESURES ANGULAIRES.

Ces instruments ont pour objet de grandir, de multiplier les angles dans une proportion déterminée, pour rendre appréciables et mesurables des objets qui, par leur petitesse et leur éloignement, échapperaient à notre vue.

Dans la période dont nous reproduisons l'histoire, cette partie de l'optique a fait des progrès qui sont dignes de toute notre attention.

On doit au génie de l'artiste issu de la France, du célèbre Dollond, que j'ai déjà deux fois cité, la belle combinaison des lentilles composées avec deux espèces de verre, le *flint-glass* ou verre de cristaux, et le *crown-glass* ou verre commun à vitres, pour obtenir une lumière réfractée sans mélange de couleurs, c'est-à-dire *achromatique*.

Ce fut seulement dans le XIXᵉ siècle que deux artistes éminents, M. Lerebours et M. Cauchois, placèrent la France au niveau de l'Angleterre pour l'exécution des grandes lunettes achromatiques. Écoutons les commissaires de l'académie des sciences, dans les jugements qu'ils ont portés sur les travaux de M. Lerebours :

« En nous servant des lunettes de 39 centi« mètres, nous avons observé plusieurs fois assez « distinctement la raie obscure et presque imper« ceptible qui prouve que l'anneau de Saturne est « double ; et cependant la planète était alors peu « élevée sur l'horizon.... Les observations faite

« sur Jupiter ont prouvé qu'à l'égard de l'achroma-
« tisme, l'artiste obtient toute la perfection qu'on
« est en droit d'espérer. Parmi ses objectifs, il s'en
« est trouvé qui ont supporté sur Jupiter, sans la
« moindre trace d'iris ou de couleur, un grossisse-
« ment de quatre cents fois, ce qui leur assure une
« supériorité marquée sur la plupart des lunettes
« de cette dimension qui ont été construites jus-
« qu'à présent...... Après les travaux dont nous
« avons rendu compte, disent toujours les membres
« de l'académie, nous demeurons persuadés
« qu'aucun astronome français n'éprouvera ni le
« besoin ni le désir de recourir à des artistes étran-
« gers. Une bonne lunette, si elle était unique, ne
« prouverait peut-être que l'excellence de la ma-
« tière ou le bonheur de l'artiste qui aurait, par
« hasard, réussi à la bien employer ; mais quand
« on voit ce nombre d'objectifs, tous façonnés par
« la même main, il est impossible de ne pas con-
« venir que c'est à ses soins, à son adresse, à
« ses procédés et à son expérience que l'artiste a
« pu devoir des succès aussi éclatants et aussi
« soutenus. »

En présence de ces beaux résultats, constatés
avec tant de soin, il semblait impossible d'aller
plus loin, et très-difficile de faire aussi bien.

Néanmoins, ne craignons pas de mettre les travaux de M. Cauchois en parallèle avec ceux de M. Lerebours.

Dès 1823, il présentait à l'exposition une lunette de 325 millimètres d'ouverture : « C'est le « plus grand instrument de ce genre qu'on ait en- « core exécuté, » dit le Rapport du Jury central, en lui décernant la médaille d'or. M. Cauchoix résolvait alors un problème de mécanique d'une haute importance, par l'invention d'un pied propre à supporter et à mouvoir dans tous les sens les lunettes et les télescopes, quelle que soit leur grandeur : les dispositions en sont ingénieuses, la stabilité complète, et la commodité parfaite.

M. Cauchoix s'est surpassé lui-même aux expositions de 1827 et surtout de 1834. Ce qui le distingue, ce qui le place tout à fait hors de ligne, c'est le service éminent qu'il rend à la science en exécutant des lunettes au moyen desquelles on découvre dans le ciel à une profondeur où ne peut atteindre aucun autre instrument. Il a déjà confectionné trois de ces puissants appareils avec un même succès : le premier, livré à M. South, astronome anglais, est établi dans l'observatoire de Kensington ; l'objectif a 302 millimètres de diamètre, et la distance focale est de 6 mètres ;

M. South a fait avec cette lunette plusieurs découvertes très-intéressantes. Une seconde lunette de même dimension, non moins parfaite que celle de M. South, est destinée à l'université de Cambridge. Enfin, la troisième, qui porte 534 millimètres d'ouverture réelle et 7 mètres 80 centimètres de distance focale, est établie en Irlande par M. Cooper, qui s'en est servi pour faire de nombreuses découvertes d'étoiles doubles, et pour mesurer entre elles des arcs qui ne dépassent pas 78 centièmes de seconde. Comparaison faite de cet instrument avec le grand télescope à réflexion de sir John Herschell, qui porte 487 millimètres d'ouverture, il en résulte que la grande lunette de M. Cauchoix l'égale en lumière et le surpasse en netteté : par conséquent, elle surpasse tout ce qui a été exécuté jusqu'à ce jour, soit en télescopes à réflexion, soit en télescopes dioptriques.

Nous n'entrerons pas ici dans l'examen des difficultés qui se présentaient pour exécuter des objectifs d'une aussi grande dimension; nous ferons seulement remarquer que c'est un travail nouveau qui nécessitait des méthodes nouvelles. Ces méthodes sont trouvées, nous les devons au génie de l'artiste français. Après trois succès aussi complets, nous pouvons être certains qu'elles s'appliqueront à des objectifs d'un diamètre plus considérable encore.

Ainsi le travail des plus grandes lunettes est désormais borné, non plus par l'imperfection des méthodes, mais seulement par l'imperfection de la matière. Si l'on parvient, comme nous avons lieu de l'espérer, à fabriquer du flint-glass et du crown-glass d'une assez grande pureté, la science possédera bientôt d'admirables instruments de six à neuf décimètres et même d'un mètre d'ouverture.

Il est à déplorer que, durant le cours d'une longue et brillante carrière, un aussi grand artiste que M. Cauchois n'ait pas une seule fois obtenu que le gouvernement achetât, pour l'observatoire de Paris, un de ces verres qui sont l'admiration de l'Europe, et qui n'ont trouvé d'acquéreurs qu'au dehors, chez les rivaux de l'astronomie française.

Les instruments dont nous avons indiqué le progrès sont utiles pour mesurer les angles et pour discerner les formes à de grandes distances.

D'autres instruments, les micromètres et les microscopes, servent à mesurer de très-petits angles, et les microscopes à discerner de très-petits objets fort rapprochés de nous.

L'application de la double réflexion de certains cristaux à la mesure des moindres angles, faite par feu M. Rochon, membre de l'académie des sciences, a précédé de quelques années l'époque dont nous étudions l'histoire industrielle.

Parmi les perfectionnements de ce genre de micromètres, nous citerons ceux qu'on doit à M. Arago.

Ils consistent à diviser diagonalement un prisme de cristal de roche en deux prismes triangulaires juxtaposés; puis à placer ce double prisme, non plus comme Rochon dans l'intérieur de la lunette et le long d'une mesure rectiligne graduée, mais au dehors, en contact avec l'oculaire. Les deux réfractions des rayons envoyés par un objet quelconque, à travers la lunette et le double prisme, offrent à l'œil deux images plus ou moins éloignées dont on obtient le contact en faisant varier la distance des deux loupes et de l'oculaire, et la distance de leurs groupes à l'objectif. Par ce moyen, on fait varier le grossissement de l'objet observé : l'angle des deux réfractions du prisme, divisé par ce grossissement, est égal à l'angle même qu'on veut mesurer.

C'est Fortin, le célèbre artiste dont nous avons déjà cité les travaux, qui construisit en 1811, avec sa perfection accoutumée, la lunette micrométrique à loupes d'oculaire mobiles, dont nous venons d'offrir l'idée.

L'inventeur de ce bel instrument s'en est servi pour mesurer avec une grande précision le diamètre des planètes, et rendre sensibles les phénomènes de polarisation colorée qu'il a découverts. A l'aide de cet instrument, en comparant les réfractions, sous de très-petits angles, de la lumière émise par des solides et des liquides incandescents, et par le disque du soleil, au milieu et près des bords, il en a déduit cette conséquence, que la lumière du soleil ne sort pas d'une masse solide ou liquide incandescente, mais émane de la surface.

Lors du retour de la célèbre comète de Halley, en 1835, l'on n'a pas pu mesurer par les moyens ordinaires l'intensité de la lumière de cet astre. M. Arago profitant de sa méthode d'observation, avec des cristaux doués de la double réfraction, a démontré qu'une partie au moins de la lumière des comètes est réfléchie spéculairement, et qu'elle vient du soleil.

Ainsi, par un simple résultat d'observations faites avec des instruments propres à mesurer des angles, le physicien-géomètre parvient à pénétrer en quelque sorte dans la nature de la substance d'un astre que séparent de nous trente-trois millions de lieues. Il fait plus, il suit cette lumière à travers les cieux, et l'extrait en quelque sorte des faisceaux renvoyés par d'autres astres pour la signaler avec des caractères certains. Telle est la puissance des arts géométriques de haute précision.

Un savant étranger, M. Amici, a sensiblement perfectionné le microscope. Un artiste français, M. Charles Chevalier, fabrique aujourd'hui des microscopes achromatiques supérieurs aux meilleurs instruments de ce genre construits sur les principes de l'ingénieur italien.

MESURE DU TEMPS : CHRONOMÉTRIE, HORLOGERIE.

La plus importante application des mesures angulaires ou circulaires est, sans contredit, la mesure du temps, mesure si nécessaire aux travaux des sciences et de l'industrie, comme aux besoins de la vie civile.

La nature même, dans le mouvement apparent des astres autour de la terre, nous offre un exemple admirable du temps mesuré par des mouvements circulaires d'une régularité parfaite.

L'industrie s'est proposé d'exécuter des instruments dont la précision, cela veut dire l'extrême approximation vers la régularité, représentât de tels mouvements. On a nommé *chronomètres ou mesureurs du temps* les instruments destinés à cet usage ; c'est le chef-d'œuvre de l'horlogerie.

La construction des premiers chronomètres, appelés d'abord *horloges* ou *montres marines*, à cause de leur usage, est un des plus beaux titres d'honneur des travaux humains dans le XVIIIe siècle ; c'est la gloire de Harrison chez les Anglais, et de Leroy chez les Français.

Nous devons à Pierre Leroy d'avoir trouvé le premier l'échappement libre à détente [1] et les balanciers compensés, d'avoir démontré la possibilité d'obtenir l'isochronisme des vibrations du balancier à spirale, d'avoir découvert et signalé les effets de la résistance d'un air plus ou moins dense sur la marche des chronomètres.

Ensuite est venu Ferdinand Berthoud, le premier d'une famille où le talent de la haute horlogerie se montre héréditaire.

En 1786, F. Berthoud publie la seconde édi-

---

1 Voyez le Mémoire par lequel Pierre Leroy a remporté le prix double, décerné par l'académie des sciences, en 1766.

tion de son savant essai d'horlogerie, qui comprend toutes les parties de cet art difficile et varié; en 1802, il publie l'histoire de la mesure du temps: ces deux traités sont des monuments précieux pour l'industrie nationale.

L'auteur a consigné dans l'un et l'autre ouvrage ses expériences et ses inventions; il en a prouvé la valeur par la bonté des horloges et des montres qu'il a fabriquées pour la marine, et qui sont toujours hautement estimées.

Son élève et son neveu, Louis Berthoud, a marché dignement sur les traces d'un tel maître; il a remporté le prix de l'institut, en 1799, au sujet d'un chronomètre à division décimale du temps. Il fabriquait des chronomètres renommés pour leur précision et leur beauté; il reçut, avec le titre d'horloger de la marine, la mission de former des élèves dans le plus difficile de tous les arts mécaniques.

Plus tard, les fils de Louis Berthoud ont mérité la confiance de la marine française et la médaille d'or à l'exposition de 1834, pour les excellents chronomètres qu'ils construisent : le plus jeune est un artiste éminent.

Un élève de Louis Berthoud, M. Motel, a pareillement obtenu la récompense du premier ordre

à la dernière exposition. Même depuis l'époque
où le ministère de la marine a mis au concours la
fabrication des chronomètres, ceux qu'a fournis
M. Motel sont restés les plus nombreux : ils n'a-
vaient rien à redouter de la concurrence.

Un artiste qui s'attacha surtout à vaincre des
difficultés, à porter dans ses ouvrages des combinaisons savantes, ce fut Janvier, né vers le milieu
du dernier siècle, et qui vient de terminer sa
carrière. Il obtint la médaille d'or, en 1802, en
1806, en 1823, pour ses pendules astronomiques
et géographiques.

Le plus célèbre horloger dont les découvertes
honorent le demi-siècle dont nous écrivons l'histoire est M. L. Bréguet, qui, dans cinq expositions consécutives, a mérité la récompense du
premier ordre.

Né sans fortune, il eut le bonheur, dans sa
tendre adolescence, de suivre les leçons publiques
de l'abbé Marie, professeur de mathématiques.
Celui-ci devina le génie de l'enfant, fut généreux
envers lui, le dirigea vers les arts de précision, et
fit don d'un grand artiste à notre nation.

M. Bréguet a perfectionné toutes les parties de
son art ; rien n'est plus délicat et plus ingénieux
que son échappement libre à force constante ; on

lui doit un échappement appelé *naturel,* où l'huile
n'est pas nécessaire, et dans le mécanisme duquel
il n'entre pas de ressort ; un autre mécanisme encore plus parfait est celui de l'échappement double,
où l'on s'est pareillement affranchi de l'emploi de
l'huile par la précision des contacts, et dans lequel
la perte de force faite par le pendule est réparée à
chaque vibration.

Les montres marines ou chronomètres porta-
tifs peuvent à chaque instant être changés de position, ne fût-ce que par les mouvements du roulis
et du tangage des vaisseaux. M. Bréguet a conçu
la pensée hardie de renfermer le mécanisme entier
de l'échappement et du ressort dans une enveloppe
circulaire, qui fait un tour entier de deux en deux
minutes. Par là, toutes les inégalités de position
sont, pour ainsi dire, égalisées dans ce court laps
de temps ; la machine même épuise toutes les
anomalies de position, et les compense les unes
par les autres : enfin la compensation est produite,
soit qu'on remue le chronomètre d'un mouvement
continu quelconque, soit qu'on le tienne immo-
bile dans une position inclinée ou droite.

M. Bréguet a fait plus ; il a cherché le moyen
de conserver la régularité de ses chronomètres,
même en supposant qu'ils éprouvassent un choc

ou qu'ils tombassent par terre : tel est l'effet de son *parachute*.

Un observateur anglais, le général Brisbane, ayant acquis un chronomètre de Bréguet, l'a soumis aux plus fortes épreuves en le portant sur lui, à cheval et pendant de longs voyages; en seize mois, le plus grand retard diurne n'a guère été que d'une seconde et demie, c'est-à-dire la 57,600ᵉ partie d'une révolution diurne.

A l'époque où Bréguet obtenait ce beau résultat, un prix proposé par le Parlement d'Angleterre, avec la générosité britannique, la somme de 250,000 francs était promise à l'artiste qui ferait pour la marine un chronomètre dont le retard journalier n'excéderait pas deux secondes. Personne encore n'avait pu remporter ce prix, lorsque M. Bréguet dépassait toutes les conditions d'exactitude imposées par le programme, non pas seulement pour un chronomètre soigneusement posé dans une chambre de vaisseau, mais pour une montre de poche portée par un cavalier, et par un cavalier anglais, pour qui le simple trot d'un cheval est odieux.

Cette supériorité, M. Bréguet l'avait tellement acquise depuis beaucoup d'années, lorsque sa réputation sortait à peine de la France, qu'un jour

Arnold, le plus habile horloger d'Angleterre, voyant pour la première fois une montre de l'artiste français, frappé tout à coup d'admiration, annonce à sa famille qu'il quittera Londres le jour même, afin d'aller à Paris voir et connaître l'homme prodigieux qui faisait de pareils ouvrages. Il vient; il trouve, non pas seulement un mécanicien plein de génie, mais le plus modeste, le plus simple, le plus doux, le plus affectueux des hommes, celui qui semblait mettre son esprit inventif à découvrir des qualités dans ses amis pour les mieux aimer lui-même, et les faire plus tendrement chérir les uns par les autres : les deux artistes échangent non-seulement leurs chefs-d'œuvre, mais leurs enfants, afin qu'ils apprennent les inventions des deux pères. Il y a déjà quatorze ans que le grand artiste français a cessé de vivre, et ses amis le regrettent toujours, comme un de ces beaux caractères dont on ne retrouve plus l'enchantement et le bienfait!

Ferdinand Berthoud et Bréguet ont été membres de l'institut. Ils ont contribué l'un et l'autre au progrès des sciences, soit par leurs belles expériences, soit par leurs découvertes de physique et de mécanique.

Pour l'avantage qui résulte d'un grand exemple,

nous sommes heureux de pouvoir dire que Bréguet a commencé par être *simple ouvrier*. C'est à cela qu'il a dû d'être le meilleur juge et le meilleur ami des bons ouvriers; il les cherchait partout, même à l'étranger, les perfectionnait en grand maître et les traitait en bon père; ceux-ci lui devaient le bien-être, et lui leur dut l'accroissement de sa fortune et de sa gloire. Dès sa jeunesse, il a senti la nécessité d'apprendre les éléments du calcul et de la géométrie, pour les appliquer à son art; puis il est devenu l'horloger des gouvernements et des rois. Pour suffire à toutes les demandes de l'opulence et du luxe, il a fallu qu'il découvrît l'art de créer, de multiplier des chefs-d'œuvre produits en fabrique, par une savante répartition du travail entre des mains plus ou moins capables. Il a fait aimer aux gens du monde, par l'élégance et la beauté d'aspect de ses ouvrages, leur premier mérite, l'extrême précision. Cette précision, il l'a portée jusque dans le mécanisme des plus simples montres, qu'il a réduites à des proportions plus élégantes, à des épaisseurs plus commodes, sans rien ôter à leur solidité. A l'exemple de Lépine, il a remplacé les fusées par un jeu de ressorts dont la force constante et modérée agit sans complication avec des frottements plus doux

et moins inégaux. Il fallait, dit à ce sujet un géomètre digne d'apprécier de tels perfectionnements,
un talent ingénieux pour inventer le mécanisme
de la fusée, il fallait un talent parfait pour la supprimer. Nous ferons maintenant une réflexion pénible et sévère, mais que l'intérêt de l'industrie
nationale, l'honneur des arts français et la mémoire d'un grand artiste réclament. Bréguet, en
mourant, laissa presque achevés la description,
le calcul de ses inventions, et le dessin de ses ouvrages. Cette production, son fils prit l'engage-
ment de la terminer et de la publier. Il y a déjà
quatorze ans, et l'œuvre du père n'a pas encore
vu le jour, et la France ignore quand elle jouira
de ce présent inestimable. Osons dire que la piété
filiale impose le devoir d'accomplir, enfin, cette
publication trop longtemps attendue.

M. Perrelet, fils, petit-fils et père d'horlogers
distingués, est un artiste éminent, un professeur plein de lumières. Il exécute et démontre
tous les genres d'horlogerie de haute précision. Il
a remporté le prix fondé par Lalande à l'académie des sciences, en produisant un compteur ingénieux, pour mesurer la durée des phénomènes
astronomiques avec une extrême exactitude. Depuis 1832, il instruit des élèves aux frais du gou-

vernement. Il a beaucoup facilité l'enseignement
de l'horlogerie, par des appareils si bien combinés
qu'on peut y remplacer à l'instant un échappement par un autre, et qui sont exécutés avec une
rare précision.

Pour la grande horlogerie civile, la famille des
Lepaute a continué de mériter la célébrité conquise par le premier artiste de ce nom, il y a près
d'un siècle.

Parmi les artistes qui se sont occupés de produire en fabrique des ouvrages d'horlogerie, nous
citerons de préférence pour les pendules M. Pons-
de-Paul, qui confectionne, chaque année, près de
6,000 mouvements exécutés au moyen de bonnes
machines, et souvent avec des modifications dues
au talent de l'artiste.

Nous citerons, pour les montres, le grand établissement de MM. Japy, dont le père a transporté, de la Suisse en France, la confection des
mouvements; mais, au lieu d'opérer par le simple
travail manuel, il a combiné de nombreux mécanismes, pour obtenir avec moins de frais le même
résultat. Ces machines et celles qui servent à fabriquer les vis, nos soi-disant alliés, nos ennemis
les brisèrent en 1815. Bientôt après, la coura-
geuse famille des Japy répara cet immense dé-

sastre, et leur fabrique devint plus prospère que jamais.

Des écrivains qui professent peu d'indulgence pour l'industrie nationale vont sans cesse répétant que nous ne savons rien produire à bon marché, si ce n'est le pauvre *eustache* que Fox admirait à l'exposition de l'an x, il y a trente-cinq ans. L'exposition de 1834 nous permettra de leur apprendre ce fait : MM. Japy ont tellement perfectionné leurs moyens de confection, que les mêmes mouvements de montre qui coûtaient sept francs, avant la mise en pratique de leurs moyens simplifiés, ils peuvent les livrer au prix de deux francs et même d'un franc vingt-cinq centimes. Par conséquent un mouvement de montre entre, de fait, *dans la boutique à vingt-cinq sous* : c'est la science qui descend jusque-là pour l'utilité publique.

La précision, c'est-à-dire la plus grande exactitude possible dans la mesure et la production des formes et des mouvements, la précision est la source des succès et de la supériorité pour la majeure partie des arts mécaniques, depuis les plus simples jusqu'aux plus compliqués; dans les beaux-arts même, la précision, c'est-à-dire l'approximation la plus grande des formes parfaites que le génie conçoit sous le nom de *beau idéal,* cette précision est l'élément indispensable de la supériorité. Point de chef-d'œuvre, ni dans l'architecture, ni dans la sculpture, ni dans la peinture, ni dans la musique, sans cette précision des formes exquises qu'on admire également dans la Vénus de Médicis et les vierges de Raphaël, dans les temples grecs et les églises gothiques, dans la musique italienne et dans l'instrumentation française, partout en un mot où des sens d'une exquise délicatesse, perfectionnée encore par l'éducation artistique, ont acquis ce que j'appelle *le sentiment de la précision :* sentiment qui fait le mérite des grands artistes et des grands juges, des Phidias et des Winkelmann. Voilà ce qu'avait compris parfaitement la puissante école de David, et ce qu'a trop souvent oublié l'anarchie des artistes novateurs, lesquels se sont fait une loi de mépriser les formes pures et les proportions qui caractérisent la beauté. Mais de telles aberrations ne sauraient être durables.

Une magnifique étude industrielle est celle des progrès qui, dans l   divers arts utiles, ont fait chercher et trouver, depuis cinquante ans, une précision toujours croissante et dans les formes et dans les mouvements. C'est un des principaux objets du nouvel enseignement, tel que nous l'avons développé dans le cours du conservatoire des arts et manufactures, cours publié sous le titre de *I. Géométrie, II. Mécanique, III. Dynamic, appliquées aux arts.*

Dans les grands exemples que nous avons précédemment cités, les instruments d'observation et de mesure consacrés aux travaux, aux recherches, aux applications des sciences physiques et mathématiques, les produits de l'optique et de l'horlogerie, nous révèlent ce fait d'une haute importance : en moins d'un demi-siècle, la France est passée du second rang au premier; elle a remporté la victoire dans les industries les plus scientifiques, les plus délicates et les plus difficiles.

Qui donc à présent oserait dire d'une industrie, quelle qu'elle soit : Les Français n'y parviendront jamais à la précision, à la plus haute précision, sans négliger l'économie, qu'on peut définir la précision apportée dans la sagesse des dépenses? Qui l'osera? Personne, à coup sûr; personne de ceux qui connaissent le génie national, et la puissance moderne des sciences éclairant et secondant les arts.

TABLE

DES MATIÈRES.

TABLE DES MATIÈRES.

www.ingramcontent.com/pod-product-compliance
Ingram Content Group UK Ltd.
Pitfield, Milton Keynes, MK11 3LW, UK
UKHW022051120726
13694UKWH00001B/81